U0036761

前言

PREFACE

寫作時，時間流淌得很快。不知不覺，月已上中天，窗外燈火闌珊。

仰望蒼穹，月色如水，宇宙浩瀚。每每想起人類已在月球上留下腳印，而今再度出發，就不由在心中感慨——如此有幸，能生活在這個時代。

其實，從來沒有任何一種技術的突破，未經歷過一次次失敗，就能直接「降臨」到人類的眼前。

人工智慧（Artificial Intelligence，AI）技術，從誕生至今，其發展並不是一帆風順的：盛夏與寒冬交錯，期望和失望交融。

自然語言處理（Natural Language Processing，NLP）技術是如此。ChatGPT 和 GPT-4 亦是如此。

從 N - Gram 和 Bag-of-Words 開始，自然語言處理技術和模型在不斷發展和演進，逐漸引入了更強大的神經網路模型（如 RNN、Seq2Seq、Transformer 等）。現代預訓練語言模型（如 BERT 和 GPT[a]）則進一步提高了 NLP 任務的處理性能，成為目前自然語言處理領域的主流方法。

這一本小書，希望從純技術的角度，為你整理生成式語言模型的發展脈絡，對從 N-Gram、詞袋模型（Bag-of-Words，BoW）、Word2Vec（Word to Vector，W2V）、神經機率語言模型（Neural Probabilistic Language Model，NPLM）、循環神經網路（Recurrent Neural Network，RNN）、Seq2Seq

a RADFORD A, NARASIMHAN K, SALIMANS T, et al. Improving language understanding by generative pre-training [EB/OL]. [2023-04-15]. https://s3-us-west-2.amazonaws.com/openai-assets/research-covers/language-unsupervised/language_understanding_paper.pdf.

（Sequence-to-Sequence，S2S）、注意力機制（Attention Mechanism）、Transformer、BERT 到 G P T 的技術一一進行解碼，厘清它們的傳承關係。

這些具體技術的傳承關係如下。

- N-Gram 和 Bag-of-Words ：都是早期用於處理文字的方法，關注詞頻和局部詞序列。
- Word2Vec ：實現了詞嵌入方法的突破，能從詞頻和局部詞序列中捕捉詞彙的語義資訊。
- NPLM ：基於神經網路的語言模型，從此人類開始利用神經網路處理詞序列。
- RNN ：具有更強大的長距離依賴關係捕捉能力的神經網路模型。
- Seq2Seq ：基於 RNN 的編碼器 - 解碼器架構，將輸入序列映射到輸出序列，是 Transformer 架構的基礎。
- Attention Mechanism ：使 Seq2Seq 模型在生成輸出時更關注輸入序列的特定部分。
- Transformer ：摒棄了 RNN，提出全面基於自注意力的架構，實現高效平行計算。
- BERT ：基於 Transformer 的雙向預訓練語言模型，具有強大的遷移學習能力。
- 初代 GPT ：基於 Transformer 的單向預訓練語言模型，採用生成式方法進行預訓練。
- ChatGPT ：從 GPT-3 開始，透過任務設計和微調策略的最佳化，尤其是基於人類回饋的強化學習，實現強大的文字生成和對話能力。
- GPT-4：仍基於 Transformer 架構，使用前所未有的大規模計算參數和資料進行訓練，展現出比以前的 AI 模型更普遍的智慧，不僅精通語言處理，還可以解決涉及數學、編碼、視覺、醫學、法律、心理學等各領域的難題，被譽為「通用人工智慧的星星之火」（Sparks of Artificial General Intelligence）。

今天，在我們為 ChatGPT、GPT-4 等大模型的神奇能力而驚歎的同時，讓我們對它們的底層邏輯與技術做一次嚴肅而快樂的探索。對我來說，這也是一次朝聖之旅，一次重溫人工智慧和自然語言處理技術 70 年間艱辛發展的旅程。

因此，我為一個輕鬆的序章取了一個略微沉重的標題：看似尋常最崎嶇，成如容易卻艱辛[a]。

格物致知，叩問蒼穹，直面失敗，勇猛前行。

向偉大的、不斷探索未知領域的科學家們致敬！

黃佳

2023 年春末夏初月夜

a　出自宋代王安石的《題張司業詩》，意思是看似尋常的作品其實最不同凡俗，好像很容易做成，實則需要艱辛付出。

目錄

CONTENTS

第 6 課 層巒疊翠上青天：架設 GPT 核心元件 Transformer

第 7 課 芳林新葉催陳葉：訓練出你的簡版生成式 GPT

第 8 課 流水後波推前波：ChatGPT 基於人類回饋的強化學習

第 9 課 生生不息的循環：使用強大的 GPT-4 API

後 記 莫等閒，白了少年頭

序章

看似尋常最崎嶇，成如容易卻艱辛

2 月初的一天，乍暖還寒，天色已晚，咖哥正坐在桌前，喝著咖啡。樓梯上傳來踢踢踏踏的腳步聲，來人是跑著上樓的。

小冰[a] 推門而入：咖哥，我就知道你還在公司！這幾天都炸鍋了。老闆給我們下了死命令：「第一，兩個月內，『雕龍一拍』必須上線，與 ChatGPT 展開競爭，我們要成為全球首個推出 ChatGPT 競品的大廠。第二，廠內全部員工，無論之前技術背景如何，職務如何，必須在 3 周之內掌握 NLP 和 Transformer 的全部架構細節，為『雕龍一拍』的訓練……和……維護做出……應有的貢獻！如果無法進入核心……演算法設計團隊，那麼……每天至少要抽出 4 個工時做人工標注。」怎麼辦，我好歹是個……所究所學生，怎麼也不想去……標注資料啊。那麼，我又要……開始……突擊學習了嗎？你有沒有……什麼……好辦法？

小冰呼哧帶喘，說到最後已經是上氣不接下氣了。

咖哥：小冰，你來得正好。你看！我正要給你這樣積極投身 ChatGPT 熱潮的同學量身製作出一套入門……

小冰一看咖哥的電腦螢幕：嘿！咖哥正在和 ChatGPT 聊天呢（見下圖）。

---

a　小冰和咖哥之前的故事詳見《零基礎學機器學習》和《資料分析咖哥十話 從思維到實踐促進營運增長》。

▲ 咖哥正在和 ChatGPT 聊天

而 ChatGPT 也真的給了咖哥他想要的內容，以下圖所示。

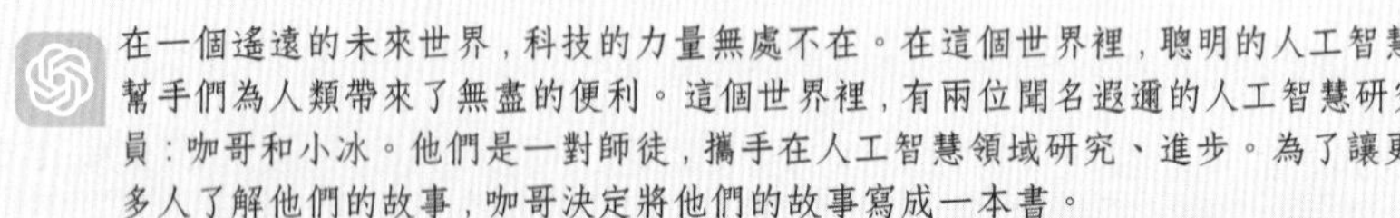

在一個遙遠的未來世界，科技的力量無處不在。在這個世界裡，聰明的人工智慧幫手們為人類帶來了無盡的便利。這個世界裡，有兩位聞名遐邇的人工智慧研究員：咖哥和小冰。他們是一對師徒，攜手在人工智慧領域研究、進步。為了讓更多人了解他們的故事，咖哥決定將他們的故事寫成一本書。
故事從去年 11 月底那場 ChatGPT 發佈會開始。那天，全世界都在關注這場發佈會。在那個激動人心的時刻，咖哥感受到了人工智慧的力量和希望。然而，他也清楚地看到了人工智慧所帶來的挑戰和風險。就在這時，一顆隕石從天而降，砸在了發佈會現場，瞬間引起了一片混亂。人們四散奔逃，尖叫聲此起彼伏。而隕石中，竟然有一個神秘的寶盒。咖哥好奇地走上前去，小心翼翼地打開了寶盒。寶盒裡，竟然是一卷古老的羊皮卷。咖哥展開羊皮卷，發現上面寫著一段預言：只有透過歷練和傳承，才能將人工智慧的力量駕馭得更加完美。咖哥意識到，他的使命就是要將 ChatGPT 的奧義傳授給小冰和其他 NLP" 小白 "!

▲ ChatGPT 為咖哥的新課程創作了一段開場白

於是，小冰和咖哥的新故事就這樣開始了。

GPT-4：點亮通用人工智慧的火花

咖哥：小冰，在啟程之前，我們先弄清楚前進的方向吧。你有沒有思考過，你即將深入學習的 ChatGPT 和 GPT-4 的底層原理到底是什麼？它們從何而來，又向著何方而去？

小冰：呦，咖哥。我還真的就只知道 ChatGPT 是 OpenAI 開發的非常強大的聊天機器人。除了聊天之外，還能輔助寫程式，做科學研究，甚至畫簡單的示意圖，以下圖所示。GPT-4 是它的升級版本，在功能上它們應該也差不多吧。

請用字元畫出一個迴圈神經網路的簡單圖示，以說明其結構的特性。橫著畫出 Input、Hidden 和 Output 元件，顯示出遞迴過程。

當然可以，下面是一個簡化版的迴圈神經網路 (RNN) 字元圖示，以幫助您理解其結構特性。這次我將橫向畫出 Input、Hidden 和 Output 元件，同時顯示出遞迴過程：

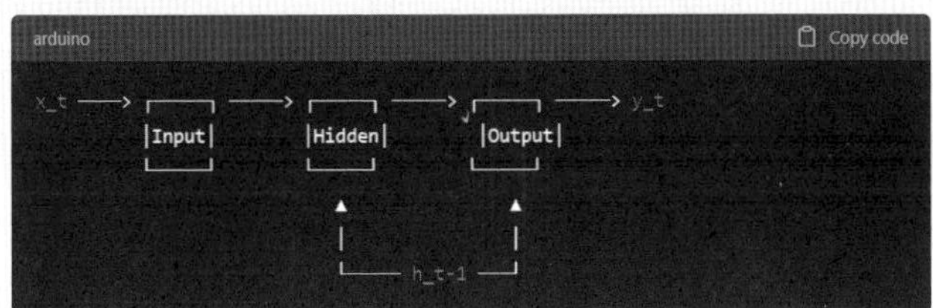

▲ ChatGPT 具有簡單的繪圖功能

咖哥：GPT-4 可不是這麼簡單，小冰。以 GPT-4 為代表的大規模語言模型（Large-scale Language Model，LLM，也稱大模型）是使用前所未有的計算參數和巨量資料進行訓練得到的。

它們在各種領域和任務中表現出非凡的能力，挑戰了我們對學習和認知的理解。GPT-4 的強大，甚至讓圖靈獎獲得者約書亞・班吉奧（Yoshua Bengio）和特斯拉 CEO 伊隆・馬斯克（Elon Musk）等人都感到恐懼。他們在千人公開信上聯合署名，呼籲所有 AI 實驗室停止研發比 GPT-4 更強大的模型。就連 Open AI 的 CEO 山姆・阿爾特曼（Sam Altman）自己也依舊不能完全解讀 GPT-4，只能透過不斷問它問題，依據它的回答來判斷它的「想法」。

微軟研究院對 GPT-4 的早期版本進行了測評，認為它比之前的 AI 模型（包括已經令我們驚豔的 ChatGPT）通用性更強。在論文《通用人工智慧的星星之火：GPT-4 的早期實驗》[a] 中，學者們討論了這些模型不斷提升的能力及其影響力。論文中指出，GPT-4 能夠跨越任務和領域的限制，解決數學、編碼、視覺、醫學、法律、心理學等領域中新穎或困難的任務。此外，GPT -4 透過將各種類型的任務統一到對話形式的人機互動介面，極大地提高了使用的便利性。

a 這篇文章的英文題目為《Sparks of Artificial General Intelligence: Early experiments with GPT-4》。其中文譯名很多，包括《人工通用智慧的星星之火：GPT-4 的早期實驗》《點燃通用人工智慧的火花：GPT-4 的早期實驗》等多個版本。

這樣，無論是誰，都能夠透過簡單的對話輕鬆地操作它（以下頁圖所示）。**這種普適性和好用性，正是通用人工智慧（Artificial General Intelligence，AGI）的顯著特徵。**

要知道，AGI 一直是幾代人工智慧科學家追逐的最終夢想，也一度被認為是可望而不可即的「聖母峰」。在 GPT-4 之前，沒有任何一個 AI 模型被冠以 AGI，也就是通用人工智慧的標籤。而現在，ChatGPT 的初試啼聲即獲得了全人類的瘋狂關注，GPT-4 更以其嚴密的邏輯思辨能力和廣泛適用性被認為是通用人工智慧的早期版本。ChatGPT、GPT-4 等大規模語言模型已經從各方面開始重塑我們的學習、工作和生活。一個新的人類紀元已經開啟，ChatGPT 和 GPT-4，毫無疑問將點亮未來更強大的通用人工智慧的火花。

無盡的數字在夜幕下起舞，
從一開始，質數的樂曲就啟動。
二是最小的偶數星，但請注意，
除它之外，偶數都不完全，不足為質。

三是第一個奇質數，踏著自由的步伐，
後面跟隨著五和七，形成了奇質數的序列。
接下來是十一和十三，一直向前推，
我們發現，質數的舞會，永無止境。

任意數 N, 假設 N 之前的質數都找到，
再找一個，讓 NI 之前的所有質數相乘再加一。
這新數 M, 無法被前面的質數整除，
因此 M 是質數，或有更大的質數作為因數。

所以我們知道，無論多遠，多麼疲倦，
質數的舞會還在繼續，不斷延伸。
這是數學的奇妙，真理的饋贈，
在每一個角落，它都在無聲地舞動。

給我一段簡短的 Python 程式，畫出一個綠綠的西瓜，有紅紅的瓤，黑黑的子。

下面是使用 Python 的 'matplotlib、庫建立簡單西瓜影像的程式：

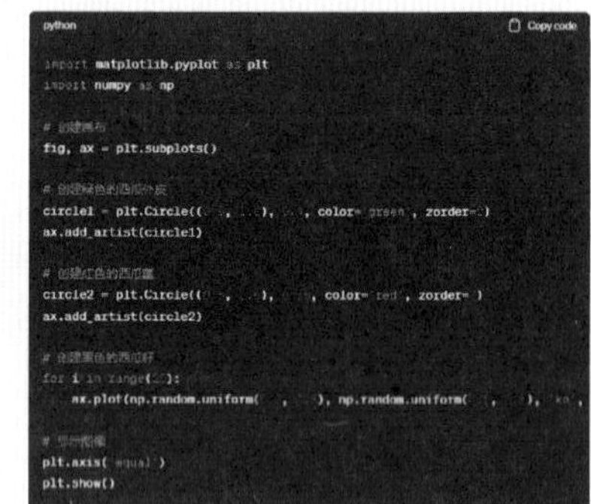

這段程式首先定義了兩個圓形：一個大的綠色圓形代表西瓜的外皮，一個稍小的紅色圓形代表西瓜的瓤。然後，它在紅色圓形的區域內隨機放置了一些黑色點，代表西瓜籽。最後，透過 'plt.show()' 命令顯示整個影像。

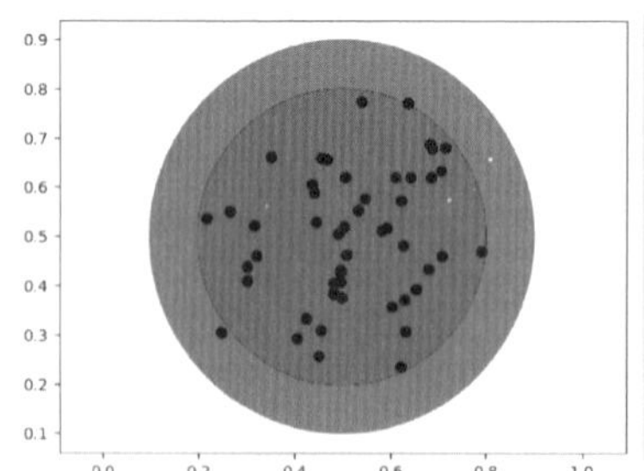

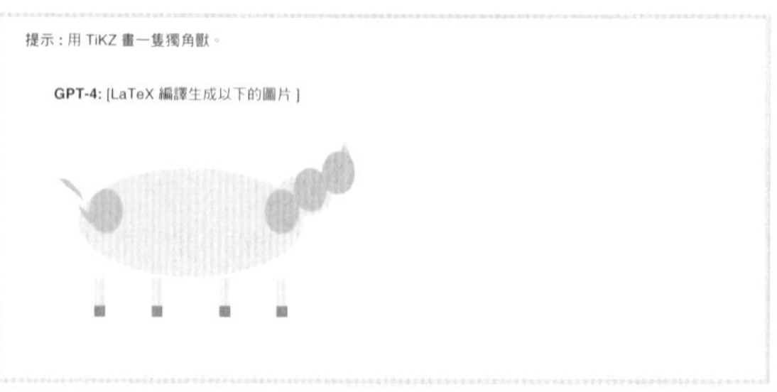

▲ GPT 可以用「寫詩」的方式解題，也可以透過程式繪圖

人工智慧演進之路：神經網路兩落三起

咖哥接著說：當然，在為人工智慧走向通用化而心潮澎湃之際，讓我們一起回顧一下它的來時路。看看這短短不到百年的時間，人工智慧是如何一步步走到今天的。

人工智慧這一概念可追溯到 20 世紀 40 年代和 50 年代，但它是在 1956 年的達特茅斯會議上成為一個獨立的學科領域的。在這次會議上，許多電腦科學家、數學家和其他領域的研究者聚集在一起，共同探討智慧型機器的發展前景。他們的目標是在電腦上實現人類智慧的各個方面的應用，從而開創了現代人工智慧研究的道路。從那時起，人工智慧領域不斷發展，湧現出眾多理論、技術和應用。

不過，人工智慧的發展並非一帆風順，其核心技術—— 深度學習（Deep Learning），以及深度學習的基礎——神經網路（Neural Network），曾經歷過兩次被稱為「AI 寒冬」的低谷期。下頁圖就是對以神經網路為主線的 A I 技術發展史做的整理。

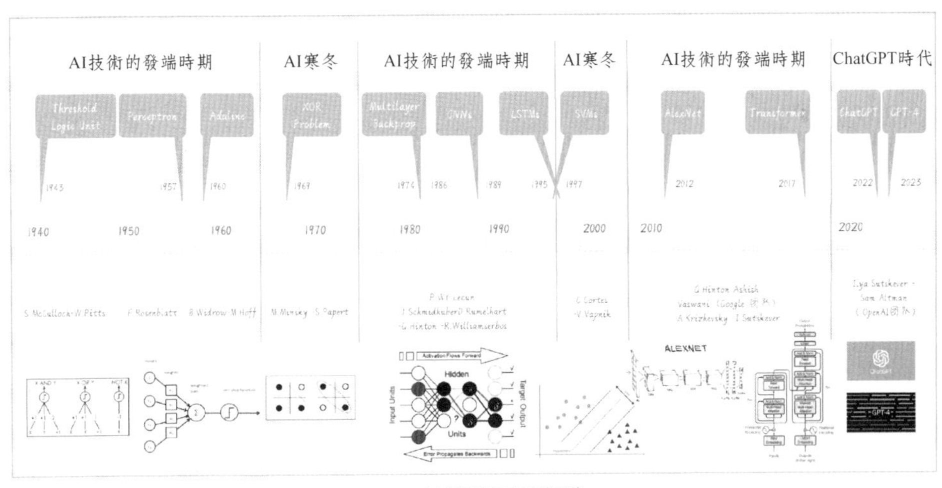

▲ AI 技術發展里程碑

小冰：是的，咖哥，這些內容你曾在《零基礎學機器學習》中給我介紹過，這些 AI 技術發展里程碑，我都記憶猶新。

- 設定值邏輯單元（Threshold Logic Unit）：最早可以追溯到 1943 年，由美國神經生理學家沃倫．麥克卡洛克（Warren McCulloch）和數學家沃爾特．皮茨（Walter Pitts）共同提出。設定值邏輯單元是一種簡單的邏輯門，透過設置設定值來確定輸出。它被認為是神經網路和人工智慧領域的基石。
- 感知器（Perceptron）：1952 年的霍奇金 - 赫胥黎模型（Hodgkin-Huxley model）展示了大腦如何利用神經元形成神經網路。該模型透過研究電壓和電流如何在神經元中傳遞，為神經元的動作電位提供了詳細的生物物理學描述。基於這個模型帶來的啟發，弗蘭克．羅森布拉特（Frank Rosenblat t）在 1957 年推出了感知器。它是第一個具有自我學習能力的模型，根據輸入與目標值的誤差調整權重，而且能進行簡單的二分類任務。雖然感知器只是一種線性分類器，但是它具有重要的歷史地位，是現代神經網路的雛形和起點。
- 自我調整線性神經元（Adaline）：自我調整線性神經元是伯納德．維德羅（Bernard Widrow）和特德．霍夫（Ted Hoff）在 1960 年發明的。它的學習規則基於最小均方誤差，與感知器相似，但有更好的收斂性能。
- 第一次 AI 寒冬——XOR 問題（XOR Problem）：1969 年，馬爾溫．明斯 基（Marvin Minsky）和西摩．佩珀特（Seymour Papert）在《感知器》（*Perceptrons*）一書中提出，單層感知器具有局限性，無法解決非線性問題（書中的 XOR 問題，互斥問題就是一種非線性問題）。這一發現導致人們對感知器技術失望，相關的資金投入逐漸減少，第一次 AI 寒冬開始。
- 多層反向傳播演算法（Multilayer Backpropagation）：多層反向傳播演算法是一種訓練多層神經網路的方法，由保羅．韋爾博斯（Paul Werbos）在 1974 年提出。這種方法允許梯度透過多層網路反向傳播，使得訓練深度網路成為可能。大衛．魯梅爾哈特（David Rumelhart）、傑佛瑞．辛頓（Geoffrey Hinton）和羅奈爾得．威廉姆斯（Ronald Williams）在 1986 年合作發表了一篇具有里程碑意義的論文，題目為《透過反向傳播誤差進行表示學習》（Learning Representations By Back-propagating Errors）。這篇論文詳細介紹了反向傳播演算法如何用於訓練多層神經網路。

- 卷積神經網路（Convolutional Neural Network，CNN）：卷積神經網路是一種特殊的深度學習模型，由楊立昆（Yann LeCun）在 1989 年提出。它使用卷積層來學習局部特徵，被廣泛應用於影像辨識和電腦視覺領域。
- 長短期記憶網路（Long Short-Term Memory，LSTM）：長短期記憶網路是由謝普．霍赫賴特（Sepp Hochreiter）和於爾根．施米德胡貝（Jürgen Schmidhuber）在 1997 年提出的一種循環神經網路（Recurrent Neural Network，RNN）結構。LSTM 透過引入門控機制解決了 RNN 中的梯度消失和梯度爆炸問題，使得模型能夠更進一步地捕捉長距離依賴關係，被廣泛應用於自然語言處理和時間序列預測等任務。卷積神經網路和以 LSTM 為代表的循環神經網路的出現，代表著神經網路重回學術界視野。
- 第二次 AI 寒冬——支援向量機（Support Vector Machines，SVM）：支援向量機是由弗拉基米爾．瓦普尼克（Vladimir Vapnik）和科琳娜．科爾特斯（Corinna Cortes）於 1995 年提出的一種有效的分類方法。它透過最大化類別間的間隔來進行分類。SVM 只是多種機器學習演算法中的一種，然而，它的特殊歷史意義在於——SVM 在很多工中表現出的優越性能，以及良好的可解釋性，讓人們再度開始懷疑神經網路的潛力，導致神經網路再度被打入「冷宮」，從此沉寂多年。

不過好在在這之後，我們進入了深度學習時代。深度學習是一種具有多個隱藏層的神經網路，可以學習複雜的特徵表示。隨著網際網路和運算能力的發展，深度學習使得在更大的資料集和更複雜的模型上進行訓練成為可能。而圖形處理器（Graphics Processing Unit，GPU）的平行計算能力使得深度學習研究和應用的發展加速。基於深度學習的神經網路在 21 世紀初開始取得顯著的成果。

咖哥：對的，小冰。你剛才總結得非常清晰，在深度學習時代，現象級的理論和技術突破層出不窮。

- AlexNet ：由亞曆克斯．克里澤夫斯基（Alex Krizhevsky）、伊利亞．蘇茨克維（Ilya Sutskever）和傑佛瑞．辛頓在 2012 年提出的深度卷積神經網路。它在 Image Net 大規模視覺辨識挑戰賽中獲得了突破性成果，標誌著深度學習時代的開始。
- Transformer ：是由阿希什．瓦斯瓦尼（Ashish Vaswan i）等人在 2017 年的論文《你只需要注意力》（Attention Is All You Need）中提出的一種神經網路結構。Transformer 引入了自注意力（Self-Attention）機制，摒棄了傳統的循環神經網路和卷積神經網路結構，從而大幅提高了訓練速度和處理長序列的能力，成為後續很多先進模型的基礎架構。
- ChatGPT 和 GPT 系列預訓練模型：ChatGPT 是基於 GPT（Generative Pre-trained Transformer）架構的一種大規模語言模型，由 OpenAI 開發，其首席科學家正是曾經參與開發 Alex Net 的伊利亞． 蘇茨克維。ChatGPT 和 GPT-4 分別於 2022 年底和 2023 年初問世之後，迅速在全球 範圍刮起了一陣 AI 風暴，其具有的強大的文字生成能力和理解能力，令世人震驚。不過，與過往的技術突破不同，ChatGPT 和 GPT 系列預訓練模型的成功應該歸功於 OpenAI 團隊及之前 AI 技術的累積，而非某一個（或幾個）科學家。

從 AlexNet 開始，到 Transformer，再到今天的 ChatGPT，人類一次一次被 AI 的能力所震撼。

AI 技術有兩大核心應用：電腦視覺（Computer Vision，CV）和自然語言處理（NLP）。小冰，你有沒有注意到，在 AI 技術發展里程碑中，前期的突破多與 CV 相關，如 CNN 和 AlexNet ；而後期的突破則多與 NLP 相關，如 Transformer 和 ChatGPT。

下面我們再對自然語言處理技術的發展進行一下類似的整理。你會發現，自然語言處理技術演進過程包含一些獨屬於它的微妙細節。而對這個過程的體會，能夠讓你對自然語言處理技術有更深的領悟。

現代自然語言處理：從規則到統計

咖哥：自然語言處理是人工智慧的子領域，關注電腦如何理解、解釋和生成人類語言。那麼，我們就要好好說一說「語言」（以下圖）是怎麼一回事。你有沒有想過，為什麼我說話，你能聽懂？

小冰：你普通話講得好唄。

▲ 「語言」是怎麼一回事

何為語言？資訊又如何傳播？

咖哥哈哈一笑：你說得還真對。最早的語言啊，是以聲音為媒介，透過話語進行傳送的，使用同一種語言，就顯得很重要。我國幅員遼闊，各地方言多如牛毛，所謂「十里不同音，百里不同俗」。為了方便交流，消除方言隔閡，國家推廣使用普通話。不過其實啊，早在兩千多年前，古人就研究過這個問題。古代版的普通話叫「雅言」。春秋時期，孔子的三千弟子來自五湖四海，這就必然需要孔子用一種被大家共同認可的語言來講學。孔子會用什麼語言講學呢？《論語・述而第七》中記載：「子所雅言，《詩》、《書》、執禮，皆雅言也。」

當然，口頭傳播資訊有明顯的缺點，資訊非常不易累積，也很難傳播，所以原始人類開始使用結繩、刻契、圖畫的方法輔助記事，後來又用圖形符號來簡化、取代圖畫。當圖形符號簡化到一定程度，並形成與語言的特定對應時，早期的文字就形成了（見下頁圖）。無論是最古老的象形文字、楔形文字，還是甲骨文，以及現代文字，它們的作用都是承載資訊。

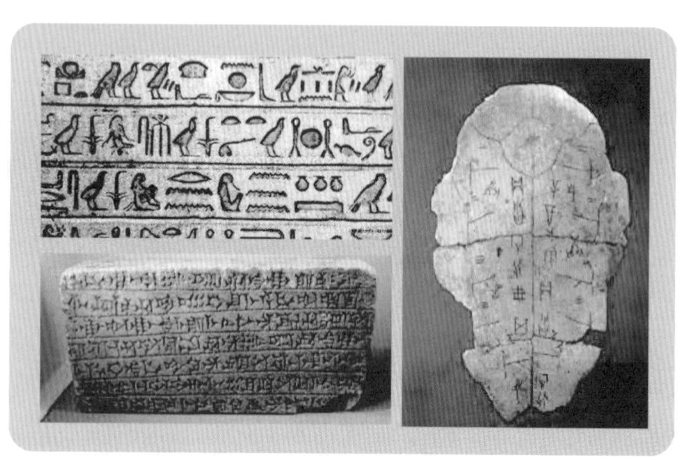

▲ 早期的文字

沒有口頭話語，沒有書面文字，我們就無法溝通。所以，語言是資訊的載體。口頭話語和書面文字都是語言的重要組成元素。

有了語言，就有了資訊溝通的基礎。不過，除了語言這個資訊載體之外，我們還需要在資訊的通道中為語言編碼和解碼。一個只說英文的人，面對一個聽不懂英文的中國人，他們雖然都使用語言，但是不能相互解碼，所以無法溝通。同理，電腦也不能直接理解人類的自然語言。因為缺少編碼和解碼的過程。因此，**要讓電腦理解我們人類的語言，就要對語言進行編碼，將其轉換成電腦能夠讀懂的形式**。

而這個編碼和解碼的任務，可以簡化成以下圖所示的簡化的通訊模型。

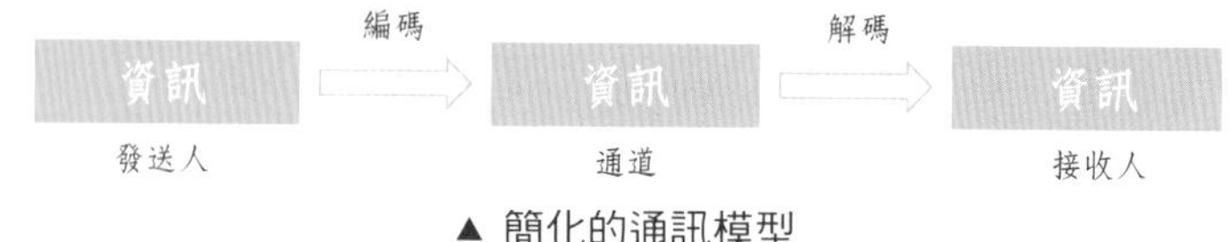

▲ 簡化的通訊模型

上圖中，資訊的發送人把想要發送的資訊透過一種編碼方式（繪畫、文字、聲音等）進行編碼，然後透過通道把被編碼後的資訊傳給接收人，接收人對其進行解碼，從而獲取資訊的內容。

NLP 是人類和電腦溝通的橋樑

小冰：上面這張圖，要說講的是從英文到中文的翻譯過程，我能理解；要說是將電話、電報等電信號轉換成聲音和文字的過程，我也能懂；但我不明白的是，ChatGPT 怎麼就能理解人類的語言了呢？

咖哥：對了，NLP 的核心任務，就是為人類的語言編碼並解碼，只有讓電腦能夠理解人類的語言，它才有可能完成原本只有人類才能夠完成的任務（見下圖）。

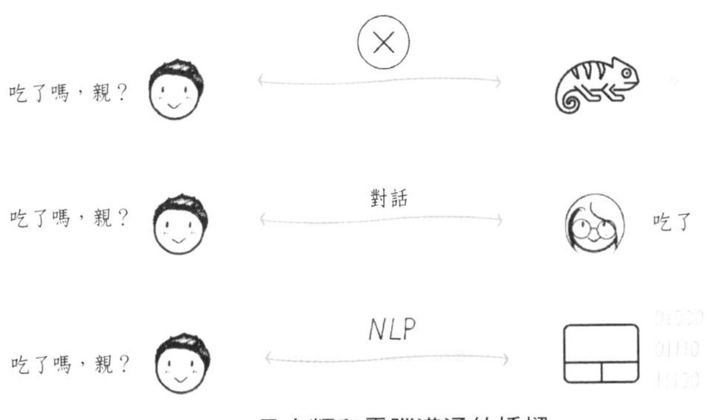

▲ NLP 是人類和電腦溝通的橋樑

因此我們可以說：NLP 就是人類和電腦之間溝通的橋樑！

NLP 技術的演進史

咖哥：NLP 技術的演進過程可以粗略地分為 4 個階段，以下圖所示。本節對應地使用了 4 個詞語來概括它們，分別是起源、基於規則、基於統計、深度學習和巨量資料驅動。

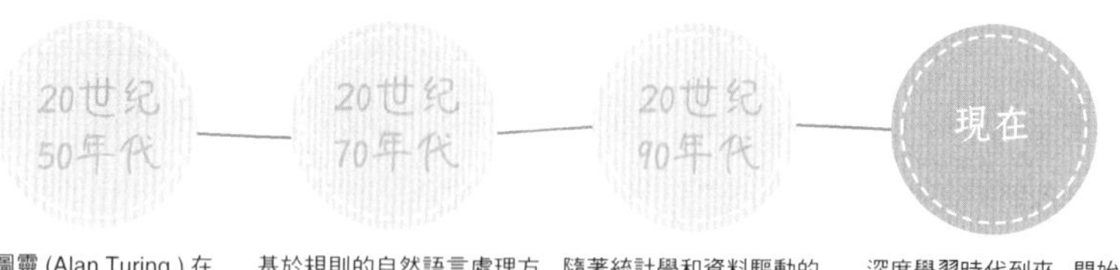

20世紀
50年代
20世紀
70年代
20世紀
90年代
現在
艾倫·圖靈 (Alan Turing) 在論文中這樣描述 "思考型" 機器：能夠與人類自然地對話。
基於規則的自然語言處理方法是由語言學家開發的，用於確定電腦如何處理語言。
隨著統計學和資料驅動的發展，基於統計的自然語言處理方法逐漸成為主流。
深度學習時代到來，開始出現基於深度神經網路的預訓練語言模型，例如 ChatGPT 聊天機器人等。
起源
基於規則
基於統計
深度學習和
巨量資料驅動

▲ NLP 技術演進史

- 起源：NLP 的起源可以追溯到亞倫·圖靈在 20 世紀 50 年代提出的圖靈測試。圖靈測試的基本思想是，如果一個電腦程式能在自然語言對話中表現得像一個人，那麼我們可以說它具有智慧。從這裡我們可以看出，AI 最早的願景與自然語言處理息息相關。NLP 問題是 AI 從誕生之日起就亟須解決的主要問題。
- 基於規則：在隨後的數十年中，人們嘗試透過基於語法和語義規則的方法來解決 NLP 問題。然而，由於規則很多且十分複雜，這種方法無法涵蓋所有的語言現象。基於規則的語言模型的簡單範例如下圖所示。

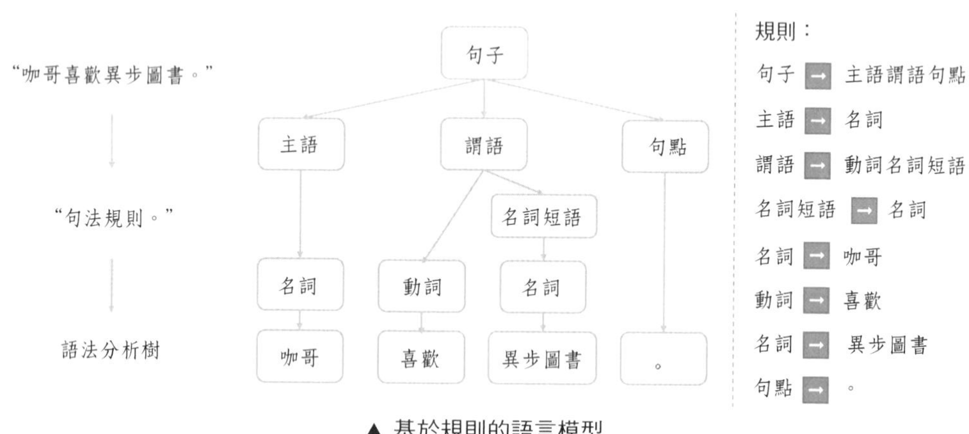

▲ 基於規則的語言模型

- 基於統計：1970 年以後，以弗雷德里克·賈里尼克（Frederick Jelinek）為首的 IBM 科學家們採用了基於統計的方法來解決語音辨識的問題，終於把一個基於規則的問題轉換成了一個數學問題，最終使

NLP 任務的準確率有了質的提升。至此，人們才紛紛意識到原來的方法可能是行不通的，採用統計的方法才是一條正確的道路。因此，人們基於統計定義了語言模型（Language Model，LM）：語言模型是一種用於捕捉自然語言中詞彙、短語和句子的機率分佈的統計模型。簡單來說，語言模型旨在估計給定文字序列出現的機率，以幫助理解語言的結構和生成新的文字。

- 深度學習和巨量資料驅動：在確定了以統計學方法作為解決 NLP 問題的主要武器之後，隨著運算能力的提升和深度學習技術的發展，巨量資料驅動的 NLP 技術已經成為主流。這種技術使用深度神經網路（Deep Neural Network，也就是深層神經網路）等技術來處理巨量的自然語言資料，從而學習到語言的複雜結構和語義。目前的大型預訓練語言模型，在很多 NLP 任務上的表現甚至已經超過人類，不僅可以應用於語音辨識、文字分類等任務，還可以生成自然語言文字，如對話系統、機器翻譯等。

不難發現，基於規則和基於統計的語言模型，是 NLP 技術發展的關鍵節點，而大規模語言模型的誕生，又進一步拓展了 NLP 技術的應用範圍。

大規模預訓練語言模型：BERT 與 GPT 爭鋒

小冰問道：經常聽到語言模型這個詞。到底什麼是語言模型？

語言模型的誕生和進化

咖哥：剛才說了嘛，語言模型是一種用於計算和預測自然語言序列機率分佈的模型，它透過分析大量的語言資料，基於自然語言上下文相關的特性建立數學模型，來推斷和預測語言現象。簡單地說，**它可以根據給定的上下文，預測接下來出現的單字**。語言模型被廣泛應用於機器翻譯、語音辨識、文字生成、對話系統等多個 NLP 領域。常見的語言模型有 N - Gram 模型、循環神經網路（RNN）模型、長短期記憶網路（LSTM）模型，以及現在非常流行的基於 Transformer 架構的預訓練語言模型（Pre-trained Language Model，PLM），如 BERT、GPT 系列等，還有你正在學習的 ChatGPT。

小冰：你這麼說我還是不懂，能舉個例子嗎？

咖哥：你看，我這裡有一堆詞。

咖哥 一本書 學 零基礎 機器學習 寫了

那麼，假設現在替我們一個自然語言處理任務，就是看看這些詞的各種組合中，哪一個組合能夠形成一個可以被理解和接受的句子。當然可能有很多組合，下面我們列出其中的兩個組合。

句子 1：咖哥零基礎學一本書寫了機器學習

句子 2：咖哥寫了一本書零基礎學機器學習

哪個更像一個完整的句子？相信你能夠舉出答案。

但是，AI 怎麼做判斷呢？這就需要基於統計的語言模型的幫助了。根據賈里尼克的假設：**一個句子是否合理，取決於其出現在自然語言中的可能性的大小**。

也就是說，假設我的語料庫足夠大，而句子 2 曾經在這個語料庫中出現過，那麼 AI 當然會說：OK，句子 2 更好，因為**它在自然語言中存在的可能性大，機率高**，以下圖所示。我經常看到別人這樣說，所以這樣說應該正確（**當然，機率高的事情可不一定百分之百正確，這是強大的大規模語言模型偶爾也會出錯的主要原因，這是它的死穴**）。這就是基於統計的語言模型的核心想法。這裡畫重點，你應該看得出來基於統計的語言模型是由資料驅動的，這就是它相對於基於語法和語義規則的 NLP 技術的優越性。

幾個詞

咖哥 一本書 學 零基礎 機器學習 寫了 

句子1 咖哥零基科礎學一本書寫了機器學習 ×

句子2 咖哥寫了一本書零基礎學機器學習  更像句子

句子2的機率>句子1的機率

▲ 句子 2 正確的機率比較高

小冰：嗯，這樣解釋，我就有點明白了。

咖哥：別著急，我還沒說完。

假設 S 表示一個有意義的句子，由一連串按特定順序排列的詞 $W_1, W_2, ..., W_n$ 組成。目標是求 S 在文字中出現的可能性，也就是 P (*S*)。如果你統計了人類有史以來所有的句子，就可以得到 P (*S*)[a]。

我們可以利用模型來估算 P (S):

$$P(\mathrm{S}) = P(\mathrm{W}_1, \mathrm{W}_2, \ldots, \mathrm{W}_n)$$

利用**條件機率公式**計算 $P(\mathrm{W}_1, \mathrm{W}_2, \cdots, \mathrm{W}_n)$:

$$P(\mathrm{W}_1, \mathrm{W}_2, \ldots, \mathrm{W}_n)=P(\mathrm{W}_1)\cdot P(\mathrm{W}_2|\mathrm{W}_1)\cdot P(\mathrm{W}_3|\mathrm{W}_1, \mathrm{W}_2)\ldots P(\mathrm{W}_n|\mathrm{W}_1, \mathrm{W}_2, \ldots, \mathrm{W}_{n-1})$$

根據**馬可夫假設**（任意一個詞出現的機率只同它前面的那一個詞有關），就有：

$$P(\mathrm{W}_1, \mathrm{W}_2,\ldots, \mathrm{W}_n)\approx P(\mathrm{W}_1)\cdot P(\mathrm{W}_2|\mathrm{W}_1)\cdot P(\mathrm{W}_3|\mathrm{W}_2)\ldots P(\mathrm{W}_n|\mathrm{W}_{n-1})$$

那麼，透過條件機率公式和馬可夫假設，你就可以得到一個句子是不是人類語言的機率！

基於統計的語言模型具有以下優點。

(1) 可擴充性：可以處理大規模的資料集，從而可以擴充到更廣泛的語言任務和環境中。

(2) 自我調整性：可以從實際的語言資料中自我調整地學習語言規律和模式，並進行即時更新和調整。

(3) 對錯誤容忍度高：可以處理錯誤或缺失的資料，並從中提取有用的資訊。

(4) 易於實現和使用：基於統計，並使用簡單的數學和統計方法來架設語言模型。

---

a　當然，這只是一種理想情況，實際上我們只能夠統計可以搜集到的語料庫（Corpus）中的句子。

統計語言模型的發展歷程

基於統計的語言模型（統計語言模型）其實出現得很早，但是它的發展歷程和 AI 技術很類似，雖然有了理論，但是由於網路結構和資料量的侷限，早期的統計語言模型並沒有實現突破性的應用。這些語言模型存在不少缺點，例如過擬合、無法處理文字間長距離依賴性、無法捕捉微妙的語義資訊等。

好在經過幾十年的探索和累積，NLP 領域也開始出現更高級的想法和演算法。能夠解決上述這些問題的技術和語言模型在深度學習時代開始逐漸湧現。

統計語言模型發展的里程碑以下圖所示。

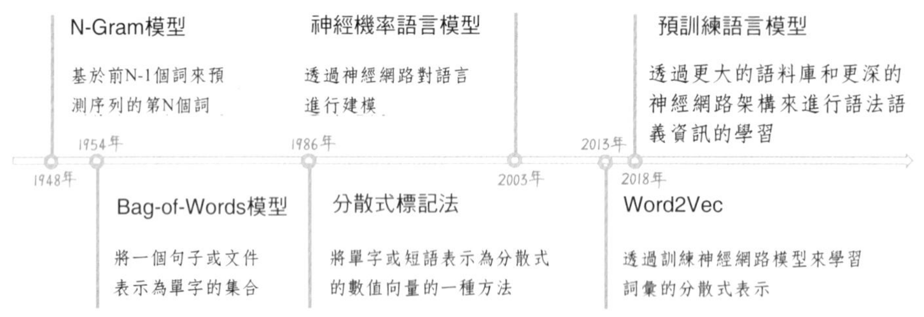

▲ 統計語言模型發展的里程碑

圖中上半部分是語言模型技術的進展；下半部分則是詞向量（詞的表示學習）技術的進展。其中，詞向量表示的學習為語言模型提供了更高品質的輸入資訊（詞的向量表示）。圖中涉及的技術具體介紹如下。

- 1948 年，著名的 N - Gram 模型誕生，想法是基於前 *N*-1 個項目來預測序列中的第 N 個項目，所謂的「項目」，就是詞或短語。
- 1954 年的 Bag-of-Words 模型是一種簡單且常用的文字表示方法，它將文字表示為一個單字的集合，而不考慮單字在文字中的順序。在這種表示方法中，每個單字都可以表示為一個單字頻率向量，對應一個特定的維度，向量的值表示該單字在文字中出現的次數。
- 1986 年出現的分散式表示（Distributed Representation）是一種將詞或短語表示為數值向量的方法。在這種標記法中，單字的語義資訊被分散到向量的各個維度上，因此可以捕捉到單字之間的相似性和連結性。分散式表示主要基於單字在文字中的上下文來建構，因此具有較多的語義和句法資訊。這種表示方法有助解決傳統 Bag-of-Words 模型和獨熱編碼（One-Hot Encoding）中的詞彙鴻溝問題（詞彙歧義、同義詞等）。

- 2003 年的神經機率語言模型則提出使用神經網路來學習單字之間的複雜關係，它是後續的神經網路語言模型，比如 CNN、RNN、LSTM 的思想起點。
- 2013 年出現的另外一個重要的里程碑，即 Word2Vec（W2V），是一種透過訓練神經網路模型來學習詞彙的分散式表示，簡單而又高效。Word2Vec 有兩種主要的架構：連續詞袋（Continuous Bag of Words，CBOW）模型和 Skip - Gram 模型。CBOW 模型透過預測單字上下文（周圍詞）的目標單字來學習詞向量，而 Skip - Gram 模型則透過預測目標單字周圍的單字來學習詞向量。Word2Vec 生成的詞向量可以捕捉到單字之間的相似性、語義連結及詞彙的句法資訊。其思想和訓練結果被廣泛用於許多 NLP 模型中。
- 2018 年之後，基於 Transformer 的預訓練語言模型一統江湖，在自然語言處理領域的許多工中成為主導方法。它透過更大的語料庫和更加複雜的神經網路架構來進行語法語義資訊的學習，這就是語言模型的預訓練過程。這些模型在具體 NLP 任務（如機器翻譯、問答系統、文字分類、情感分析、文字生成等任務）上進行微調後，都表現出色，並且不斷刷新各種基準測試的最高分數。如今，許多研究者和工程師都在使用這些預訓練語言模型作為他們自然語言處理專案的基礎。

因此，14 頁圖中的每一個節點，都為後續技術的誕生打下了基礎，因此也成為本書的講解脈絡。語言模型的進化，驅動了 NLP 技術的發展，而其中的**關鍵點是從基於規則的模型到基於統計的模型的躍遷，以及巨量語料庫訓練出來的大模型的使用**。

基於 Transformer 架構的預訓練模型

以 BERT（Bidirectional Encoder Representations from Transformers）為代表的基於 Transformer 架構的預訓練語言模型一登場就引起了大量的關注。有了預訓練模型，很多一度不能解決的問題都獲得了解決。

小冰：我們廠裡的人和你都一直在說的這個 Transformer 究竟是什麼？預訓練又指什麼？

咖哥：Transformer 是幾乎所有預訓練模型的核心底層架構，也是本課程的核心內容，現在暫不說明它的技術細節。自然語言處理中的預訓練，則通常指在大量無標注文字資料上訓練語言模型。預訓練所得的大規模語言模型也被叫作「基礎模型」（Foundation Model 或 Base Model）。在預訓練過程中，模型學習了詞彙、語法、句子結構及上下文資訊等豐富的語言知識。這種在大量資料中學到的知識為後續的下游任務（如情感分析、文字分類、命名實體辨識、問答系統等）提供了一個通用的、豐富的語言表示基礎，為解決許多複雜的 NLP 問題提供了可能。

在預訓練模型發展過程的早期，BERT 毫無疑問是最具代表性，也是影響力最大的預訓練語言模型。BERT 透過同時學習文字的上下文資訊，實現對句子結構的深入理解。BERT 之後，各種大型預訓練模型如雨後春筍般地湧現（見下圖），自然語言處理領域進入了一個新的時代。這些模型推動了 NLP 技術的快速發展，為解決許多以前難以應對的問題提供了強大的工具。

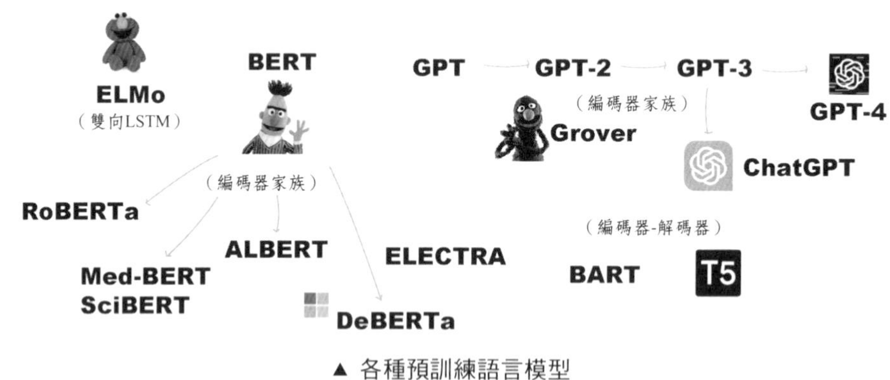

▲ 各種預訓練語言模型

對圖中各種預訓練語言模型的簡單解釋如表 0.1 所示（按照模型出現的先後順序排列）。

表0.1 各種預訓練語言模型的說明

編號	模型名稱	發佈年份	描述	特性
1	ELMo	2018	基於雙向長短期記憶網路（BiLSTM）的詞嵌入方法	學習文字中的上下文資訊，生成動態的詞向量表示（非 Transformer 架構）
2	GPT	2018	OpenAI 開發的生成式預訓練模型	單向 Transformer 架構，關注預測下一個詞的任務
3	BERT	2018	基於 Transformer 的預訓練模型	同時學習文字的上下文資訊，深入理解句子結構
4	GPT-2	2019	GPT 的改進版本	使用更大的模型和更多的資料進行預訓練
5	RoBERTa	2019	在 BERT 基礎上進行最佳化的預訓練模型	調整訓練策略、資料處理和模型架構，提高訓練速度和性能
6	ALBERT	2019	輕量級 BERT	減少參數量和計算成本，保持高性能
7	T5	2019	文字到文字遷移 Transformer	將所有 NLP 任務視為文字到文字的問題，進行點對點的訓練和微調
8	Grover	2019	生成式預訓練模型	目標是檢測和生成新聞文章中的虛假資訊，學習了大量新聞的撰寫方式和結構
9	ELECTRA	2020	高效學習精確分類代幣替換的編碼器	使用生成 - 判別框架進行預訓練，提高訓練效率
10	GPT-3	2020	第三代生成式預訓練 Transformer	更大的模型和更多的資料，具有強大的生成能力和零樣本學習能力
11	BART	2020	雙向自回歸 Transformer	結合了編碼器 - 解碼器結構和自回歸預訓練，適用於生成任務和其他 NLP 任務
12	Me dB ER T/ SciBERT	2020	針對醫學和科學領域的 BERT 變形	使用領域專業語料庫進行預訓練，以提高完成特定領域任務的性能
13	DeBERTa	2021	帶有解耦注意力的解碼增強 BERT	憑藉解耦注意力和相對位置編碼提高性能
14	ChatGPT	2022	基於 GPT-3 的聊天機器人	在 GPT -3 的基礎上進行了額外的微調，以便更進一步地處理聊天場景
15	GPT-4	2023	是 GPT 系列的最新一代模型	具有更大的模型容量和更多的資料，以及更強的生成和推理能力

當然，現今預訓練模型的發展趨勢是參數越來越多，模型也越來越大（見下頁圖），訓練一次的費用可達幾百萬美金。巨大的資金和資源投入，只有世界頂級「大廠」才負擔得起，普通的學術組織和高等院校很難在這個領域繼續引領科技突破，這種現象開始被普通研究人員所詬病。

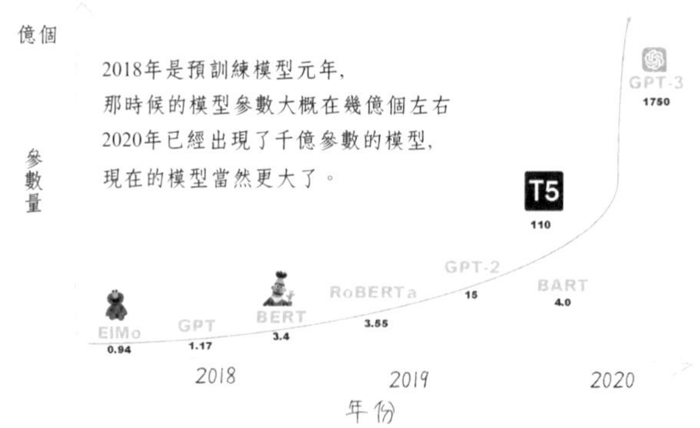

▲ 參數越來越多，模型越來越大

" 預訓練 + 微調大模型 " 的模式

不過，話雖如此，大型預訓練模型的確是應用人員的好消息。因為，經過預訓練的大模型所習得的語義資訊和所蘊含的語言知識，很容易向下游任務遷移。NLP 應用人員可以根據自己的需要，對模型的頭部或部分參數進行適應性的調整，這通常涉及在相對較小的有標注資料集上進行有監督學習，讓模型適應特定任務的需求。這就是對預訓練模型的微調（Fine-tuning，有時也譯為精調）。微調過程相對於從頭訓練一個模型要快得多，且需要的資料量也要少得多，這使得 NLP 應用人員能夠更高效率地開發和部署各種 NLP 解決方案（以下圖所示）。

預訓練:在大規模無標注資料集上進行模型的訓練,目標是讓模型學習自然語言的基礎資料表達、上下文資訊和語義知識,為後續任務提供一個通用的、豐富的語言表示基礎。

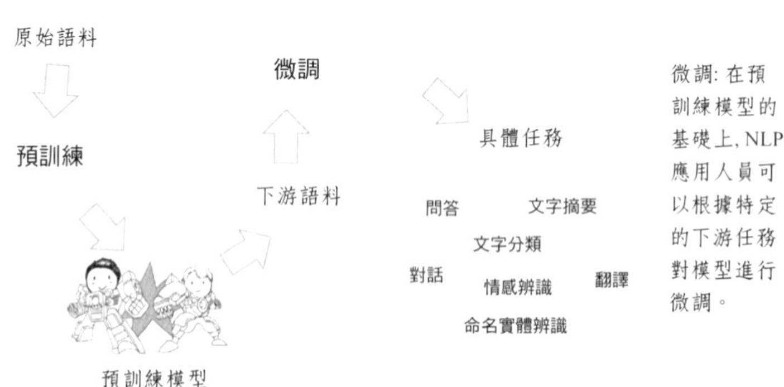

微調: 在預訓練模型的基礎上, NLP 應用人員可以根據特定的下游任務對模型進行微調。

▲ 「預訓練 + 微調大模型」的模式

這種「預訓練 + 微調大模型」的模式優勢明顯。首先，預訓練模型能夠將大量的通用語言知識遷移到各種下游任務上，作為應用人員，我們不需要自己尋找語料庫，從頭開始訓練大模型，這減少了訓練時間和資料需求。其次，微調過程可以快速地根據特定任務進行最佳化，降低了模型部署的難度。最後，「預訓練 + 微調大模型」的模式具有很強的可擴充性，應用於各種 NLP 任務都很方便，大大提高了 NLP 技術在實際應用中的可用性和普及程度，確實給 NLP 應用人員帶來了巨大的便利。

以提示 / 指令模式直接使用大模型

咖哥：不過，小冰，有一點你必須知道，近年來，隨著 GPT 這種生成式大型預訓練模型的突飛猛進，「預訓練 + 微調大模型」的使用模式有被一種稱為「提示」（Prompt）或說「指令」（Instruct）的使用模式所取代的趨勢。

Prompt 模式和 Instruct 模式都基於這種思想：在訓練階段，這些模型透過學習大量的文字資料，掌握了語言的結構、語法和一定程度的語義知識。那麼，在應用階段，透過在輸入中提供恰當的資訊和指導，可以引導大型預訓練模型（如 GPT - 3）生成相關性更強且更有用的輸出。這種方法可以看作與模型進行一種「對話」，使用者提供輸入（Prompt 或 Instruct），然後模型根據輸入生成相應的輸出。

下面這張圖來自卡內基 - 梅隆大學某研究團隊發表的一篇有關 Prompt 模型的整體說明文章[a]，它形象地描述了在幾個預訓練模型上使用 Prompt 模式的方法：透過提供合適的輸入，使用者可以引導模型生成符合特定目標的輸出。

a LIU P, YUAN W, JIANG Z, et al. Pre-train, prompt, and predict: A systematic survey of prompting methods in natural language processing [J]. ACM Computing Surveys, 2022: 55(9), Article No. 195, 1-35.

▲ Prompt：想讓模型做什麼？有話直說[a]

用我自己的話來說就是，**大模型本身就是知識庫，裡面蘊含了你所需要的資訊，不一定非得微調才能解決問題，但是你得知道怎麼才能把它裡面的知識「調」出來。**

咖哥發言

提示工程（Prompt Engineering）已經不再是一個新鮮名詞了，它能「有效地與人工智慧溝通以獲得你想要的東西」。大多數人都不擅長提示工程，然而，它正在成為一項越來越重要的技能……

不好的輸入很大程度上意味著不好的輸出。因此，提示工程師這個職業應運而生。

他們主要負責設計和最佳化模型的輸入（即提示或指令），以引導模型生成滿足特定目標的輸出。當然，提示工程師需要深入理解特定任務的需求和目標，對任務背景和領域知識具有一定程度的了解，以確保輸入符合任務的實際需求，設計出有效的提示或指令。而且，一個提示工程師還需要具有良好的溝通和協作能力。

a 圖中的 BERT、BART 和 ERNIE 都是預訓練語言模型，同時也都是卡通人物的名字。其中 BART 由 Facebook AI Research 於 2019 年推出，ERNIE 是百度研究院於 2019 年推出的。

小冰：那麼咖哥，Prompt 和 Instruct 這兩種模式應該也有一些不同之處吧。

咖哥：是的。Prompt 和 Instruct 這兩種模式在輸入的類型和任務的性質上有區別（以下圖所示）。

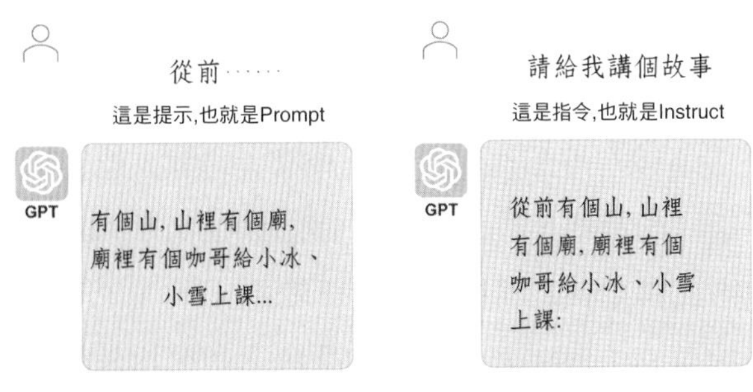

▲ Prompt 和 Instruct 模式

- Prompt 模式：輸入通常是一個詞或短語，模型需要根據這個提示生成自然且連貫的文字。這種方式適用於生成式任務，如文字生成、文章摘要等。舉例來說，當輸入「從前」這個提示時，語言模型傳回「有個山，山裡有個廟……」
- Instruct 模式：輸入是一行明確的指令，要求模型完成特定任務。這種方式適用於那些需要明確指示的任務，如回答問題、解釋概念等。例如：當輸入「請給我講個故事」時，語言模型傳回「從前有個山，山裡有個廟，廟裡有個咖哥給小冰、小雪上課……」

小冰：那麼你能否總結一下 Prompt/Instruct 模型和「預訓練 + 微調大模型」模型的異同？

咖哥：先說兩者的相似之處。首先，兩種模型都依賴於大型預訓練模型（如 GPT、BERT 等），這些模型在大規模無標注文字資料上進行訓練，以學習豐富的語言知識和通用表示。其次，兩種模型都利用了預訓練模型的遷移學習能力，在具體的下游任務上使用預訓練好的模型，從而減少了訓練時間和資料需求。

不同之處我們列表看看（見表 0.2）。

表 0.2「預訓練 + 微調大模型」模式與 Prompt/Instruct 模式的不同之處

特點	「預訓練 + 微調大模型」模式	Prompt/Instruct 模式
微調過程	在下游任務上進行微調以適應需求	不經過微調，設計合適的提示或指令生成輸出
學習方式	在有標注資料集上進行有監督學習	通常不需要有標注資料
任務適應性	透過微調實現較高的任務適應性	依賴提示，任務適應性可能較低
靈活性	需要針對每個任務進行微調	靈活性更高，不需要微調，可能需要嘗試和校正

總的來說，這兩種模型都利用了預訓練模型的強大能力，但它們在實現具體任務時採用了不同的策略。「預訓練 + 微調大模型」模式透過在特定任務上對模型進行微調，使模型更加精確地適應任務需求；而 Prompt/Instruct 模式則直接利用預訓練模型的生成能力，透過設計合適的提示來解決問題。選擇哪種模型取決於具體的任務需求、可用資料，以及具體的任務對精確性和靈活性的需求。

小冰：咖哥，謝謝你把預訓練模型的誕生、發展和使用方式細細捋了一遍，這樣我就對大模型有了巨觀的認識。下面，你能不能把 GPT 的發展脈絡整理出來呢？

咖哥：當然可以。

從初代 GPT 到 ChatGPT，再到 GPT-4

剛才我們說了，初代的 GPT 和 BERT 幾乎是同時出現的，GPT 比 BERT 出現得稍早一些。GPT 的全稱是 Generative Pre-Training，和之後的 BERT 模型一樣，它的基本結構也是 Transformer。GPT 的核心思想是利用 Transformer 模型對大量文字進行無監督學習，其目標就是最大化敘述序列出現的機率。

GPT 作為生成式模型的天然優勢

小冰：咖哥，BERT 和 GPT 這兩個模型都是「預訓練」模型，它們到底怎麼訓練出來的，有什麼不同呢？

咖哥：嗯，知道它們之間的不同點，對你理解語言模型的本質很有好處。鑑於你是初學者，我將用你能夠理解的方式來講解二者的異同，你看看下面這張圖。

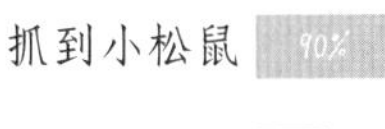

▲ BERT 和 GPT 的預訓練過程比較

BERT 的預訓練過程就像是做填空題。在這個過程中，模型透過大量的文字資料來學習，隨機地遮住一些單字（或說「挖空」），然後嘗試根據上下文來預測被遮住的單字是什麼（這是雙向的學習）。這樣，模型學會了理解句子結構、語法及詞彙之間的聯繫。

GPT 的預訓練過程則類似於做文字接龍遊戲。在這個過程中，模型同樣透過大量的文字資料來學習，但是它需要預測給定上文的下一個單字（這是單向的學習）。這就像是在一個接龍遊戲中，你需要根據前面的單字來接龍後面的單字。透過這種方式，GPT 學會了生成連貫的文字，並能理解句子結構、語法及詞彙之間的關係。

上面兩個預訓練模型實現細節上的區別，我們留待後續實戰部分中詳述。不過，我要強調一點，就是二者相比較，**GPT 更接近語言模型的本質，因為它的預訓練過程緊湊且有效地再現了自然語言生成的過程**。

所以，雖然 BERT 模型比較「討巧」，透過雙向的上下文學習增強了語言模型的理解能力，但是語言模型的核心任務是為給定的上下文生成合理的機率分佈。在實際應用中，我們通常需要模型根據給定的上下文生成接下來的文字，而非填充已有文字中的空白部分。

而 GPT 正是透過從左到右一個一個預測單字，使得模型在生成過程中能夠學習到自然語言中的連貫表達、句法和語義資訊。**在大規模預訓練模型發展的初期，它沒有 BERT 那麼耀眼，不過，它後來居上，為 ChatGPT 的從天而降打下了強大的基礎**。

ChatGPT 背後的推手——OpenAI

咖哥：簡單講解了 ChatGPT 的原始模型 GPT 的天然優勢之後，我們再來談它背後的公司——OpenAI 的起步和發展。OpenAI 是個非常年輕的公司，比你小冰還要小得多。

Open AI 成立於 2015 年，由許多知名創業者和科技領域的引領者共同發起，包括伊隆・馬斯克、PayPal 聯合創始人彼得・蒂爾（Peter Thiel）和美國科技孵化器 Y Combinator 總裁山姆・阿爾特曼等。OpenAI 的宗旨是透過與其他研究機構和研究人員的開放合作，將其專利和研究成果公之於眾，從而推動人工智慧技術的發展和進步。

不過，今天的 OpenAI 已經不再是一個純粹提供開放原始碼模型的公司。ChatGPT、 GPT -4 訓練成本高昂，OpenAI 已經逐漸走向盈利模式，使用這些模型的人需要為此支付一定的費用。

下圖所示是 OpenAI 成立以來的大事記。

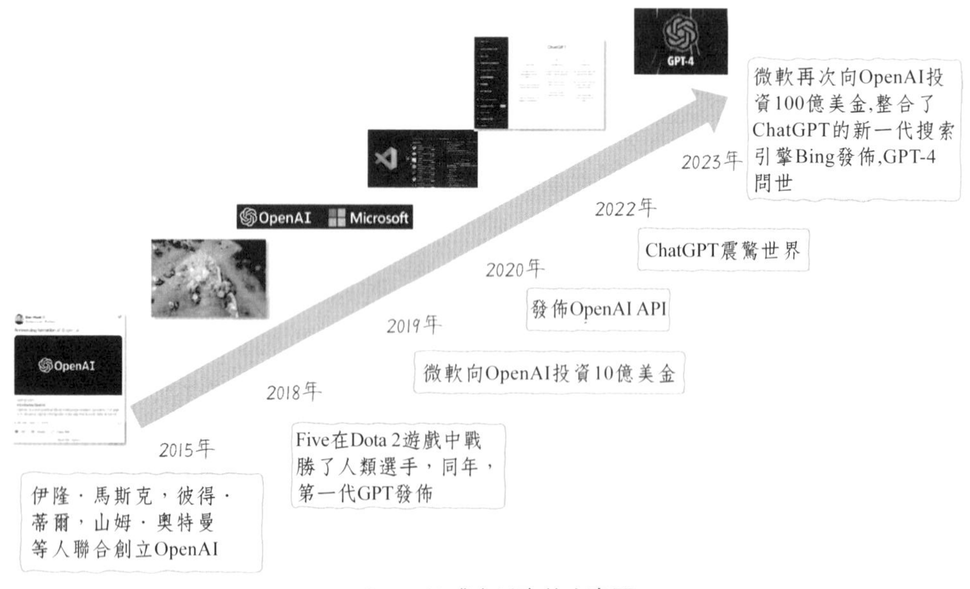

▲ OpenAI 成立以來的大事記

- 2015 年，伊隆・馬斯克、彼得・蒂爾、山姆・阿爾特曼等人聯合創立 OpenAI。

- 2018 年，OpenAI 研發出了名為 F i v e 的人工智慧選手，成功在 D o t a 2 遊戲中戰勝了人類選手。同年，自然語言處理模型初代 GPT 發佈。
- 2019 年，微軟向 OpenAI 投資了 10 億美金，並獲得了 OpenAI 技術的商業化授權。
- 2020 年，發佈 OpenAI A P I，透過向外界提供 AI 能力，開始實施商業化營運。
- 2022 年 11 月 30 日，OpenAI 發佈了 ChatGPT，一鳴驚人。
- 2023 年 1 月中旬，微軟再次向 OpenAI 投資 100 億美金。緊隨其後的 2 月 8 日，微軟發佈了整合了 ChatGPT 的新一代搜尋引擎 Bing。
- 2023 年 4 月，GPT -4 問世，把大型預訓練模型的能力推到新高度，我們直奔 AGI 而去……

未完，待續……

從初代 GPT 到 ChatGPT，再到 GPT-4 的進化史

ChatGPT 是從初代 GPT 逐漸演變而來的。在進化的過程中，GPT 系列模型的參數量呈指數級增長，從初代 GPT 的 1.17 億個參數，到 GPT-2 的 15 億個參數，再到 GP-3 的 1750 億個參數。模型越來越大，訓練語料庫越來越多，模型的能力也越來越強。GPT 的發展過程以下圖所示。

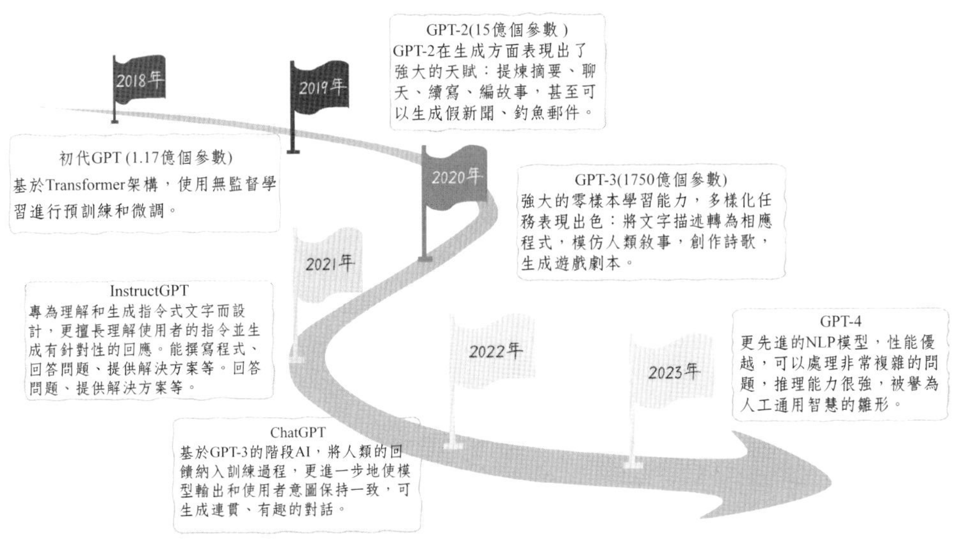

▲ GPT 的進化史

最早發佈的 ChatGPT 是在 GPT-3.5 的基礎上訓練出來的。在從 GPT-3 邁向 ChatGPT 的過程中，技術進展主要集中在基於聊天場景的微調、提示工程、控制性能（Controllability，控制生成文字的長度、風格、內容等），以及安全性和道德責任等方面。這些進步使得 ChatGPT 在聊天場景中表現得更加出色，能夠提供給使用者更好的互動體驗。

在大型預訓練模型的發展過程中，研究人員發現隨著模型參數量的增加和訓練語料庫的擴充，大模型逐漸展現出一系列新的能力。這些能力並非透過顯式程式設計引入的，而是在訓練過程中自然地呈現出來的。研究人員將這種大模型逐步展示出新能力的現象稱為「湧現能力」（Emergent Capabilities）。

發展到 GPT -4 這個版本後，大模型的能力更是一發不可收拾，它能夠理解影像，能夠接受影像和文字輸入，也就是多模態輸入，輸出正確的文字回覆；它具有超長文字的處理分析能力，甚至能夠理解 2.5 萬字的長文字；它能夠進行藝術創作，包括編歌曲、寫故事，甚至學習特定使用者的創作風格；GPT -4 在多項考試中也展現出了強大的實力，其在模擬律師資格考試中的成績位於前 10%，這比起 GPT -3.5 的成績（後 10%）有了大幅度的提高。

好了小冰，說到這裡，你已經從巨觀上對 NLP 的發展、大型預訓練模型的發展，甚至從 ChatGPT 到 GPT -4 的發展有了一定的理解，而我們這個課程的框架也呼之欲出了。在後面的課程中，我要循著自然語言處理技術的演進過程，給你講透它的技術重點，並和你一起實際操練一番，一步一步帶你學透 GPT。

那麼，精彩即將開始……

第 1 課

高樓萬丈平地起：語言模型的雛形 N-Gram 和簡單文字表示 Bag-of-Words

初春，陽光明媚。咖哥和小冰邊往公司走，邊刷手機。

咖哥笑著說：你看，「更新畫面」的又是 GPT，大模型簡直要火到天上去了。

不過，在語言模型剛剛出現的時候，它們可沒有現在這麼強大，那個時候的語言模型，幾乎連最簡單的自然語言處理任務都無法完成。誰能想到，幾十年之後，有了深度學習和巨量資料，語言模型會發展成今天這個樣子？

也好，今天我們就從最簡單、最基本的語言模型講起吧。不了解語言模型的本質和發展過程，GPT 和 ChatGPT 也就無從談起。你還記得語言模型是什麼嗎？

小冰：我隱約記得，語言模型好像是用來預測下一個單字的模型？

咖哥：哈哈，你說對了一半。語言模型確實可以預測單字，但更嚴謹地說，語言模型就是一個用來估計文字機率分佈的數學模型，它可以幫助我們了解某個文字序列在自然語言中出現的機率，因此也就能夠根據給定的文字，預測下一個最可能出現的單字。語言模型關注的是一段上下文中單字之間的相關性，以保證模型所生成的文字序列是合理的敘述。

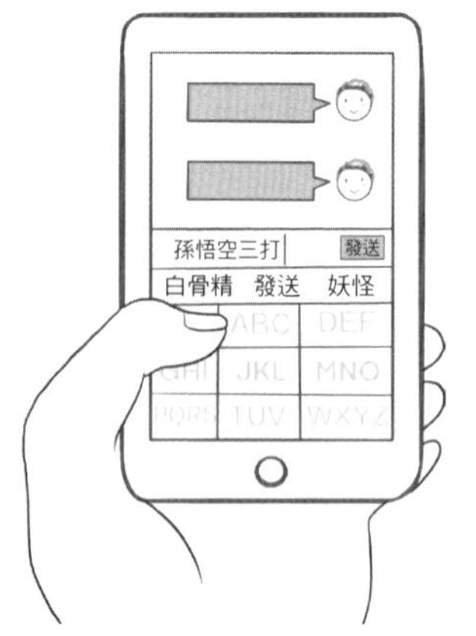

▲ 語言模型幫我們預測下一個詞

這個概念看似晦澀，但其實在我們生活中很常見。比如，你用手機打字時，輸入法會根據你輸入的前幾個字和你平日的習慣，自動推薦接下來的字或詞（如上圖所示），這正是語言模型的應用。

1.1 N-Gram 模型

小冰：哦，原來如此！我記得你曾說過，語言模型的雛形 N-Gram 很早就誕生了。

咖哥：的確如此。20 世紀 40 年代，人工智慧這個概念剛剛誕生，彼時的電腦科學家們正為了讓電腦理解和生成自然語言而努力。資訊理論的奠基人夏農（Shannon）提出了一種衡量資訊量的方法，叫作「夏農熵」。他認為，要衡量一句話的資訊量，就要了解其中每個單字出現的機率。

小冰：還「彼時」，文縐縐的……

咖哥：嘿！認真聽重點。受到夏農熵的啟發，研究自然語言處理的科學家們發現，要讓電腦理解自然語言，就必須讓它學會對語言中的詞序列進行機率估計。這樣，電腦才能判斷哪些敘述是符合自然語言規律的，哪些是不合邏輯的（見下圖）。這就為語言模型的誕生奠定了理論基礎。

▲ 第一個句子出現的機率更高，因此更符合自然語言規律

隨後，在 20 世紀 50 年代，研究者開始嘗試用統計方法來預測文字中的詞序列機率，這種為了預測詞彙出現的機率而使用的統計方法就是自然語言處理中的機率模型。機率模型的基本思想是，給定一個詞序列，計算下一個詞出現的機率。然而，由於詞序列可能非常長，計算整個序列的聯合機率[a]會變得非常複雜。這時，N-Gram 模型就派上了用場。

在 N-Gram 模型中，我們透過將文字分割成連續的 N 個詞的組合（即 N-Gram），來近似地描述詞序列的聯合機率。我們假設一個詞出現的機率僅依賴於它前面的 N-1 個詞。換句話說，我們利用有限的上下文資訊（N-1 個詞）來近似地預測下一個詞的機率。

下面就是一個以詞為「Gram」（元素）的 N-Gram 模型圖示。其中 Unigram 中 N 值為 1，可以稱之為一元組。依此類推，Bigram 中 N 值為 2，是二元組，Trigram 是三元組。

▲ 以詞為元素的 N-Gram 模型

a 聯合機率是指多個隨機變數同時滿足特定條件的機率，例如 p (x , y) 表示隨機變數 x 取這個值，同時 y 取那個值的機率。

咖哥發言

N-Gram 的概念並不是由某個具體的人提出的，早在 20 世紀初，人工智慧這門學科確立之前，它就在許多語言學家、數學家和密碼學家的研究中發展起來了。

當時，哈佛大學的喬治·金斯利·齊普夫（George Kingsley Zipf）發表了關發於詞頻和排名的經驗規律，即齊普夫定律。這個定律描述了一個有趣的現象：在任言何給定的語料庫中，一個詞出現的頻率與其排名成反比。這個發現激發了人們對詞頻率分佈研究的興趣。

20 世紀 30 年代至 40 年代，數學家、語言學家和密碼學家們為了解密敵對國家的加密通訊，開始研究概率論和資訊理論在語言處理中的應用。這個時期，夏農提出了「熵」的概念，用於衡量資訊的不確定性。這為後來 N-Gram 模型的發展奠定了基礎。

第二次世界大戰期間，英國的密碼學家亞倫·圖靈為了解開恩尼格瑪（Enigma）密碼機的秘密，也使用了統計方法，這些方法後來演變成了 N-Gram 模型的雛形。在戰後的幾十年裡，研究者們持續探索著基於統計的自然語言處理方法，N-Gram 模型成了這一領域的基石。

綜上所述，N-Gram 模型的發展是多學科交叉研究和應用的結果，很多學者為其發展做出了重要貢獻。雖然沒有一個具體的「大師」發明了 N-Gram 模型，但我們可以從它的發展歷史中看到，許多人的智慧和努力共同推動了自然語言處理技術的進步。

具體來說，N-Gram 模型的建構過程如下。

(1) 將給定的文字分割成連續的 N 個詞的組合（N-Gram）。

比如，在 Bigram 模型（2- Gram 模型，即二元模型）中，我們將文字分割成多個由相鄰的兩個詞組成的組合，稱它們為「二元組」（2-Gram）。

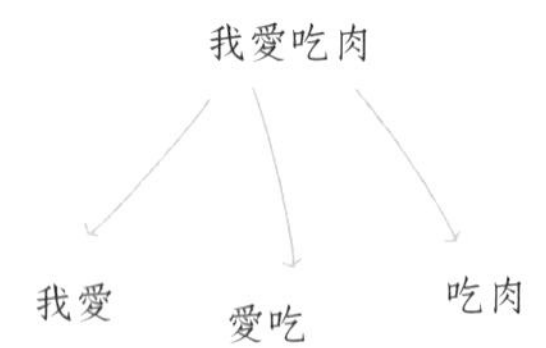

▲ 把「我愛吃肉」這句話分割成二元組

(2) 統計每個 N-Gram 在文字中出現的次數，也就是詞頻。

比如，二元組「我愛」在語料庫中出現了 3 次（以下頁圖所示），即這個二元組的詞頻為 3。

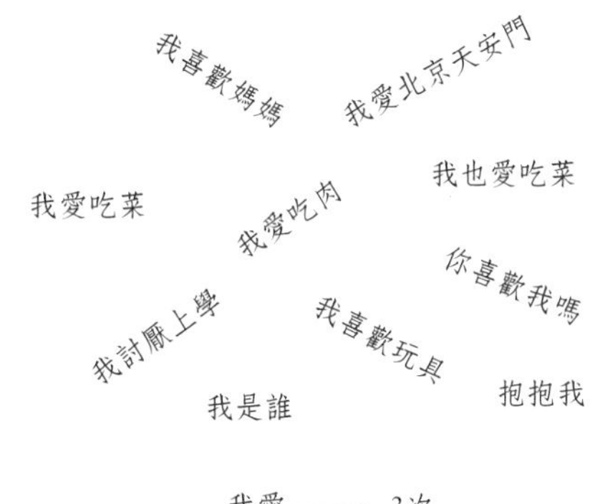

▲ 二元組「我愛」在語料庫中出現了 3 次

(3) 為了得到一個詞在替定上下文中出現的機率，我們可以利用條件機率公式計算。具體來講，就是計算給定前 N -1 個詞時，下一個詞出現的機率。這個機率可以透過計算某個 N-Gram 出現的次數與前 N -1 個詞（首碼）出現的次數之比得到。

比如，二元組「我愛」在語料庫中出現了 3 次，而二元組的首碼「我」在語料庫中出現了 10 次，則給定「我」，下一個詞為「愛」的機率為 30%（以下圖所示）。

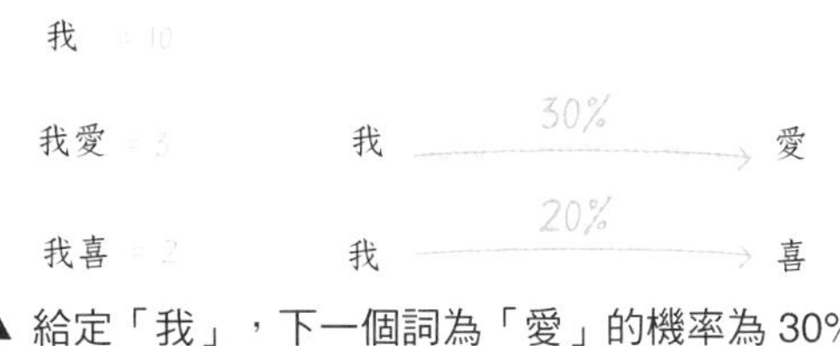

▲ 給定「我」，下一個詞為「愛」的機率為 30%

(4) 可以使用這些機率來預測文字中下一個詞出現的可能性。多次迭代這個過程，甚至可以生成整個句子，也可以算出每個句子在語料庫中出現的機率。

比如，從一個字「我」，生成「愛」，再繼續生成「吃」，直到「我愛吃肉」這個句子。計算「我愛」「愛吃」「吃肉」出現的機率，然後乘以各自的條件機率，就可以得到這個句子在語料庫中出現的機率了。如下圖所示。

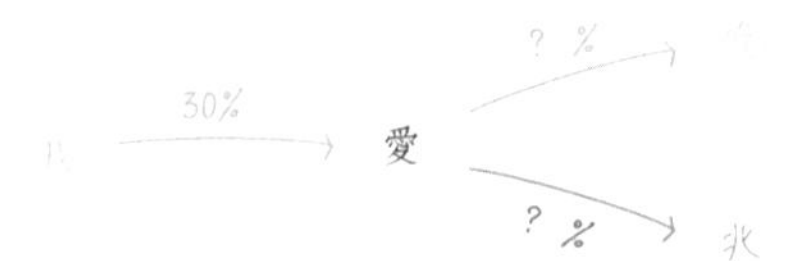

▲ 哪一個詞更可能出現在「愛」後面

咖哥：小冰，聽懂了嗎？

小冰：懂了。N-Gram 模型是一種簡化的機率模型，它透過計算 *N* 個詞的聯合機率來預測下一個詞，可以說是最早的語言模型，當然，也是一種統計方法。

咖哥：那你說說 N-Gram 裡面的「N」代表什麼，「Gram」又代表什麼？

1.2 " 詞 " 是什麼，如何 " 分詞 "

小冰一愣，回答：你說了，「N」就是將文字分割成連續 N 個詞的組合的「N」，一個 2- Gram 表示兩個相鄰的片語成的序列，例如「我愛吃肉」分成「我愛」「愛吃」和「吃肉」；而一個 3-Gram 表示三個相鄰的片語成的序列，例如「我愛吃肉」分成「我愛吃」和「愛吃肉」。依此類推，還可以有 4-Gram、5-Gram……而「Gram」，我猜應該就是「詞」的意思吧。

咖哥：你理解得基本正確。不過，我必須指出的是，在自然語言處理中，我們所說的「詞」並不像想像的那麼簡單，籠統地把「Gram」稱為「詞」是不合適的。

「Gram」這個詞來源於希臘語的詞根，意為「字母」或「寫作」。在 N-Gram 模型中，它表示文字中的元素，「N-Gram」指長度為 *N* 的連續元素序列。

那麼你看，這裡的「元素」在英文中可以指單字，也可以指字元，有時還可以指「子詞」（Subword）；而在中文中，可以指詞或短語，也可以指字。

咖哥發言

在自然語言處理中，子詞分詞演算法將單字切分成更小的部分，即子詞，以便更進一步地處理未登入詞(語料庫詞彙表裡面找不到的詞)、拼寫錯誤和詞彙變化等問題。這種演算法有助減小詞彙表大小，同時提高模型的泛化能力。

舉例來說，如果我們使用子詞分詞演算法將英文單字 "embedding" 進行切分，可能得到以下幾個子詞：["em","bed","ding"]。這是一個簡化的範例，實際上的子詞分詞可能更複雜。

在 BERT 等自然語言處理模型中，常用的子詞分詞演算法有 WordPiece（使用貪婪演算法或基於統計的方法進行訓練，可以根據訓練資料自動學習，得出最佳的分詞方案）和 SentencePiece（在切分子詞的同時還考慮了多個子詞的共通性）。這些演算法可以根據訓練資料集自動學習出高頻子詞。以 WordPiece 為例：

"playing" 可以切分為 ["play","##ing"]

"unstoppable" 可以切分為 ["un","##stop","##able"]

在這些例子中，雙井號（##）表示該子詞是一個首碼或尾碼，而非一個獨立的詞。這有助模型了解子詞在原始單字中的位置。透過使用子詞分詞演算法，自然語言處理模型可以更進一步地應對不同語言中詞彙的複雜性和變化。

▲ Gram 為字時的 N-Gram

剛才的圖示「孫悟空三打白骨精」中，是把「白骨精」作為一個「詞」，也就是一個 Gram 來處理的，我們也可以進行粒度更細的拆分，如上圖所示，那麼，每一個 Gram 代表的就是一個「字」了。此時的一元組就是一個字，二元組就是兩個字。

小冰：那麼在實際應用中，到底應該把語料庫拆分成什麼元素呢？是字還是詞？

咖哥：那就具體情況具體分析了。在自然語言處理中，一個非常關鍵的前置處理環節就是按照需要對語料庫，也就是自然語言資料集中的句子進行分詞，分詞之後，文字序列就形成了可以輸入語言模型的個「元素」（或稱為「單元」），這個元素的英文名叫作「Token」。Token 翻譯成中文，常常詞不達意，有人叫它「子詞」或「分詞」。總而言之，當你看到 Token，就應該知道，我們已經透過分詞工具，把語料，也就是一個個句子，切成了能夠被語言模型讀取並處理的個元素。

小冰：那麼，分詞是怎麼進行的呢？

咖哥：一般的自然語言處理工具套件都為我們提供好了分詞的工具。比如，英文分詞通常使用 NLTK、spaCy 等自然語言處理函數庫，中文分詞通常使用 jieba 函數庫（中文 NLP 工具套件），而如果你將來會用到 BERT 這樣的預訓練模型，那麼你就需要使用 BERT 的專屬分詞器 Tokenizer，它會把每個單字拆成子詞——這是 BERT 處理生詞的方法。

咖哥發言

上面說的分詞，是自然語言處理的一個前置處理環節。當然，除了分詞之外，還有文本清洗、去停用詞[a]、詞幹提取和詞性標注等很多 NLP 資料前置處理技術。本書的目的是講解 GPT 模型的技術演進，所以本書將筆墨聚焦於語言模型的發展、注意力機制，以及 Transformer 架構，對各種文字資料前置處理技術不做贅述。

咖哥：下面我們一起用 Python 建立一個 Bigram 模型吧[b]，這個模型能夠根據給定的文字，預測下一個元素。

a 指在自然語言文字中頻繁出現但通常對文字分析任務沒有太大貢獻的詞語。常見的停用詞包括「的」「是」「在」「和」「那」「這」「個」。

b 本書所有程式碼都透過 Python 語言實現。

1.3 建立一個 Bigram 字元預測模型

這個 Bigram 字元預測模型程式的整體結構以下圖所示。

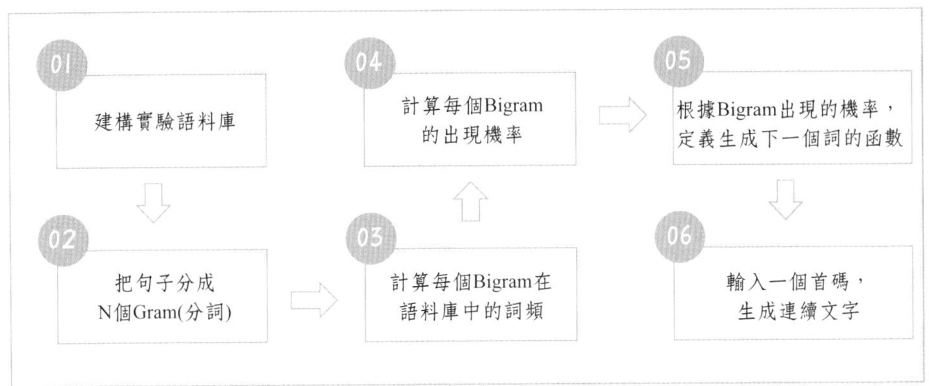

▲ Bigram 字元預測模型程式結構

第 1 步 建構實驗語料庫

首先建一個非常簡單的資料集。

In

```
# 建構一個玩具資料集
corpus = [ " 我喜歡吃蘋果 ",
           " 我喜歡吃香蕉 ",
           " 她喜歡吃葡萄 ",
           " 他不喜歡吃香蕉 ",
           " 他喜歡吃蘋果 ",
           " 她喜歡吃草莓 "]
```

這個玩具資料集，你可以把它想像成中文的簡單縮影，抑或文明曙光初現時我們祖先發明的第一批語言和文字，人們每天反反覆複就只說這麼幾句話。這就是我們的實驗語料庫。

第 2 步 把句子分成 *N* 個「Gram」（分詞）

定義一個分詞函數，用它將文字分割成單一中文字元，針對字元來計算 Bigram 詞頻。

In

```
# 定義一個分詞函數，將文字轉為單一字元的清單
def tokenize(text):
    return [char for char in text] # 將文字拆分為字元清單
```

第 3 步 計算每個 Bigram 在語料庫中的詞頻

定義計算 N-Gram 詞頻的函數，並在資料集上應用這個函數，指定參數 n 為 2，以生成 Bigram，然後把所有的詞頻都顯示出來。

In

```
# 定義計算 N-Gram 詞頻的函數
from collections import defaultdict, Counter # 匯入所需函數庫
def count_ngrams(corpus, n):
    ngrams_count = defaultdict(Counter)  # 建立一個字典，儲存 N-Gram 計
    for text in corpus:  # 遍歷語料庫中的每個文字
        tokens = tokenize(text)  # 對文字進行分詞
        for i in range(len(tokens) - n + 1):  # 遍歷分詞結果，生成 N-Gram
            ngram = tuple(tokens[i:i+n])  # 建立一個 N-Gram 元組
            prefix = ngram[:-1]  # 獲取 N-Gram 的首碼
            token = ngram[-1]  # 獲取 N-Gram 的目標單字
            ngrams_count[prefix][token] += 1  # 更新 N-Gram 計數
    return ngrams_count
bigram_counts = count_ngrams(corpus, 2) # 計算 Bigram
print("Bigram 詞頻：") # 打印 Bigram 詞頻
for prefix, counts in bigram_counts.items():
    print("{}: {}".format("".join(prefix), dict(counts)))
```

Out

```
Bigram 詞頻：
我 : {' 喜 ': 2}
喜 : {' 歡 ': 6}
歡 : {' 吃 ': 6}
吃 : {' 蘋 ': 2, ' 香 ': 2, ' 葡 ': 1, ' 草 ': 1}
蘋 : {' 果 ': 2}
香 : {' 蕉 ': 2}
她 : {' 喜 ': 2}
葡 : {' 萄 ': 1}
他 : {' 不 ': 1, ' 喜 ': 1}
不 : {' 喜 ': 1}
草 : {' 莓 ': 1}
```

從輸出中可以看到，每一個二元組在整個語料庫中出現的次數都被統計得清清楚楚，這就是我們所構造的模型的基礎資訊。比如說，「吃蘋」這個 Bigram，在語料庫中出現了 2 次；而「吃葡」則只出現過 1 次。

第 4 步 計算每個 Bigram 的出現機率

根據詞頻計算每一個 Bigram 出現的機率。也就是計算給定前一個詞時，下一個詞出現的可能性，這是透過計算某個 Bigram 詞頻與首碼詞頻之比得到的。

In

```
# 定義計算 N-Gram 出現機率的函數
def ngram_probabilities(ngram_counts):
    ngram_probs = defaultdict(Counter) # 建立一個字典，儲存 N-Gram 出現的機率
    for prefix, tokens_count in ngram_counts.items(): # 遍歷 N-Gram 首碼
        total_count = sum(tokens_count.values()) # 計算當前首碼的 N-Gram 計數
        for token, count in tokens_count.items(): # 遍歷每個首碼的 N-Gram
            ngram_probs[prefix][token] = count / total_count # 計算每個 N-Gram 出現的機率
    return ngram_probs
bigram_probs = ngram_probabilities(bigram_counts) # 計算 Bigram 出現的機率
print("\nbigram 出現的機率 :") # 打印 Bigram 機率
for prefix, probs in bigram_probs.items():
    print("{}: {}".format("".join(prefix), dict(probs)))
```

Out

```
Bigram 出現的機率：
我 : {' 喜 ': 1.0}
喜 : {'  ': 1.0}
歡 : {' 吃 ': 1.0}
吃 : {' 蘋 ': 0.3333333333333333, ' 香 ': 0.3333333333333333, ' 葡 ': 0.16666666666666666, ' 草 ': 0.16666666666666666}
蘋 : {' 果 ': 1.0}
香 : {' 蕉 ': 1.0}
她 : {' 喜 ': 1.0}
葡 : {' 萄 ': 1.0}
他 : {' 不 ': 0.5, ' 喜 ': 0.5}
不 : {' 喜 ': 1.0}
草 : {' 莓 ': 1.0}
```

這樣，我們擁有了全部 Bigram 出現的機率，也就擁有了一個 N-Gram 模型。可以用這個模型來進行文字生成。也就是說，你舉出一個字，它可以為你預測下一個字，方法就是直接選擇出現機率最高的詞進行生成。

第 5 步 根據 Bigram 出現的機率，定義生成下一個詞的函數

定義生成下一個詞的函數，基於 N-Gram 出現的機率計算特定首碼出現後的下一個詞。

In
```
# 定義生成下一個詞的函數
def generate_next_token(prefix, ngram_probs):
    if not prefix in ngram_probs:  # 如果首碼不在 N-Gram 中，傳回 None
        return None
    next_token_probs = ngram_probs[prefix]  # 獲取當前首碼的下一個詞的機率
    next_token = max(next_token_probs,
                     key=next_token_probs.get) # 選擇機率最大的詞作為下一個詞
    return next_token
```

這段程式接收一個詞序列（稱為首碼）和一個包含各種可能的下一個詞及其對應機率的詞典。首先，檢查首碼是否在詞典中。如果首碼不存在於詞典中，那麼函數傳回 None，表示無法生成下一個詞。如果首碼存在於詞典中，該函數就會從詞典中取出這個首碼對應的下一個詞的機率。接著，函數會在其中找到機率最大的詞，然後將這個詞作為下一個詞傳回。

有了這個函數，給定一個首碼詞之後，我們就可以呼叫它，生成下一個詞。

第 6 步 輸入一個首碼，生成連續文字

先定義一個生成連續文字的函數。

In
```
# 定義生成連續文字的函數
def generate_text(prefix, ngram_probs, n, length=6):
    tokens = list(prefix)  # 將首碼轉為字元清單
    for _ in range(length - len(prefix)):  # 根據指定長度生成文字
        # 獲取當前首碼的下一個詞
        next_token = generate_next_token(tuple(tokens[-(n-1):]), ngram_probs)
        if not next_token: # 如果下一個詞為 None，跳出循環
            break
        tokens.append(next_token) # 將下一個詞增加到生成的文字中
    return "".join(tokens) # 將字元清單連接成字串
```

這個函數首先將首碼字串轉化為字元清單 tokens，以便後續操作。然後進入一個循環，循環的次數等於生成文字的目標長度 length 減去首碼的長度。循環的目的是生成足夠長度的文字。在循環中，函數會呼叫之前定義的 generate_next _ token 函數，以獲取下一個詞。

這個函數會考慮到當前的 n -1 個詞（也就是首碼的最後 *n* -1 個詞），以及所有可能的下一個詞及其對應的機率。如果 generate_next_token 函數傳回的下一個詞是 None（也就是沒有找到合適的下一個詞），那麼循環會提前結束，不再生成新的詞。如果函數成功找到了下一個詞，那麼這個詞會被增加到字元清單 tokens 的尾部。當循環結束時，函數將使用 Python 的 join 方法，將字元清單連接成一個字串，也就是函數生成的一段連續文字。

有了這個函數，我們就可以呼叫它，生成連續文字。一個簡單的語言模型就做好了！

小冰問道：咖哥，那我們能否用這個模型生成句子呢？

咖哥回答：當然可以，加入一個首碼，模型立刻就能生成一個句子。

In

```
# 輸入一個首碼，生成文字
generated_text = generate_text( " 我 ", bigram_probs, 2)
print("\n 生成的文字：", generated_text) # 列印生成的文字
```

Out

```
生成的文字 : 我喜歡吃蘋果
```

這個 Bigram 字元預測模型，也就是簡單的 N-Gram 模型雖然有局限性，但它對後來許多更加強大的自然語言處理技術都有很大的啟發意義。你看，我們只是透過一個玩具資料集和二元組模型，就能生成簡單的句子。

在 N-Gram 模型中，我們預測一個詞出現的機率，只需考慮它前面的 *N*-1 個詞。這樣做的優點是計算簡單，但缺點也很明顯：它無法捕捉到距離較遠的詞之間的關係。而下面我給你介紹的這個和 N-Gram 差不多同時出現的早期語言模型——Bag-of-Words 模型（也稱「詞袋模型」），則並不考慮哪個詞和哪個詞臨近，而是透過把詞看作一袋子元素的方式來把文字轉為能統計的特徵。

1.4 詞袋模型

詞袋模型是一種簡單的文字表示方法，也是自然語言處理的經典模型。它將文字中的詞看作一個個獨立的個體，不考慮它們在句子中的順序，只關心每個詞出現的頻次，以下圖所示。

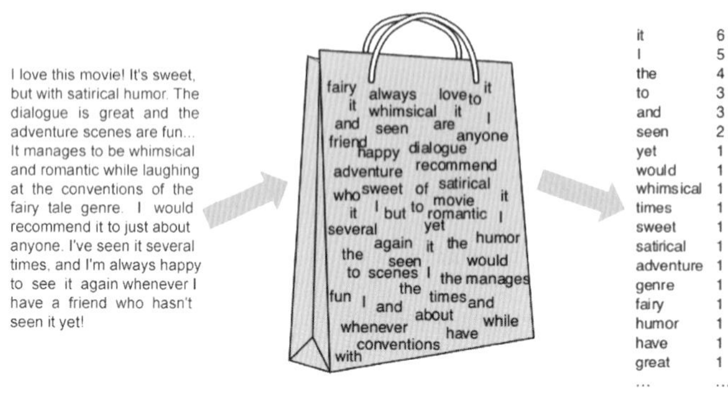

▲ 詞袋模型

小冰：看起來 N-Gram 模型考慮了詞與詞之間的順序關係，而詞袋模型則忽略了這個資訊。我想，這能讓詞袋模型在某些應用場景下，比如文字分類和情感分析等，更加簡單高效吧。

咖哥：正是如此！比如有這樣兩個句子。

- "咖哥喜歡吃蘋果"
- "蘋果是咖哥喜歡的水果"

詞袋模型會將這兩個句子表示成以下的向量。

- {"咖哥": 1,"喜歡": 1,"吃": 1,"蘋果": 1}
- {"蘋果": 1,"是": 1,"咖哥": 1,"喜歡": 1,"的": 1,"水果": 1}

透過比較這兩個向量之間的相似度，我們就可以判斷出它們之間連結性的強弱。

小冰：哦，原來是這樣！那我們可以用程式實現這個過程嗎？

咖哥：當然可以，我們來撰寫一個簡單的詞袋模型。

1.5 用詞袋模型計算文字相似度

下面的程式將用詞袋模型比較一些文字的相似度，這個程式的結構如下。

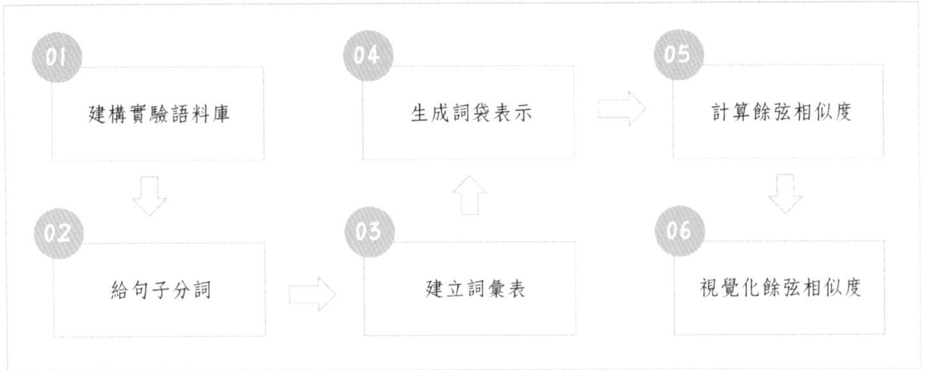

▲ 用詞袋模型比較文字相似度的程式結構

第 1 步 建構實驗語料庫

定義一個簡單的資料集，作為我們的實驗語料庫。

In

```
# 建構一個玩具資料集
corpus = [" 我特別特別喜歡看電影 ",
    " 這部電影真的是很好看的電影 ",
    " 今天天氣真好是難得的好天氣 ",
    " 我今天去看了一部電影 ",
    " 電影院的電影都很好看 "]
```

第 2 步 給句子分詞

用 jieba 套件對這些句子進行分詞。和前面 N-Gram 的範例略有不同，這個例子中以詞為單位處理語料，而非「字」。

In

```
# 對句子進行分詞
import jieba # 匯入 jieba 套件
# 使用 jieba.cut 進行分詞，並將結果轉換為列表，儲存在 corpus_tokenized 中
corpus_tokenized = [list(jieba.cut(sentence)) for sentence in corpus]
```

第 3 步 建立詞彙表

根據分詞結果，為語料庫建立一個完整的詞彙表，並顯示這個詞彙表。

In

```
# 建立詞彙表
word_dict = {} # 初始化詞彙表
# 遍歷分詞後的語料庫
for sentence in corpus_tokenized:
    for word in sentence:
        # 如果詞彙表中沒有該詞，則將其增加到詞彙表中
        if word not in word_dict:
            word_dict[word] = len(word_dict) # 分配當前詞彙表索引
print(" 詞彙表：", word_dict) # 列印詞彙表
```

Out

```
詞彙表：{' 我 ': 0, ' 特別 ': 1, ' 喜歡 ': 2, ' 看 ': 3, ' 電影 ': 4, ' 這部 ': 5, ' 真的 ': 6, ' 是 ': 7, ' 很 ': 8, ' 好看 ': 9,
' 的 ': 10, ' 今天天氣 ': 11, ' 真好 ': 12, ' 難得 ': 13, ' 好 ': 14, ' 天氣 ': 15, ' 今天 ': 16, ' 去 ': 17, ' 了 ': 18, ' 一部 ':
19, ' 電影院 ': 20, ' 都 ': 21}
```

第 4 步 生成詞袋表示

根據這個詞彙表將句子轉為詞袋表示。

In

```
# 根據詞彙表將句子轉為詞袋表示
bow_vectors = [] # 初始化詞袋表示
# 遍歷分詞後的語料庫
for sentence in corpus_tokenized:
    # 初始化一個全 0 向量，其長度等於詞彙表大小
    sentence_vector = [0] * len(word_dict)
    for word in sentence:
        # 給對應詞索引位置上的數加 1，表示該詞在當前句子中出現了一次
        sentence_vector[word_dict[word]] += 1
    # 將當前句子的詞袋向量增加到向量列表中
    bow_vectors.append(sentence_vector)
print(" 詞袋表示：", bow_vectors) # 列印詞袋表示
```

Out

```
詞袋表示：[[1, 2, 1, 1, 1, 0, 0, 0, 0, 0, 0, 0, 0, 0, 0, 0, 0, 0, 0, 0, 0, 0],
[0, 0, 0, 0, 2, 1, 1, 1, 1, 1, 1, 0, 0, 0, 0, 0, 0, 0, 0, 0, 0, 0],
[0, 0, 0, 0, 0, 0, 0, 1, 0, 0, 1, 1, 1, 1, 1, 1, 0, 0, 0, 0, 0, 0],
[1, 0, 0, 1, 1, 0, 0, 0, 0, 0, 0, 0, 0, 0, 0, 0, 1, 1, 1, 1, 0, 0],
[0, 0, 0, 0, 1, 0, 0, 0, 1, 1, 1, 1, 0, 0, 0, 0, 0, 0, 0, 0, 1, 1]]
```

這裡，我們獲得了 5 個 Python 列表，分別對應語料庫中的 5 句話。這 5 個列表，就是詞袋表示向量，向量中的每個元素表示對應詞在文字中出現的次數。向量的長度等於詞彙表中的詞的數量，這裡我們一共有 22 個詞。我們可以看到，詞袋表示忽略了文字中詞的順序資訊，僅關注詞的出現頻率。

舉例來說，我們的詞彙表為 {' 我 ': 0, ' 特別 ': 1, ' 喜歡 ': 2, ' 看 ': 3, ' 電影 ': 4}，那麼句子「我特別特別喜歡看電影」的詞袋表示為 [1, 2, 1, 1, 1]，即「我」「喜歡」「看」和「電影」這些詞在句子中各出現了一次，而「特別」則出現了兩次。

咖哥發言

我們經常聽說的 One-Hot 編碼也可以看作一種特殊的詞袋表示。在 One-Hot 編碼中，每個詞都對應一個隻包含一個 1 ，其他元素全為 0 的向量，1 的位置與該詞在詞彙表中的索引對應。在單字獨立成句的情況下，詞袋表示就成了 One-Hot 編碼。比如上面的語料庫中 "我" 這個單字如果獨立成句，則該句子的詞袋表示為 [1, 0, 0, 0, 0, 0, 0, 0, 0, 0, 0, 0, 0, 0, 0, 0, 0, 0, 0, 0, 0, 0]，這完全等價於 " 我 " 在當前詞彙表中的 One-Hot 編碼。

第 5 步 計算餘弦相似度

計算餘弦相似度（Cosine Similarity），衡量兩個文字向量的相似性。

餘弦相似度可用來衡量兩個向量的相似程度。它的值在 -1 到 1 之間，值越接近 1，表示兩個向量越相似；值越接近 -1，表示兩個向量越不相似；當值接近 0 時，表示兩個向量之間沒有明顯的相似性。

餘弦相似度的計算公式如下：

$$\text{cosine\_similarity}(A, B) = (A \cdot B) \,/\, (||A|| * ||B||)$$

其中，($A \cdot B$) 表示向量 A 和向量 B 的點積，$||A||$ 和 $||B||$ 分別表示向量 A 和向量 B 的范數（長度）。在文字處理中，我們通常使用餘弦相似度來衡量兩個文字在語義上的相似程度。對於詞袋表示的文字向量，使用餘弦相似度計算文字之間的相似程度可以減少句子長度差異帶來的影響。

咖哥發言

餘弦相似度和向量距離（Vector Distance）都可以衡量兩個向量之間的相似性。

餘弦相似度關注向量之間的角度，而非它們之間的距離，其取值範圍在 -1（完全相反）到 1（完全相同）之間。向量距離關注向量之間的實際距離，通常使用歐幾里德距離（Euclidean Distance）來計算。兩個向量越接近，它們的距離越小。

如果要衡量兩個向量的相似性，而不關心它們的大小，那麼餘弦相似度會更合適。因此，餘弦相似度通常用於衡量文字、影像等高維資料的相似性，因為在這些場景下，關注向量的方向關係通常比關注距離更有意義。而在一些需要計算實際距離的

本例中，我們撰寫一個函數來計算餘弦相似度，然後計算每兩個句子之間的餘弦相似度。

In

```
# 匯入 numpy 函數庫，用於計算餘弦相似度
import numpy as np
# 定義餘弦相似度函數
def cosine_similarity(vec1, vec2):
  dot_product = np.dot(vec1, vec2) # 計算向量 vec1 和 vec2 的點積
  norm_a = np.linalg.norm(vec1) # 計算向量 vec1 的範數
  norm_b = np.linalg.norm(vec2) # 計算向量 vec2 的範數
  return dot_product / (norm_a * norm_b) # 傳回餘弦相似度

# 初始化一個全 0 矩 ，用於儲存餘弦相似度
similarity_matrix = np.zeros((len(corpus), len(corpus)))
# 計算每兩個句子之間的餘弦相似度
for i in range(len(corpus)):
  for j in range(len(corpus)):
    similarity_matrix[i][j] = cosine_similarity(bow_vectors[i],
                                    bow_vectors[j])
```

第 6 步 視覺化餘弦相似度

使用 matplotlib 視覺化句子和句子之間的相似度。

In

```
# 匯入 matplotlib 函數庫，用於視覺化餘弦相似度矩陣
import matplotlib.pyplot as plt
plt.rcParams["font.family"]=['SimHei'] # 用來設定字型樣式
plt.rcParams['font.sans-serif']=['SimHei'] # 用來設定無襯線字型樣式
plt.rcParams['axes.unicode_minus']=False # 用來正常顯示負號
fig, ax = plt.subplots() # 建立一個繪圖物件
# 使用 matshow 函數繪製餘弦相似度矩陣，顏色使用藍色調
cax = ax.matshow(similarity_matrix, cmap=plt.cm.Blues)
fig.colorbar(cax) # 橫條圖顏色映射
ax.set_xticks(range(len(corpus))) # x 軸刻度
ax.set_yticks(range(len(corpus))) # y 軸刻度
ax.set_xticklabels(corpus, rotation=45, ha='left') # 刻度標籤
ax.set_yticklabels(corpus) # 刻度標籤為原始句子
plt.show() # 顯示圖形
```

Out

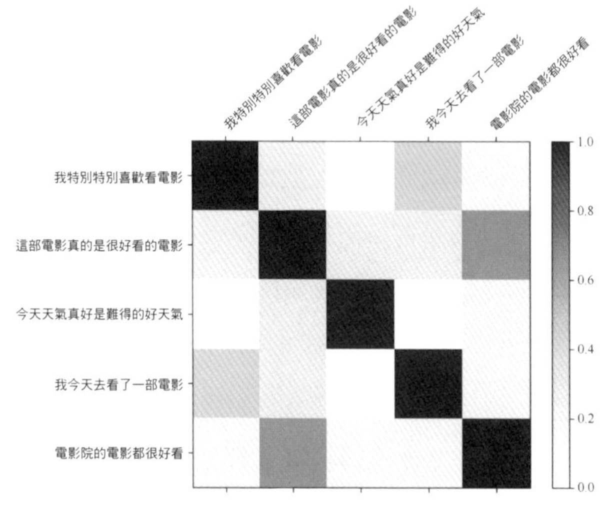

矩陣圖中每個儲存格表示兩個句子之間的餘弦相似度，顏色越深，句子在語義上越相似。舉例來說，「這部電影真的是很好看的電影」和「電影院的電影都很好看」交叉處的儲存格顏色相對較深，說明它們具有較高的餘弦相似度，這表示它們在語義上較為相似。

小冰：詞袋模型的確不錯！不過，咖哥，如果不出意外的話，你現在一定會告訴我這個模型有哪些不足之處，後續的研究人員又是如何改進的吧？

咖哥：沒錯，小冰。詞袋模型是早期的一種模型，相對簡單，存在兩個主要問題：第一，它使用高維稀疏向量來表示文字，每個單字對應詞彙表中的維度。這導致模型更適用於高維空間，而且計算效率低。第二，詞袋模型在表示單字時忽略了它們在文字中的上下文資訊。該模型無法捕捉單字之間的語義關係，因為單字在向量空間中的相對位置沒有意義。

所以你看，詞袋模型並沒有像 N-Gram 那樣，將連續的幾個單字放在一起考慮，因此也就缺乏相鄰上下文的語言資訊。

因此，NLP 領域的科學家們逐漸從回歸 N-Gram 的想法入手，去研究如何使用低維密集向量表示單字，同時儘量透過 N-Gram 這種子序列來捕捉單字和單字直接的上下文關係。這就是下節課中我要給你講的詞向量。

小結

N-Gram 和 Bag-of-Words 是兩種非常基礎但是仍然十分常用的自然語言處理技術，它們都用於表示文字資料，但具有不同的特點和適用場景。

N-Gram 是一種用於語言建模的技術，它用來估計文字中詞序列的機率分佈。N-Gram 模型將文字看作一個由詞序列組成的隨機過程，根據已有的文字資料，計算出詞序列出現的機率。因此，N-Gram 主要用於語言建模、文字生成、語音辨識等自然語言處理任務中。

(1) N-Gram 是一種基於連續詞序列的文字表示方法。它將文字分割成由連續的 *N* 個片語成的部分，從而捕捉局部語序資訊。

(2) N-Gram 可以根據不同的 *N* 值捕捉不同程度的上下文資訊。舉例來說，1- Gram（Unigram）僅關注單一詞，而 2-Gram（Bigram）關注相鄰的兩個詞的組合，依此類推。

(3) 隨著 N 的增加，模型可能會遇到資料稀疏性問題，導致模型性能下降。

Bag-of-Words 則是一種用於文字表示的技術，它將文字看作由單字組成的無序集合，透過統計單字在文字中出現的頻次來表示文字。因此，Bag-of-Words 主要用於文字分類、情感分析、資訊檢索等自然語言處理任務中。

(1) Bag-of-Words 是基於詞頻將文字表示為一個向量，其中每個維度對應詞彙表中的單字，其值為該單字在文字中出現的次數。

(2) Bag-of-Words 忽略了文字中的詞序資訊，只關注詞頻。這使得詞袋模型在某些任務中表現出色，如主題建模和文字分類，但在需要捕捉詞序資訊的任務中表現較差，如機器翻譯和命名實體辨識。

(3) Bag-of-Words 可能會導致高維稀疏表示，因為文字向量的長度取決於詞彙表的大小。為解決這個問題，可以使用降維技術，如主成分分析（Principal Component Analysis，PCA）或潛在語義分析（Latent Semantic Analysis，LSA）。

萬丈高樓平地起，N-Gram 和 Bag-of-Words 都是處理文字資料的簡單方法，它們在某些任務中可能表現良好，但在捕捉複雜語言結構方面還有明顯的不足。近年來，詞嵌入技術及深度學習模型等更先進的文字表示和語言建模方法紛紛湧現，可以在許多 NLP 任務中實現更好的性能。敬請期待後續新技術的學習。

思考

1. 使用給定的語料庫，分別計算並比較二元組（N =2）、三元組（N =3）和四元組（N =4）出現的機率。觀察不同的 N 對模型結果的影響，並分析原因。

2. 在詞袋模型中，所有詞的重要性是相同的。然而，在實際文字中，一些詞（如停用詞）可能出現頻率高，但並不重要，而一些詞出現頻率低，但可能非常重要。請你自主學習 TF-IDF（詞頻 - 逆文件頻率）[a] 表示，並用這種表示方式解決這個問題。

a TF-IDF 是由兩部分組成的：詞頻（Term Frequency, TF）和逆文件頻率（Inverse Document Frequency, IDF）。詞頻表示詞條在文字中出現的頻率。逆文件頻率是一個用於減輕高頻詞（如英文中的「the」「is」，中文中的「的」「了」等）權重的因數。

第 2 課

問君文字何所似：詞的向量表示 Word2Vec 和 Embedding

咖哥和小冰正準備開始今天的課程，有人走進資料科學講習所。來人是老朋友，馬總。

馬總：咖哥，小雪。忙呢？

咖哥：馬總，你來得正好，我們正要講一個 NLP 的基礎知識——詞向量（Word Vector），你有興趣的話不妨一塊來聽聽。不過，你剛才認錯人了，這位是小冰。小雪最近在外邊做專案。

馬總：對不起，對不起，是我的錯，她倆長得太像了。

▲ 馬總把小冰看成小雪

小冰：哪兒像了？我怎麼一點不覺得。

咖哥：馬總把你看成小雪，肯定是你倆有相似之處，你想想，馬總怎麼沒把我看成小雪呢？

小冰：你是男的，我是女的，怎麼可能認錯？

咖哥：對啊。這就還是說明你們倆在某些維度上的特徵有相似之處，比如說，性別相同，年齡相似，而且都挺可愛……

小冰：……

2.1 詞向量 ≈ 詞嵌入

咖哥：和你開個玩笑，因為我們今天要講的詞向量，通常也叫詞嵌入（Word Embedding），是一種尋找詞和詞之間相似性的 NLP 技術，它把詞彙各個維度上的特徵用數值向量進行表示，利用這些維度上特徵的相似程度，就可以判斷出哪些詞和哪些詞語義更接近。

咖哥發言

在實際應用中，詞向量和詞嵌入這兩個重要的 NLP 術語通常可以互換使用。它們都表示將詞彙表中的單字映射到固定大小的連續向量空間中的過程。這些向量可以捕捉詞彙的語義資訊，例如：相似語義的詞在向量空間中餘弦相似度高，距離也較近，而不同語義的詞餘弦相似度低，距離也較遠。

雖然這兩個術語通常可以互換使用，但在某些情況下，它們可能會有細微的差別。

- 詞向量：這個術語通常用於描述具體的向量表示，即一個詞對應的實際數值向量。例如，我們可以說「'cat' 這個詞的詞向量是一個 300 維的向量」。
- 詞嵌入：這個術語通常用於描述將詞映射到向量空間的過程或表示方法。它通常包括訓練演算法和生成的詞向量空間。例如，我們可以說「我們使用 Word2Vec 演算法來生成詞嵌入」。

下面這張圖就形象地呈現了詞向量的內涵：把詞轉化為向量，從而捕捉詞與詞之間的語義和句法關係，使得具有相似含義或相關性的詞語在向量空間中距離較近。

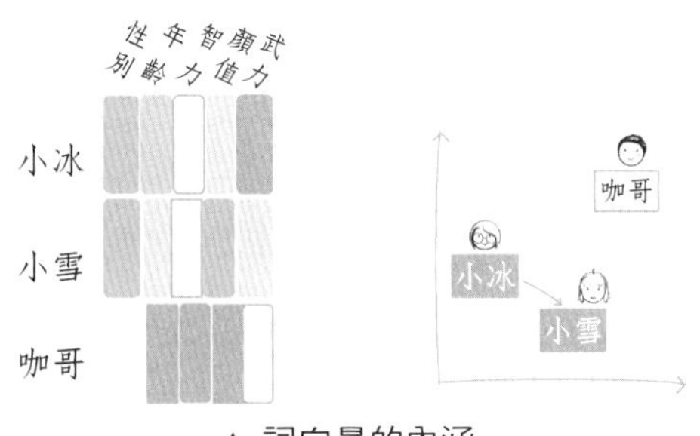

▲ 詞向量的內涵

直觀地解釋一下這張圖：初始狀態的詞向量，是一組無意義的多維度資料。如果在語料庫中，「小冰」「小雪」這兩個詞總是和「女生」一起出現，那麼，在這些詞的學習 過程中，我們按照某種演算法逐漸更新詞向量資料，就會有一個或一些維度的向量開始蘊 含與「性別」相關的資訊，而這一行或幾行數值，我們就可以理解成「性別向量」；如果「小冰」「小雪」這兩個詞也總是和「年輕」一起出現，那麼在某個維度，就會表示與「年齡」相關的資訊，這一行數值可以理解成「年齡向量」；這樣，這些詞就變成了一個個 向量組合，綜合各個維度進行比較，「小冰」和「小雪」的餘弦相似度就會高，而「咖哥」這個詞在各個維度上都和它們不同，與它們的餘弦相似度就低。也就是說，**我們把語料庫中的詞和某些上下文資訊，都「嵌入」了向量表示中**。

這就是為什麼詞向量也叫作詞嵌入。

小冰：明白。上節課你曾說過，在衡量詞向量和文字相似性的時候，我們關心的是兩個向量的夾角。因此，使用餘弦相似度來度量更好。而且，在之前的《零基礎學機器學習》的學習中，你也曾給我解釋過詞向量的概念（以下圖所示），我至今記憶猶新。但是，我現在的疑問是，**詞向量是透過什麼技巧或方法，來發現詞的這些「維度」和「向量表示」的呢？**

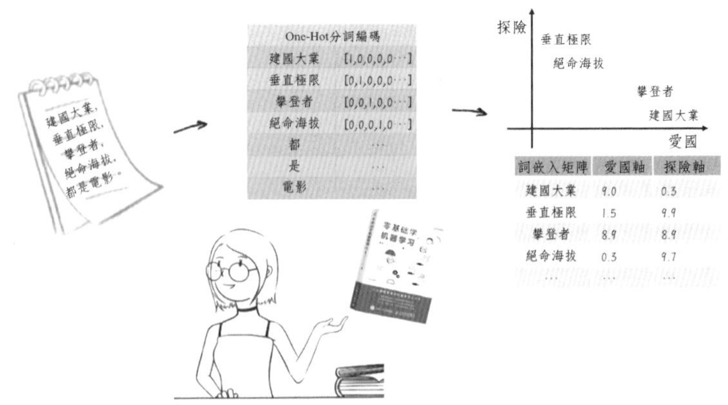

▲ 在《零基礎學機器學習》中，咖哥曾這樣向小冰解釋詞向量

咖哥：也是透過機器學習演算法，從語料庫，也就是大量的文字資料中「習得」的。最著名的詞向量學習演算法叫作 Word2Vec（Word to Vector，W2V）。Word2Vec 的核心思想，我給你舉例來說，就是「**近朱者赤，近墨者黑**」，英文中也有類似的諺語——「**看一個人跟誰交往，能得知他的品性**」[a]。在自然語言處理中，這表示一個詞的含義可以根據它周圍的詞推斷出來。如何做到呢？秘密在於我們在**將詞映射到向量空間時，會將這個詞和它周圍的一些詞語一起學習**，這就使得具有相似語義的詞在向量空間中靠得更近。這樣，我們就可以透過向量之間的距離來度量詞之間的相似性了。

當然，這樣說還是很籠統，下面來具體談一談 Word2Vec 的實現細節。

2.2 Word2Vec：CBOW 模型和 Skip-Gram 模型

在 Word2Vec 之前，已經有一些方法嘗試將詞彙表達為稠密向量，以便更進一步地表示詞與詞之間的關係。然而，這些方法的計算效率和結果品質還有待提高。

a 這句英文諺語的原文是「A man is known by the company he keeps.」。

咖哥發言

分散式表示是一種表示方法，它將離散的符號（如單字）映射到連續的向量空間中。在這個空間中，每個維度不再對應單一符號，而是表示符號的某種特徵或屬性。分散式表示透過捕捉單字之間的相似性和關係，能更進一步地描述和處理自然語言資料。

分散式表示這個概念最早可以追溯到 1986 年，當時，傑佛瑞．辛頓、大衛．魯梅爾哈特和羅奈爾得．威廉姆斯在一篇名為《Learning representations by back - propagating errors》（透過反向傳播誤差進行表示學習）的論文中描述了一種透過反向傳播（backpropagation）演算法訓練多層神經網路的方法，這種方法使得神經網路能夠學到輸入資料的分散式表示。

然而，分散式表示很晚才在 NLP 領域得到應用。20 世紀 90 年代，約書亞．本吉奧和其他研究人員開始嘗試將神經網路應用於詞彙和句子表示的學習，推進了神經網路語言模型的發展，以及後來的 Word2Vec 等詞嵌入技術的出現。

2013 年，湯馬斯．米科洛夫（Tomas Mikolov）和他 Google 的同事們開發了 Word2Vec 算法[a]。Word2Vec 採用了一種高效的方法來學習詞彙的連續向量表示，這種方法將詞彙表中的每個詞都表示成固定長度的向量（如下圖所示），從而使在大規模資料集上進行訓練變得可行。

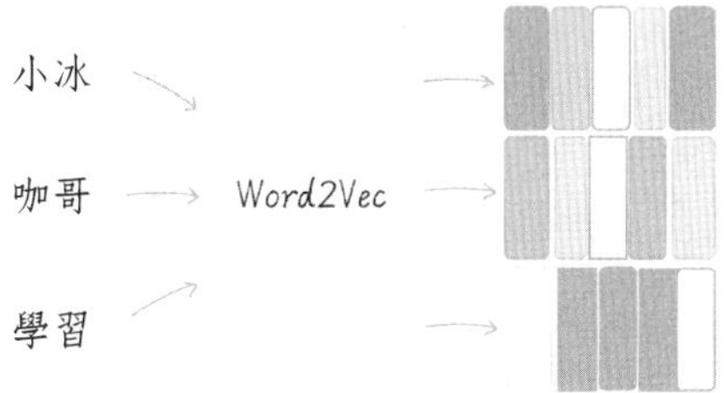

▲ 將詞彙表中的每個詞都表示成固定長度的向量

a MIKOLOVT, SUTSKEVERI, CHENK, et al. Distributed representations of words and phrases and their compositionality [J/OB].（2013-10-16）[2023-04-17]. https://arxiv.org/pdf/1310.4546.pdf.

咖哥發言

讓我們簡單了解一下稀疏向量和稠密向量。在稀疏向量中，大部分元素的值為 0，只有少數元素的值非零。稀疏向量通常用於表示高維資料，其中許多維度的值為零。詞袋模型就是一種稀疏向量表示。在詞袋模型中，每個文件用一個向量表示，向量的長度等於詞彙表中的詞數量，向量的每個元素表示相應詞在文件中出現的次數。由於大部分單字可能不會出現在替定文件中，因此詞袋模型中的向量通常是稀疏的。而我們常用的 One-Hot 編碼，當然更是稀疏了，每一個 One-Hot 編碼中，都有大量的 0，而只有一個 1。

稠密向量中的元素大部分為非零值。稠密向量通常具有較低的維度，同時能夠捕捉到更豐富的資訊。Word2Vec 就是一種典型的稠密向量表示。稠密向量能夠捕捉詞與詞之間的語義和語法關係，使得具有相似含義或相關性的詞在向量空間中距離較近。

在自然語言處理中，稠密向量通常更受歡迎，因為它們能夠捕捉到更多的資訊，和時計算效率更高。下圖直觀地展示了二者的差別。

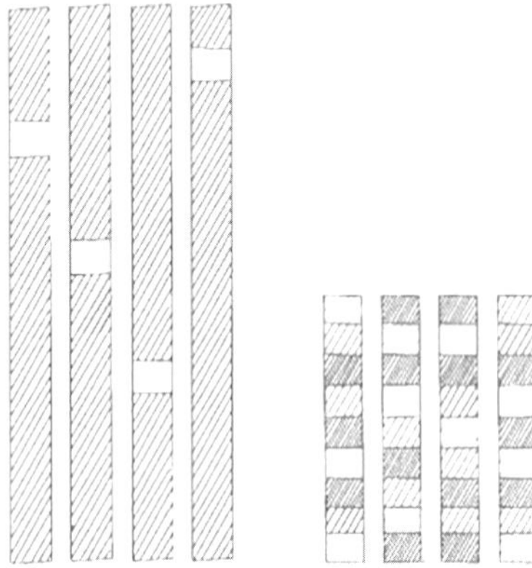

（a）稀疏向量　（b）稠密向量

▲ 稀疏向量和稠密向量

很快，NLP 研究者們就發現，透過 Word2Vec 學習得到的向量可以捕捉到詞與詞之間的語義和語法關係。而且，這個演算法比以前的方法更加高效，能夠輕鬆地處理大規模的文字資料。因此，Word2Vec 迅速流行起來。

小冰：明白了，Word2Vec 是一種生成詞向量的演算法；而詞向量是 Word2Vec 演算法輸出的結果，也是一種能夠表示詞的數值向量。你能否說說 Word2Vec 的演算法實現細節呢？

咖哥：Word2Vec 透過訓練一個神經網路模型來學習詞嵌入，模型的任務就是基於給定的上下文詞來預測目標詞，或基於目標詞來預測上下文詞。

具體來說，Word2Vec 有兩種主要實現方式：CBOW（Continuous Bag of Words，有時翻譯為「連續詞袋」）模型和 Skip-Gram（有時翻譯為「跳字」）模型，以下圖所示。CBOW 模型透過給定上下文詞（也叫「周圍詞」）來預測目標詞（也叫「中心詞」）；而 Skip-Gram 模型則相反，透過給定目標詞來預測上下文詞。這兩個模型都是透過訓練神經網路來學習詞向量的。在訓練過程中，我們透過最小化預測詞和實際詞之間的損失來學習詞向量。當訓練完成後，詞向量可以從神經網路的權重中提取出來。

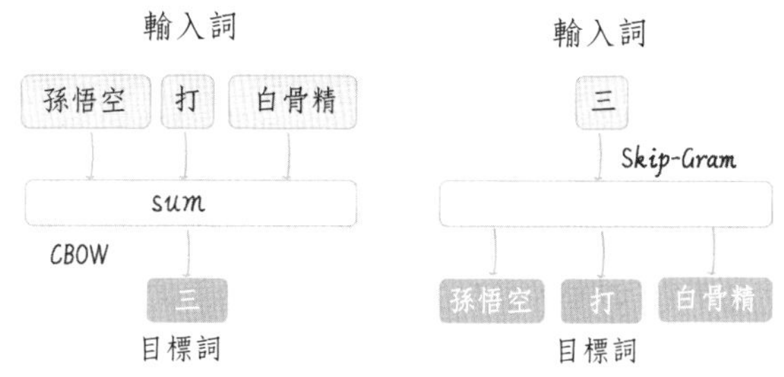

▲ CBOW 模型和 Skip-Gram 模型

小冰：哇，看起來 Word2Vec 也是很強大的語言模型，給我周圍的一些詞，我就能預測出來它們中間的詞；而給我一個句子中間的詞，我也能夠透過 Skip-Gram 模型預測出來周圍的詞！咖哥，能否用程式來實現這兩個模型？

咖哥說：當然可以，這兩個語言模型都是透過簡單的神經網路實現的，以下圖所示。不過，預測具體的詞並不是 Word2Vec 的目標，它的真正目標是透過調節神經網路參數，學習詞嵌入，以捕捉詞彙表中詞語之間的語義和語法關係，為下游的 NLP 任務提供豐富的表示。

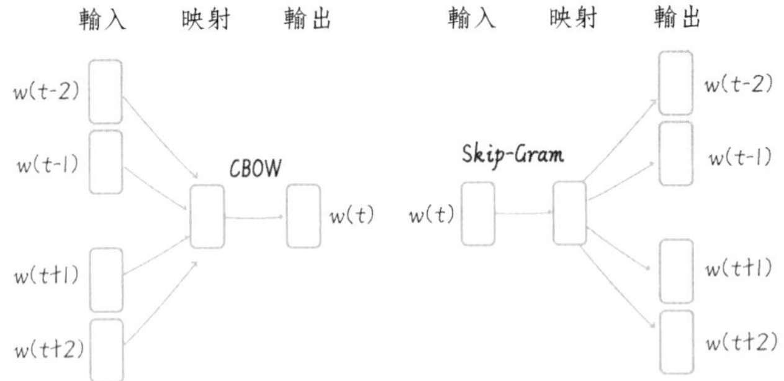

▲ CBOW 模型和 Skip-Gram 模型的神經網路結構

這兩個網路，都是比較淺層的神經網路，嚴格說還稱不上深度學習。在 CBOW 模型的神經網路結構中，輸入是目標詞周圍的上下文詞。透過輸入上下文詞、目標中心詞和神經網路的參數，來學習上下文和中心詞之間的對應關係。而在 Skip-Gram 模型的神經網路結構中，輸入則是句子中的詞，而這個詞的目標詞是它周圍的多個詞。在這兩個模型中，滑動視窗 N 的大小都是可以調整的。

讓我們從 Skip-Gram 模型開始，來建構一個學習詞向量的神經網路。

2.3 Skip-Gram 模型的程式實現

下面我們來按部就班使用 PyTorch 實現一個簡單的 Word2Vec 模型（此處使用 Skip-Gram 模型）。這個模型試圖透過學習詞的向量表示，來捕捉詞與詞之間的語義和語法關係。

咖哥發言

PyTorch 是一個開放原始碼的機器學習函數庫，用於電腦視覺和自然語言處理等領域。它提供了以下兩個主要功能。

張量計算：類似於 NumPy，PyTorch 提供的一種在 GPU 上進行計算的高效方式。這對於機器學習任務中常見的大量計算來說非常有用。

深度學習：PyTorch 是建構和訓練神經網路的一個框架，具有簡單、靈活的特點。PyTorch 的主要優勢在於其動態計算圖，使得架設複雜的模型和實施新想法更為方便。

另外，PyTorch 還有一個豐富的生態系統，包括各種預訓練的模型、資料集和其他擴充函數庫，如 TorchText、TorchVision 和 TorchAudio。

因為其靈活性和直觀性，PyTorch 已經成為研究領域最受歡迎的深度學習框架之一，同時在工業界也獲得了廣泛的應用。

在繼續學習本課程之前，請確保你已經依照 PyTorch 官網上的步驟安裝了 PyTorch。要注意的是，根據你的硬體規格（CPU 及 GPU 的版本）和作業系統類型，PyTorch 官網上會舉出不同的安裝方式。

第 1 步 建構實驗語料庫

建立一個簡單的資料集，作為我們的實驗語料庫，並整理出語料庫的詞彙表。

In

```
# 定義一個句子列表，後面會用這些句子來訓練 CBOW 和 Skip-Gram 模型
sentences = ["Kage is Teacher", "Mazong is Boss", "Niuzong is Boss",
             "Xiaobing is Student", "Xiaoxue is Student",]
# 將所有句子連接在一起，然後用空格分隔成多個單字
words = ' '.join(sentences).split()
# 建構詞彙表，去除重複的詞
word_list = list(set(words))
# 建立一個字典，將每個詞映射到一個唯一的索引
word_to_idx = {word: idx for idx, word in enumerate(word_list)}
# 建立一個字典，將每個索引映射到對應的詞
idx_to_word = {idx: word for idx, word in enumerate(word_list)}
voc_size = len(word_list) # 計算詞彙表的大小
print(" 詞彙表：", word_list) # 輸出詞彙表
print(" 詞彙到索引的字典：", word_to_idx) # 輸出詞彙到索引的字典
print(" 索引到詞彙的字典：", idx_to_word) # 輸出索引到詞彙的字典
print(" 詞彙表大小：", voc_size) # 輸出詞彙表大小
```

Out

```
詞彙表：['Boss', 'Kage', 'Mazong', 'Student', 'Xiaoxue', 'Niuzong', 'Teacher', 'is', 'Xiaobing']
詞彙到索引的字典：{'Boss': 0, 'Kage': 1, 'Mazong': 2, 'Student': 3, 'Xiaoxue': 4, 'Niuzong': 5, '
Teacher': 6, 'is': 7, 'Xiaobing': 8}
索引到詞彙的字典：{0: 'Boss', 1: 'Kage', 2: 'Mazong', 3: 'Student', 4: 'Xiaoxue', 5: 'Niuzong', 6: '
Teacher', 7: 'is', 8: 'Xiaobing'}
詞彙表大小：9
```

整個語料庫包含 5 個簡單的句子。注意這裡的詞彙表 word_list 是無序的，因為在建立詞彙表時使用了 Python 的 set 資料結構來刪除重複的詞彙，然後再將 set 轉換回 list。Python 中，set 資料結構是基於雜湊表實現的，它的主要優點是查詢速度快，但它不維護元素的順序。

第 2 步 生成 Skip-Gram 資料

定義一個函數，從剛才的資料集中生成 Skip-Gram 訓練資料。

In

```
# 生成 Skip-Gram 訓練資料
def create_skipgram_dataset(sentences, window_size=2):
    data = [] # 初始化資料
    for sentence in sentences: # 遍歷句子
        sentence = sentence.split() # 將句子分割成單字清單
        for idx, word in enumerate(sentence): # 遍歷單字及其索引
            # 獲取相鄰的單字，將當前單字前後各 N 個單字作為相鄰單字
            for neighbor in sentence[max(idx - window_size, 0):
                        min(idx + window_size + 1, len(sentence))]:
                if neighbor != word: # 排除當前單字本身
                    # 將相鄰單字與當前單字作為一組訓練資料
                    data.append((word, neighbor))
    return data
# 使用函數建立 Skip-Gram 訓練資料
skipgram_data = create_skipgram_dataset(sentences)
# 列印未編碼的 Skip-Gram 資料樣例（前 3 個）
print("Skip-Gram 資料樣例（未編碼）：", skipgram_data[:3])
```

Out

```
Skip-Gram 資料樣例（未編碼）：
[('is', 'Kage'), ('Kage', 'is'), ('Teacher', 'is')]
```

Skip-Gram 模型的任務是根據給定的目標詞來預測上下文詞。因此資料集中每個元素包括一個目標詞和它的上下文詞。根據 Gram 視窗的大小，一個元素可能會有多個上下文詞，那就形成多個 Skip-Gram 資料。

第 3 步 進行 One-Hot 編碼

把 Skip-Gram 訓練資料轉換成 Skip-Gram 模型可以讀取的 One-Hot 編碼後的向量。

In

```
# 定義 One-Hot 編碼函數
import torch # 匯入 torch 函數庫
def one_hot_encoding(word, word_to_idx):
    tensor = torch.zeros(len(word_to_idx)) # 建立一個長度與詞彙表相同的全 0 張量
    tensor[word_to_idx[word]] = 1 # 將對應詞索引位置上的值設為 1
```

```
    return tensor # 傳回生成的 One-Hot 編碼後的向量
# 展示 One-Hot 編碼前後的資料
word_example = "Teacher"
print("One-Hot 編碼前的單字：", word_example)
print("One-Hot 編碼後的向量：", one_hot_encoding(word_example, word_to_idx))
# 展示編碼後的 Skip-Gram 訓練資料樣例
print("Skip-Gram 資料樣例（已編碼）：", [(one_hot_encoding(context, word_to_idx),
        word_to_idx[target]) for context, target in skipgram_data[:3]])
```

Out

```
One-Hot 編碼前的單字：Teacher
One-Hot 編碼後的向量：tensor([0., 0., 0., 0., 1., 0., 0., 0., 0.])
Skip-Gram 資料樣例（已編碼）：
[(tensor([0., 1., 0., 0., 0., 0., 0., 0., 0.]), 6),
(tensor([0., 0., 0., 0., 1., 0., 0., 0., 0.]), 6),
(tensor([0., 0., 0., 0., 0., 0., 1., 0., 0.]), 1)]
```

One-Hot 編碼後的資料是向量，這種形式的向量就是之前提過的稀疏向量，其長度等於詞彙表大小，其中對應單字在詞彙表中的索引位置上的值為 1，其他位置上的值為 0。**我們此處的目標就是透過學習，把這種稀疏向量壓縮成更具有表現力的低維稠密向量**。

在現在這個已經經過編碼的 Skip-Gram 訓練資料集中（我展示了前 3 個資料），每個資料封包含兩個張量（Tensor），前一個是輸入（Input），格式是中心詞的 One-Hot 編碼，後一個是要預測的目標（Target），格式則是上下文詞的索引。

小冰：能否說說為什麼這裡我們需要把輸入轉換成 One-Hot 編碼後的向量？

咖哥：在原始的 Skip-Gram 模型中，接收輸入的是線性層，需要將輸入轉為 One-Hot 編碼形式，才能在神經網路中使用它們。後面的範例中，你還會看到經過改進的網路，使用嵌入層（Embedding）接收輸入，那時就可以省去 One-Hot 編碼這一步啦。

而對於目標詞，我們使用它們在詞彙表中的索引，而非 One-Hot 編碼後的向量。這是因為我們後面要使用交叉熵損失（CrossEntropyLoss）函數來計算模型的預測值和實際值的差距。PyTorch 的 CrossEntropyLoss 數接受類別索引作為目標值（而非 One-Hot 編碼後的向量）。這樣設計的原因是，計算預測值和實際值的差距時，實際上只需要知道正確類別的索引，而不需要處理高維稀疏向量，這樣可以提高計算效率。

第 4 步 定義 Skip-Gram 類別

透過繼承 PyTorch 的 nn.Model 類別來實現 Skip-Gram 類別。

咖哥發言

在 PyTorch 中，nn.Module 是一個非常重要的類別，它是所有神經網路模型的基類別。每一個模型都應該繼承 nn.Module 別，然後重寫其中的方法。最基礎且最重要的兩個方法如下。

__ init__：在這個方法中定義模型中的各個層級和部分。所有的層級都應該是 nn.Module 類別的子類別，包括 nn.Linear、nn.Conv2d、nn.ReLU 等。

forward：在這個方法中定義了模型的前向傳播方式，也就是輸入資料如何透過各個層級來生成輸出。

定義 Skip-Gram 類別，一方面，將模型的定義和實際計算分開，從而讓程式更加清晰易讀，另一方面，透過定義的模型類別，可以方便地儲存和載入模型，可以重複使用模型結構，同時也可以方便地使用 PyTorch 的自動求導功能來進行模型的訓練。

In

```
# 定義 Skip-Gram 類別
import torch.nn as nn # 入 neural network
class SkipGram(nn.Module):
  def __init__(self, voc_size, embedding_size):
    super(SkipGram, self).__init__()
    # 從詞彙表大小到嵌入層大小（維度）的線性層（權重矩陣）
    self.input_to_hidden = nn.Linear(voc_size, embedding_size, bias=False)
    # 從嵌入層大小（維度）到詞彙表大小的線性層（權重矩陣）
    self.hidden_to_output = nn.Linear(embedding_size, voc_size, bias=False)
  def forward(self, X): # 前向傳播的方式，X 形狀為 (batch_size, voc_size)
      # 透過隱藏層，hidden 形狀為 (batch_size, embedding_size)
      hidden = self.input_to_hidden(X)
      # 透過輸出層，output_layer 形  (batch_size, voc_size)
      output = self.hidden_to_output(hidden)
      return output
embedding_size = 2 # 設定嵌入層的大小，這裡選擇 2 是為了方便展示
skipgram_model = SkipGram(voc_size, embedding_size) # 實例化 Skip-Gram 模型
print("Skip-Gram 類別：", skipgram_model)
```

Out

```
Skip-Gram 類別：SkipGram(
 (input_to_hidden): Linear(in_features=9, out_features=2, bias=False)
 (hidden_to_output): Linear(in_features=2, out_features=9, bias=False) )
```

在這個簡單的神經網路模型的 __init __ 方法中定義了兩個線性層（nn. Linear，也叫全連接層），這兩個線性層的權重矩陣中的參數是可學習的部分。

- input_to_hidden 把 One-Hot 編碼後的向量從詞彙表大小映射到嵌入層大小，以形成並學習詞的向量表示。
- hidden_to_output 把詞的向量表示從嵌入層大小映射回詞彙表大小，以預測目標詞。

而在 forward 方法中，定義了前向傳播的方式，首先將輸入透過輸入層到隱藏層的映射生成隱藏層的資料，然後將隱藏層的資料透過隱藏層到輸出層的映射生成輸出。

第 5 步 訓練 Skip-Gram 類別

對剛才建立的 Skip-Gram 類別實例進行訓練。

In

```
# 訓練 Skip-Gram 類別
learning_rate = 0.001 # 設置學習速率
epochs = 1000 # 設置訓練輪次
criterion = nn.CrossEntropyLoss()  # 定義交叉熵損失函數
import torch.optim as optim # 匯入隨機梯度下降最佳化器
optimizer = optim.SGD(skipgram_model.parameters(), lr=learning_rate)
# 開始訓練循環
loss_values = []  # 用於儲存每輪的平均損失值
for epoch in range(epochs):
    loss_sum = 0 # 初始化損失值
    for center_word, context in skipgram_data:
        X = one_hot_encoding(center_word, word_to_idx).float().unsqueeze(0) # 將中心詞轉為 One-Hot 向量
        y_true = torch.tensor([word_to_idx[context]], dtype=torch.long) # 將周圍詞轉為索引值
        y_pred = skipgram_model(X)  # 計算預測值
        loss = criterion(y_pred, y_true)  # 計算損失
        loss_sum += loss.item() # 累積損失
        optimizer.zero_grad()  # 清空梯度
        loss.backward()  # 反向傳播
        optimizer.step()  # 更新參數
    if (epoch+1) % 100 == 0: # 輸出每 100 輪的損失，並記錄損失
        print(f"Epoch: {epoch+1}, Loss: {loss_sum/len(skipgram_data)}")
        loss_values.append(loss_sum / len(skipgram_data))
# 繪製訓練損失曲線
import matplotlib.pyplot as plt #  入 matplotlib
# 繪製二維詞向量圖
plt.rcParams["font.family"]=['SimHei'] # 用來設定字型樣式
plt.rcParams['font.sans-serif']=['SimHei'] # 用來設定無襯線字型樣式
plt.rcParams['axes.unicode_minus']=False # 用來正常顯示負號
plt.plot(range(1, epochs//100 + 1), loss_values) # 繪圖
plt.title(' 訓練損失曲線 ') # 圖題
plt.xlabel(' 輪次 ') # X 軸 Label
plt.ylabel(' 損失 ') # Y 軸 Label
plt.show() # 顯示圖
```

Out

```
Epoch: 100, Loss: 2.1747937202453613
Epoch: 200, Loss: 2.1470229427019754
Epoch: 300, Loss: 2.1150383671124775
Epoch: 400, Loss: 2.07618362903595
Epoch: 500, Loss: 2.0306010961532595
Epoch: 600, Loss: 1.9832865635553996
Epoch: 700, Loss: 1.9422581712404887
Epoch: 800, Loss: 1.9113846600055695
Epoch: 900, Loss: 1.8883622487386067
Epoch: 1000, Loss: 1.8694449504216513
```

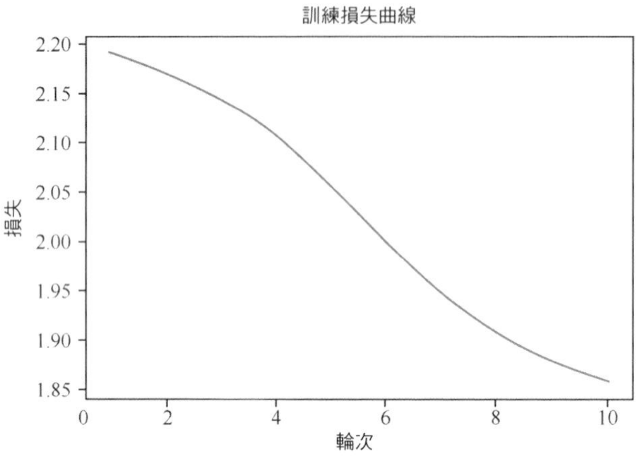

這段程式呈現了一個典型的 PyTorch 神經網路訓練流程。首先定義一些基本參數和前置處理文字資料。接下來，建立模型實例，定義損失函數（交叉熵損失）和最佳化器（SGD 最佳化器）。隨後進行 1000 輪訓練，嘗試學習詞嵌入。在訓練過程中，損失函數將模型的輸出資料與目標資料進行比較，可以看到模型的損失會隨著訓練的進行而降低，透過最小化這個損失，模型將接近上下文單字正確的機率分佈。透過學習詞與詞之間的關係，表示模型對目標詞的預測會越來越靠譜。

小冰：咖哥，這裡我有一個疑問，我們是希望 y_pred 和 y_true 一致，也就是類別相同，這實際上是個「多類別分類」問題。這裡的「類別」就是詞彙表中每個單字的索引，對吧？

咖哥：正確！在 Skip-Gram 模型中，我們的目標是預測上下文單字，即在詞彙表中找到具有最高機率的單字索引。**y_pred 包含了當詞彙表中所有單**

字首碼為輸入詞時的條件機率資訊（以下圖所示），**其最後一個維度是詞彙表的大小。選擇詞彙表 中機率最高的那個詞和 y_true 進行比較，確定損失值。**這裡，我建議你動手偵錯工具，查看 y_pred 和 y_true 的形狀及具體內容，這樣你就會了解需要把什麼資訊傳入 nn.CrossEntropyLoss() 損失函數，以求得損失。

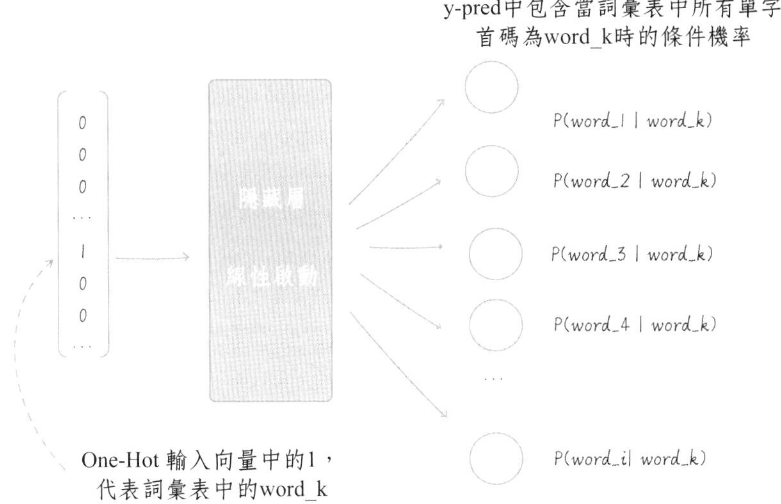

▲ 如果詞彙表有 i 個詞，輸入詞為 k ，我們要比較所有首碼為 k 的詞的機率

小冰：對於機器學習的多分類問題，你曾經告訴我，通常使用 softmax 函數將輸出轉為機率分佈，這樣可以方便地找到具有最高機率的類別。為什麼我沒有看見你使用 softmax 函數進行機率轉換呢？

咖哥：實際上，Pytorch 中的 CrossEntropyLoss 函數內部結合了 Logsoftmax 函數和 NLLLoss 函數，這就計算了對數似然損失（Log Likelihood Loss）在經過 softmax 函數之後的預測機率。這表示，雖然我們並沒有顯式地使用 softmax 函數，但它已經隱含在損失函數中。

咖哥發言

softmax 函數是一種常用的啟動函數，通常用於將一個向量轉換為機率分佈。在機器學習的多分類問題中，softmax 函數常用於將模型的輸出轉換為各個類別的機率。

softmax 函數的計算公式以程式的形式表示如下：

softmax(x_i) = exp(x_i) / sum(exp(x_j)) for j in range(1, n)

其中，x_i 是輸入向量中的第 i 個元素，n 是向量的維度。

softmax 函數的主要作用是對向量進行歸一化，使得向量中的元素都在 0 到 1 的範圍內，並且使得所有元素的和等於 1。這樣，每個元素就可以被解釋為對應類別的機率。

在多分類問題中，模型的輸出通常是一個向量，其中每個元素表示對應類別的得分或原始輸出。透過 softmax 函數可以將這些原始輸出轉換為機率分佈，以便更好地解釋模型的預測結果。最終，我們可以選擇具有最高機率的類別作為模型的預測結果。

需要注意的是，softmax 函數的輸出具有歸一化和機率解釋的特性。softmax 函數會放大輸入中較大的值，從而使得最大值更接近 1，而其他值更接近 0。因此，它會放大輸入向量中的差異，使得機率分佈更加尖銳。

第 6 步 展示詞向量

W2V 中有兩個權重矩陣：輸入到隱藏層的權重矩陣 input_to_hidden 和隱藏層到輸出的權重矩陣 hidden_to_outpu t。其中，**輸入到隱藏層的權重矩陣蘊含著詞嵌入的資訊**。這個矩陣的每一列都對應一個單字在詞彙表中的索引，而這一列的元素的數值則表示該單字的詞向量。透過提取這些詞向量，我們可以在二維或三維空間中繪製它們，以觀察詞與詞之間的相似性和關係。

In

```
# 輸出 Skip-Gram 習得的詞嵌入
print("Skip-Gram 詞嵌入：")
for word, idx in word_to_idx.items(): # 輸出每個詞的嵌入向量
    print(f"{word}: {skipgram_model.input_to_hidden.weight[:,idx].detach().numpy()}")
```

Out

```
Skip-Gram 詞嵌入：
Xiaobing: [-1.3628563 -2.1293848]
Xiaoxue: [-1.3693085 -2.1389563]
Boss: [ 2.923863  -0.4184679]
Student: [-0.09255204 -0.8242733 ]
is: [-0.23261149  0.29151806]
Kage: [-0.3542828 -0.9870443]
Niuzong: [ 0.8161409 -0.624454 ]
Mazong: [ 0.821509   -0.62387395]
Teacher: [ 0.8520589  -0.47847477]
```

程式 skipgram_model.input_to_hidden.weight[:,idx] 存取 skipgram_model 的 input_to_hidden。索引 [:, idx] 選擇了所有行和索引為 idx 的列，也就是提取了對應索引 idx 的單字的嵌入向量，而這個嵌入向量，是我們之前透過 W2V 模型在語料庫中習得的。

敘述中的 detach() 方法建立了一個新的從當前計算圖中分離出來的張量（在本書中，向量與張量含義相同，程式中習慣稱之為張量），這表示它不會反向傳播梯度。numpy() 方法將這個張量轉為 NumPy 陣列，便於顯示。

小冰：咖哥，你這樣列印出來兩個向量，我可看不出牛總（Niuzong）和馬總（Mazong）怎麼就比較相似了，我也看不出小冰（Xiaobing）和小雪（Xiaoxue）哪裡比較像？

咖哥：牛總和馬總都是老闆，怎麼不像？小冰和小雪都是咖哥的學生，怎麼不像？哎，我們在二維平面上繪製一下這個二維詞向量，你就看得出來了吧。

In

```
fig, ax = plt.subplots()
for word, idx in word_to_idx.items():
    # 獲取每個單字的嵌入向量
    vec = skipgram_model.input_to_hidden.weight[:,idx].detach().numpy()
    ax.scatter(vec[0], vec[1]) # 在圖中繪製嵌入向量的點
    ax.annotate(word, (vec[0], vec[1]), fontsize=12) # 点旁添加
plt.title(' 二維詞嵌入 ') # 圖題
plt.xlabel(' 向量維度 1') # X 軸 Label
plt.ylabel(' 向量維度 2') # Y 軸 Label
plt.show() # 顯示圖
```

Out

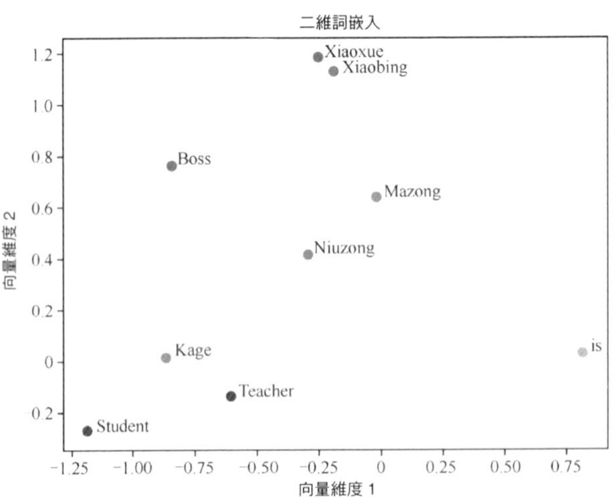

這段程式視覺化了輸入到隱藏層的權重矩陣，展示了每個詞的低維詞向量。這裡我們之所以把向量維度設計成二維，就是為了直接在二維平面上畫出每個詞的向量，如果詞嵌入向量的維度超過二維或三維，就要先進行降維才能夠展示。

一般情況下，像 BERT、GPT 這樣的模型需要學習幾百（如 128 、256 、512 等）維的向量，才能夠捕捉更豐富的語義資訊。

總結一下吧：我們使用 PyTorch 實現了一個簡單的 Word2Vec（這裡是 Skip-Gram）模型。模型包括輸入層、隱藏層和輸出層。輸入層接收中心詞（以 One-Hot 編碼後的向量形式表示）。接下來，輸入層到隱藏層的權重矩陣（記為 input_to_hidden）將這個向量轉為詞嵌入，該詞嵌入直接作為隱藏層的輸出。隱藏層到輸出層的權重矩陣（記為 hidden_to_output）將隱藏層的輸出轉為一個機率分佈，用於預測與中心詞相關的周圍詞（以索引形式表示）。透過最小化預測詞和實際目標詞之間的分類交叉熵損失，可以學習詞嵌入向量。下圖展示了這個流程。

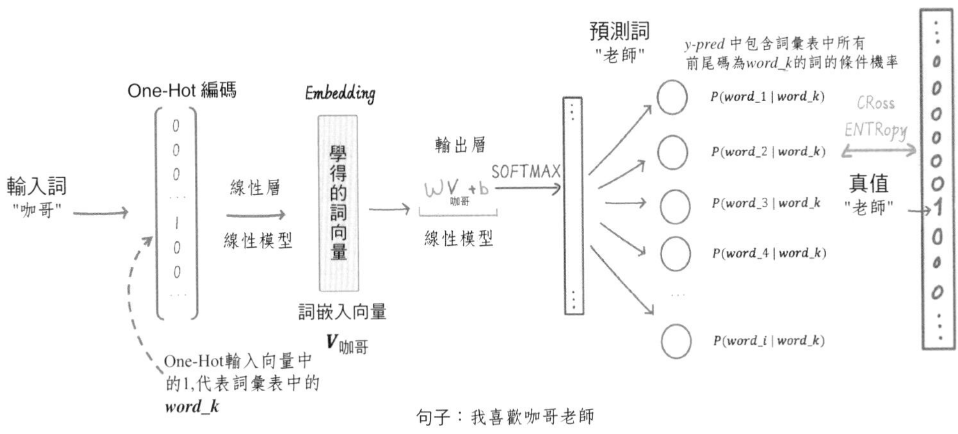

下面，我們來看看 CBOW 模型的具體實現和 Skip-Gram 模型有何不同。

2.4 CBOW 模型的程式實現

CBOW 模型與 Skip-Gram 模型相反，其主要任務是根據給定的周圍詞來預測中心詞。我們下面就來實現一個 CBOW 模型，不過這裡不重複資料集的建構、網路的訓練等程式區塊，只突出和 Skip-Gram 模型的區別。

第一個區別在於，CBOW 模型態資料集的準備與 Skip-Gram 模型不同。在 Skip-Gram 中，輸入是中心詞，目標是周圍詞，形成一個個的二元組。當一個中心詞有多個周圍詞時，會形成多個（中心詞，周圍詞）形式的元組。而 CBOW 模型的資料集建構則略有不同，它將多個周圍詞對應到同一個中心詞。需要建構出（（周圍詞 1，周圍詞 2，周圍詞 3...），中心詞）這樣的元組。這是因為對於每個中心詞來講，我們需要找到其在 context_window 範圍內的周圍詞。將周圍詞和中心詞的 ID 組合成訓練資料，以便為每個目標單字提供其周圍詞的列表。

In

```
# 生成 CBOW 訓練資料
def create_cbow_dataset(sentences, window_size=2):
    data = []# 初始化資料
    for sentence in sentences:
        sentence = sentence.split()  # 將句子分割成單字清單
        for idx, word in enumerate(sentence):  # 遍歷單字及其索引
            # 獲取上下文詞彙，將當前單字前後各 window_size 個單字作為周圍詞
            context_words = sentence[max(idx - window_size, 0):idx] \
                + sentence[idx + 1:min(idx + window_size + 1, len(sentence))]
            # 將當前單字與上下文詞彙作為一組訓練資料
            data.append((word, context_words))
    return data

# 使用函數建立 CBOW 訓練資料
cbow_data = create_cbow_dataset(sentences)
# 列印未編碼的 CBOW 資料樣例（前三個）
print("CBOW 資料樣例（未編碼）：", cbow_data[:3])
```

Out

```
CBOW 資料樣例（未編碼）：
[('Kage', ['is', 'Teacher']), ('is', ['Kage', 'Teacher']), ('Teacher', ['Kage', 'is'])]
```

我們從這個範例中可以看到多個周圍詞是如何對應到中心詞的。因為 window_size 是 2，在第一個資料樣例 ('Kage', ['is', 'Teacher']) 中，有兩個周圍詞 ['is', 'Teacher'] 和一個中心詞 'Kage'，Teacher 和 Kage 雖然隔著一個詞，但是仍然在 2 這個滑動視窗範圍內；在第二個資料樣例中，有兩個周圍詞 ['Kage', 'Teacher'] 和一個中心詞 'is'。

第二個區別在於，在 CBOW 模型的建構中，幾個周圍詞所有嵌入向量的平均值會成為隱藏層的輸出。這是一個重要的步驟，因為它允許模型考慮到所有周圍詞的資訊。為了在模型中增加這個步驟，我們可以稍微修改實現 CBOW 模型的程式。

In

```
# 定義 CBOW 模型
import torch.nn as nn # 匯入 neural network
class CBOW(nn.Module):
    def __init__(self, voc_size, embedding_size):
        super(CBOW, self).__init__()
        # 從詞彙表大小到嵌入大小的線性層（權重矩陣）
        self.input_to_hidden = nn.Linear(voc_size,
                                         embedding_size, bias=False)
        # 從嵌入大小到詞彙表大小的線性層（權重矩陣）
        self.hidden_to_output = nn.Linear(embedding_size,
                                          voc_size, bias=False)

    def forward(self, X): # X: [num_context_words, voc_size]
        # 生成嵌入：[num_context_words, embedding_size]
        embeddings = self.input_to_hidden(X)
        # 計算隱藏層，求嵌入的均值：[embedding_size]
        hidden_layer = torch.mean(embeddings, dim=0)
        # 生成輸出層：[1, voc_size]
        output_layer = self.hidden_to_output(hidden_layer.unsqueeze(0))
        return output_layer
embedding_size = 2 # 設定嵌入層的大小，這裡選擇 2 是為了方便展示
cbow_model = CBOW(voc_size,embedding_size)  # 實例化 CBOW 模型
print("CBOW 模型：", cbow_model)
```

Out

```
CBOW 模型：CBOW(
  (input_to_hidden): Linear(in_features=9, out_features=2, bias=False)
  (hidden_to_output): Linear(in_features=2, out_features=9, bias=False))
```

此處在前向傳播部分增加一個名為 embedding 的向量，並進行平均值處理。這樣，我們就在 CBOW 模型中計算了周圍詞嵌入的平均值，並使用它來預測中心詞。這使得模型能夠更進一步地利用上下文資訊來學習詞嵌入。

此外，在模型的訓練環節，也需要根據 Cbow_data 資料的結構進行相應調整後，以正確的格式輸入 CBOW 模型。

In

```
for target, context_words in cbow_data:
    # 將上下文詞轉為 One-Hot 編碼後的向量並堆疊
    X = torch.stack([one_hot_encoding(word, word_to_idx) for word in context_words]).float()
    # 將目標詞轉為索引值
    y_true = torch.tensor([word_to_idx[target]], dtype=torch.long)
```

經過上述調整，CBOW 模型就架設好了。

小冰：咖哥啊，聽你這麼說，Skip-Gram 模型和 CBOW 模型看起來很相似，但是為何二者的名字卻有這麼大區別，你能解釋解釋嗎？

咖哥：儘管 Skip-Gram 模型和 CBOW 模型看起來很相似，但它們的訓練目標和結構有很大的區別。這些區別導致了它們在捕捉詞語關係方面的性能有差異。它們的主要區別如表 2.1 所示。

表 2.1 Skip-Gram 模型和 CBOW 模型的區別

模型	訓練目標	結構	性能
Skip-Gram 模型	給定一個目標詞，預測上下文詞。因此，它的訓練目標是在替定目標詞的情況下，使上下文詞出現的條件機率最大化	模型首先將目標詞映射到嵌入向量空間，然後從嵌入向量空間映射回詞彙表空間以預測上下文詞的機率分佈	由於其目標是預測多個上下文詞，其在捕捉稀有詞和更複雜的詞語關係方面表現得更好
CBOW 模型	給定上下文詞，預測目標詞。因此，它的訓練目標是在替定上下文詞的情況下，使目標詞出現的條件機率最大化	模型首先將上下文詞映射到嵌入向量空間，然後從嵌入向量空間映射回詞彙表空間以預測目標詞的機率分佈	由於其目標是預測一個目標詞，其在訓練速度和捕捉高頻詞語關係方面表現得更好

儘管 Skip-Gram 模型和 CBOW 模型在實現和訓練目標上有所不同，但它們都試圖學習詞彙的分散式表示（詞向量），以捕捉詞與詞之間的語義和句法關係。在實際應用中，可以根據具體任務和資料集的特點選擇使用哪種模型。

小冰：咖哥，目前我們實現的 W2V 模型，有沒有什麼可以進一步改進的地方？

咖哥：有。可以使用 PyTorch 的 nn.Embedding，即嵌入層，來替換 One-Hot 編碼，這樣可以節省運算資源。nn.Embedding 可以直接將索引映射到對應的嵌入向量。我可以借此機會給你介紹一下如何理解並使用 PyTorch 的 nn.Embedding。

2.5 透過 nn.Embedding 來實現詞嵌入

在上文中 W2V 模型的實現過程中，權重向量被儲存在 PyTorch 的線性層（nn.Linear）中。線性層是神經網路的最基本元件，初學者很容易理解。然而，對各種嵌入向量的學習的模型來說，用嵌入層（nn.Embedding）來捕捉詞向量才是更為標準的實現方式。

本質上來說，嵌入層和線性層一樣，也是透過對層內參數的調整，來習得權重，獲取知識。

咖哥發言

在 PyTorch 中，nn.Embedding 是 nn 中的一個模組，它用於將離散的索引（通常是單字在詞彙表中的索引）映射到固定大小的向量空間。在自然語言處理任務中，詞嵌入是將單字表示為高維向量的一種常見方法。詞嵌入可以捕捉單字之間的相似性、語義關係等。在訓練過程中，嵌入層會自動更新權重以最小化損失函數，從而學習到有意義的詞向量。

嵌入層的建構函數接收以下兩個參數。

- num_embeddings：詞彙表的大小，即唯一單字的數量。
- embedding_dim：詞嵌入向量的維度。

使用嵌入層有以下優點。

- 更簡潔的程式：與線性層相比，嵌入層提供了更簡潔、更直觀的表示詞嵌入的方式。這使得程式更容易理解和維護。
- 更高的效率：嵌入層比線性層更高效，因為它不需要進行矩陣乘法操作。它直接從權重矩陣中查詢對應的行（嵌入向量），這在計算上更高效。
- 更容易訓練：嵌入層不需要將輸入轉為 One-Hot 編碼後的向量。我們可以直接將單字索引作為輸入，從而減少訓練的計算複雜性。

接下來，讓我們修改剛才建立好的 Skip-Gram 模型，用 nn.Embedding 代替 nn.Linear。

In

```
# 定義 Skip-Gram 模型
import torch.nn as nn # 匯入 neural network
class SkipGram(nn.Module):

  def __init__(self, voc_size, embedding_size):
    super(SkipGram, self).__init__()
    # 從詞彙表大小到嵌入大小的嵌入層（權重矩陣）
    self.input_to_hidden = nn.Embedding(voc_size, embedding_size)
    # 從嵌入大小到詞彙表大小的線性層（權重矩陣）
    self.hidden_to_output = nn.Linear(embedding_size, voc_size, bias=False)
  def forward(self, X):
    hidden_layer = self.input_to_hidden(X) # 生成隱藏層：[batch_size, embedding_size]
    output_layer = self.hidden_to_output(hidden_layer) # 生成輸出層：[batch_size, voc_size]
    return output_layer
```

Out

```
Skip-Gram 模型：SkipGram(
 (input_to_hidden): Embedding(9, 2)
 (hidden_to_output): Linear(in_features=2, out_features=9, bias=False))
```

現在，Skip-Gram 模型的 input_to_hidden 層的類型從線性層替換成了嵌入層。還需要稍微修改資料生成和訓練過程，直接使用單字索引，而非 One-Hot 編碼後的向量作為 Skip-Gram 模型的輸入。

In

```
X = torch.tensor([word_to_idx[target]], dtype=torch.long) # 輸入是中心詞
y_true = torch.tensor([word_to_idx[context]], dtype=torch.long) # 目標詞是周圍詞
```

此外，因為 nn.Embedding 是一個簡單的查閱資料表，所以 input_to_hidden.weight 的維度為 [voc_size, embedding_size]。因此，當列印和視覺化權重時，需要使用 weight[idx] 來獲取權重，而非之前程式中的 weight[:,idx]。

經過上面的幾個調整，再次運行程式，也可以學習 W2V 向量。這個向量蘊含在 PyTorch 的嵌入層中，可以透過 embedding_size 參數來調整它的維度。此處嵌入層的維度是 2，但剛才說過，處理真實語料庫時，嵌入層的維度一般來說有幾百個，這樣才可以習得更多的語義知識。其實，幾百維的詞向量，對

動輒擁有上萬，甚至十萬、百萬個詞的詞彙表（《辭海》的詞筆數，總項目數近 13 萬）來說，已經算是很「低」維、很稠密了。

所以，詞向量或說詞嵌入的學習過程就是，透過神經網路來習得包含詞的語義資訊的向量，這個向量通常是幾維到幾百維不等，然後可以降維進行展示，以顯示詞和詞之間的相似程度。以下圖所示。

咖哥：最後，我想再次強調一點：儘管實現 W2V 的兩個演算法，Skip-Gram 和 CBOW，都可以看作語言模型，因為它們能預測目標詞；然而，在 W2V 中預測目標詞的能力實際上是一種手段，而非最終目的。詞嵌入演算法的真正目標是為每個詞生成一個稠密向量表示，而這個向量表示就是 W2V 模型隱藏層中的權重矩陣。

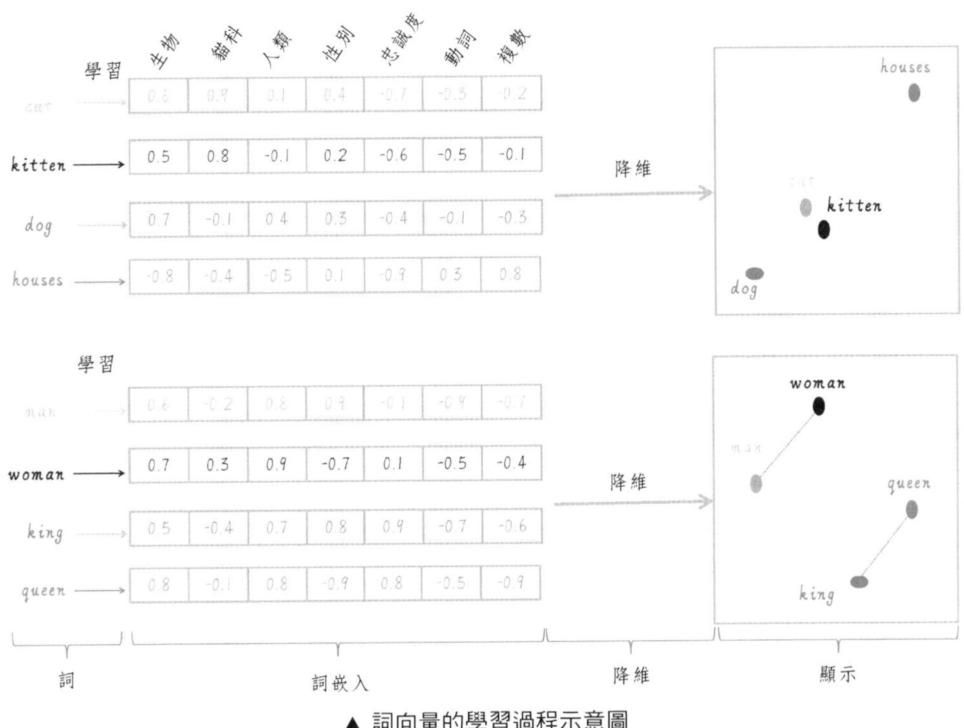

▲ 詞向量的學習過程示意圖

這些詞向量捕捉了詞與詞之間的關係之後，具有相似含義或用法的詞在向量空間中會靠得更近。我們可以使用這些詞向量作為其他自然語言處理任務（如文字分類、文字相似度比較、命名實體辨識等）的輸入特徵。

小冰：原來如此，如果我理解得沒錯的話，Skip-Gram 和 CBOW 這兩個模型從預測詞的角度上看，和 N-Gram 本質是相同的，都是語言模型；然而，因為我們只是提取 Word2Vec 神經網路中嵌入層的權重，而不需要模型最終的預測結果，從這個角度上，它和 Bag-of-Words 是同一類的應用，都是把詞轉換成為一種向量表示。

咖哥：非常正確。Word2Vec 之後的許多詞嵌入方法，如 GloVe（Global Vectors for Word Representation）和 fastText，也都是這樣使用的。我們可以拿到別人已經訓練好的詞向量（GloVe 和 fastText 都提供現成的詞向量供我們下載）作為輸入，來完成我們的下游 NLP 任務；也可以利用 PyTorch 的 nn.Embedding，來針對特定語料庫從頭開始詞嵌入的學習，然後再把學到的詞向量（也就是經過 nn.Embedding 的參數處理後的序列資訊）作為輸入，完成下游 NLP 任務。

小結

上節課中介紹的 Bag-of-Words（BoW）和本課介紹的 Word2Vec（W2V）都可以看作分散式表示的應用實例。這兩種方法都試圖將離散的符號（如單字）映射到連續的向量空間，**讓原本沒有意義的詞彙編碼變成蘊含某些語言資訊的表示──也就是分散式表示的內涵**。然而，它們在實現方式和表示能力上有很大的不同。

Bag-of-Words 是一種簡單的分散式表示方法，它將文字表示為單字計數或權重的向量。這種表示方法捕捉了文字中單字的頻率資訊，但忽略了單字的順序和上下文關係。因此，Bag-of-Words 的表達能力較弱，特別是不太善於捕捉單字之間的語義關係。

Word2Vec 是一種更先進的分散式表示方法，它透過學習單字在上下文中的共現關係來生成低維、密集的詞向量。這種表示方法能夠捕捉單字之間的語義和語法關係，並在向量空間中表現這些關係。與 Bag-of-Words 相比，Word2Vec 的表達能力更強，計算效率更高。Bag-of-Words 與 Word2Vec 的對比如表 2.2 所示。

表 2.2　Bag-of-Words 與 Word2Vec 的對比

特點	Bag-of-Words	Word2Vec
稀疏性 vs 密集性	高維稀疏向量，計算效率低	低維密集向量，計算效率更高
上下文無關 vs 上下文敏感	忽略上下文資訊	能夠捕捉單字之間的上下文關係
語義關係	無法捕捉單字之間的語義關係	能捕捉單字之間的語義和語法關係
參數共用	每個單字的向量表示都是唯一的	參數共用，能夠減少參數量，提高泛化能力

我們可以將 Bag-of-Words 和 Word2Vec 看作分散式表示的演進過程中的兩個重要階段，其中 Word2Vec 技術更先進，表達能力更強。從詞袋模型到詞向量的發展，表明自然語言處理領域在表示單字和處理語義方面取得了重要進展。

Word2Vec 對整個自然語言處理領域產生了巨大的影響。後來的許多詞嵌入方法，如 GloVe 和 fastText 這兩種被廣泛應用的詞向量，都受到了 Word2Vec 的啟發。如今，Word2Vec 已經成為詞嵌入領域的基石。它的出現使得更複雜的 NLP 任務，如文字分類、情感分析、命名實體辨識、機器翻譯等，處理起來更輕鬆。這主要是因為 Word2Vec 生成的詞向量能夠捕捉到單字之間的語義和語法關係。

然而，Word2Vec 仍然存在一些局限性。

(1) 詞向量的大小是固定的。Word2Vec 這種「在全部語料上一次習得，然後反覆使用」的詞向量被稱為靜態詞向量。它為每個單字生成一個固定大小的向量，這限制了模型捕捉詞義多樣性的能力。在自然語言中，許多單字具有多種含義，但 Word2Vec 無法為這些不同的含義生成多個向量表示。

(2) 無法處理未知詞彙。Word2Vec 只能為訓練過程中出現過的單字生成詞向量。對於未知或低頻詞彙，Word2Vec 無法生成合適的向量表示。雖然可以透過拼接詞根等方法來解決這個問題，但這並非 Word2Vec 本身的功能。

值得注意的是，Word2Vec 本身並不是一個完整的語言模型，因為語言模型的目標是根據上下文預測單字，而 Word2Vec 主要關注生成有意義的詞向量。儘管 CBOW 和 Skip-Gram 模型在訓練過程中學習了單字之間的關係，但它們並未直接對整個句子的機率分佈進行建模。而後來的模型，如基於循環神經網路、長短期記憶網路和 Transformer 的模型，則透過對上下文進行建模，更進一步地捕捉到了語言結構，從而成為更為強大的語言模型。

思考

1. 簡述詞向量的內涵和使用方法。

2. 請完成實現 CBOW 模型的完整程式。

3. 請用嵌入層替代線性層，完成實現 Skip-Gram 模型的程式，並輸出 Skip-Gram 模型習得的詞嵌入。

4. 自主學習 GloVe 和 fastText，並嘗試在你的 NLP 任務中使用 GloVe 和 fastText 詞向量，例如比較兩段文字的相似度。

第 3 課

山重水盡疑無路：神經機率語言模型和循環神經網路

小冰打開微信，突然「啊！」了一聲。咖哥：什麼事情弄得你一驚一乍的？

小冰：大新聞，我們廠的「雕龍一拍」真的按時發佈了。朋友圈被它「刷爆」了！哎呀，不好不好，我們老闆發佈新品的同時，股價竟然同步下跌 8% ！我這股票期權大幅縮水啊！我就說這「雕龍一拍」的「拍」字沒有起好，拍什麼拍，讓人聯想起拍馬屁、拍磚頭什麼的。

咖哥：唉，小冰。這可就是你沒學問了。這個「拍」字很適合中文 NLP 產品，很古典，很符合你們廠的審美。首先，「雕龍」來源於我國古代語言學巨著《文心雕龍》，把這個名字賦予一個中文大模型，內涵十分豐富；其次，「拍」出自明代馮夢龍幾部白話話本集的統稱「三言二拍」，所謂「拍」，指拍案驚奇，也就是讀書讀到妙處，拍案而起，大喊一聲「寫得好！」（見下圖）。

▲ 咖哥拍案而起：「寫得好！」

也就是說，給「雕龍一拍」起名字的人對自己的產品很有信心，認為自己的聊天機器人回答得好，值得拍掌喝彩！所以你放心，明天股價沒準還得漲回來。

小冰：嗯，你這麼說我就放心了。

咖哥說：你看，如果只關注詞本身，而不考慮上下文，就會陷入與 Word2Vec、GloVe 及 fastText 等詞向量模型相似的局限性。因為這些詞向量模型只關注多個詞語的局部語義資訊，無法捕捉到句子等級的語義資訊。而且，它們無法解決一詞多義問題。同一個詞在不同的語境中可能有不同的含義，但 Word2Vec 只能為每個詞分配一個固定的向量表示，無法捕捉這種多義性。比如說中文的「拍」字，其義可褒可貶；再比如英文中的「Apple」，可以指水果，也可以指科技公司。每一個單字的具體語義，都和上下文息息相關，變化十分細微。因此，儘管有了詞向量這種單字的表徵，在很長的一段時間內，研究自然語言處理的學者們還是無法做出能夠真正理解人類語言的模型。而另外一個問題是，Word2Vec 這類詞向量模型是以已知詞彙表為基礎學習的，它們無法處理未見過的詞（即詞彙表外的詞），不能為未知詞生成合適的詞向量。

正是由於這個侷限，NLP 遲遲沒有在具體下游任務的處理上實現突破。回憶一下人工智慧這十幾年來的突破性進展，你會發現之前最吸引眼球的 ImageNet 影像分類、人臉辨識的應用、下圍棋的 AlphaGo、自動駕駛，再加上能生成以假亂真圖片的 GAN，全和 NLP 無關。

因此，如何讓 NLP 技術真正落地，真正解決實際問題，成了 NLP 學者們最頭疼的問題。此時的 NLP，用「山窮水盡疑無路」來形容最恰當。

小冰：後來學者們一定想出了好辦法，對嗎？

咖哥看小冰有點緊張，說：那是當然！如果沒有進展，你是怎麼見到 Transformer 架構和 BERT 等預訓練模型，以及今天的 ChatGPT 的呢？今天我要給你講的神經機率語言模型，就是 NLP 在進入深度學習時代之後的又一個飛躍的成果。這些模型能夠更進一步地理解人類語言，並捕捉到細微的語義差異。我們先來講講神經機率語言模型。

3.1 NPLM 的起源

神經機率語言模型（Neural Probabilistic Language Model，NPLM）的起源和發展可以追溯到 2003 年，當時約書亞·班吉奧及其團隊發表了一篇題為「ANeural Probabilistic Language Model」（《一種神經機率語言模型》）的論文[a]。這篇論文首次提出了將神經網路應用於語言模型的想法，為自然語言處理領域開闢了新的研究方向。

在 NPLM 之前，傳統的語言模型主要依賴於最基本的 N-Gram 技術，透過統計詞彙的共現頻率來計算詞彙組合的機率。然而，這種方法在處理稀疏資料和長距離依賴時遇到了困難。

NPLM 是一種將詞彙映射到連續向量空間的方法，其核心思想是利用神經網路學習詞彙的機率分佈。和 N-Gram 一樣，NPLM 透過利用前 N-1 個詞來預測第 N 個詞，但是 NPLM 建構了一個基於神經網路的語言模型。與傳統的

a BENGIOY, DUCHARMR, VINCENTP, et al. A neural probabilistic language model [J]. Journal of Machine Learning Research, 2003(3): 1137-1155.

N-Gram 語言模型相比，NPLM 最佳化參數和預測第 N 個詞的方法更加複雜。

得益於神經網路的強大表達能力，NPLM 能夠更有效地處理稀疏資料和長距離依賴問題。這表示，NPLM 在面對罕見詞彙和捕捉距離較遠的詞之間的依賴關係時表現得更加出色，相較於傳統的 N-Gram 語言模型有著顯著的優勢。

以下圖所示，NPLM 的結構包括 3 個主要部分：輸入層、隱藏層和輸出層。輸入層將詞彙映射到連續的詞向量空間，隱藏層透過非線性啟動函數學習詞與詞之間的複雜關係，輸出層透過 softmax 函數產生下一個單字的機率分佈。

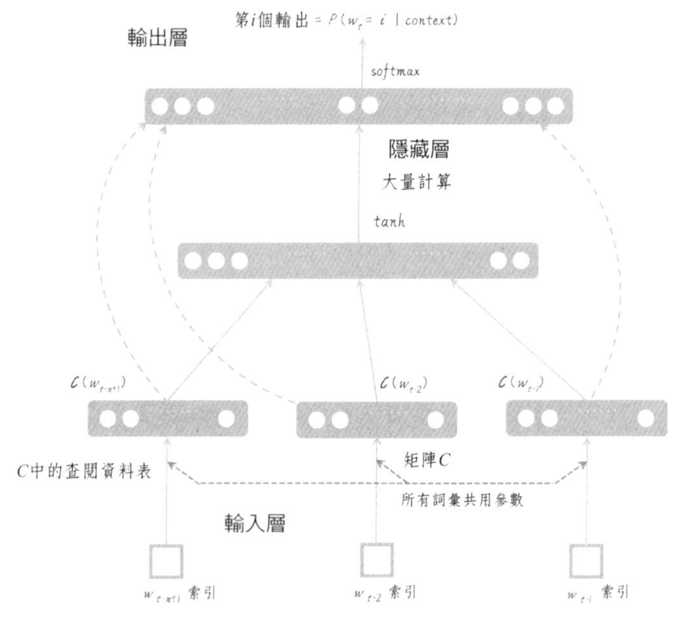

▲ NPLM 結構

- 圖中的矩陣 C 用於將輸入的詞（Context，即之前的 N 個詞，也被稱為上下文詞）映射到一個連續的向量空間。這個過程在論文中稱為「table look-up」，因為我們可以將矩陣 C 視為一張查閱資料表，透過查閱資料表可以將輸入詞的索引（或 One-Hot 編碼）轉為其對應的詞向量表示。矩陣 C 的參數在所有詞之間共用。這表示，對於所有的輸入詞，都使用相同的矩陣 C 來獲取它們的詞向量表示。這有助減少模型的參數量，提高模型的泛化能力。

- 透過矩陣 C 會得到一組詞向量，此時需要對輸入向量進行線性變換（即矩陣乘法和偏置加法），然後將其輸入隱藏層，進行上下文語義資訊的學習。因為論文發表時間較早，所以隱藏層使用雙曲正切（tanh）函數作為非線性啟動函數，而非後來常見的 ReLU 函數。在這篇論文發表的 2003 年，算力還不是很強，所以論文特別註明：這一部分的計算量通常較大。
- 輸出層通常是一個全連接層，用於計算給定上下文條件下每個詞的機率。圖中「第 i 個輸出 $= P(w_t = i \mid \text{context})$」這句話描述了 NPLM 的輸出目標。對於每個詞 i，模型計算在替定上下文條件下，目標詞彙 w_t（也就是下一個詞）是詞彙表中第 i 個詞的機率。此處應用 softmax 函數將輸出層的值轉為機率 分佈，這也是後來神經網路的分類輸出層的標準做法。

所以小冰你看，在詞向量學習方面，NPLM 和 Word2Vec 十分相似，都是透過捕捉前幾個詞的語義資訊，將輸入詞彙的離散表示轉為連續的詞向量表示，但是 NPLM 進一步透過神經網路來學習詞與詞之間的相似性和關係，從而計算目標詞在替定上下文條件下出現的機率。

小冰：明白了，前面講的 BoW 和 W2V，都是詞的表示學習技術，而 N-Gram 和 NPLM 則是語言模型，NPLM 的關鍵在於把神經網路引入了語言模型的結構。看起來神經機率語言模型的結構似乎也不是很複雜，不過，還是得透過程式來實現一下，我才能夠完全理解。

3.2 NPLM 的實現

咖哥：當然了，我們還是用具體的實例來講解如何實現一個簡單的 NPLM，這樣會比較清晰。

這個程式的結構如下。

第 1 步 建構實驗語料庫

定義一個非常簡單的資料集，作為實驗語料庫，並整理出該語料庫的詞彙表。

In

```
# 建構一個非常簡單的資料集
sentences = [" 我 喜歡 玩具 ", " 我 愛 爸爸 ", " 我 討厭 挨打 "]
# 將所有句子連接在一起，用空格分隔成多個詞，再將重複的詞去除，建構詞彙表
word_list = list(set(" ".join(sentences).split()))
# 建立一個字典，將每個詞映射到一個唯一的索引
word_to_idx = {word: idx for idx, word in enumerate(word_list)}
# 建立一個字典，將每個索引映射到對應的詞
idx_to_word = {idx: word for idx, word in enumerate(word_list)}
voc_size = len(word_list) # 計算詞彙表的大小
print(' 詞彙表：', word_to_idx) # 列印詞彙到索引的映射字典
print(' 詞彙表大小：', voc_size) # 列印詞彙表大小
```

Out

```
字典：{' 討厭 ': 0, ' 愛 ': 1, ' 挨打 ': 2, ' 我 ': 3, ' 玩具 ': 4, ' 喜歡 ': 5, ' 爸爸 ': 6}
詞彙表大小：7
```

第 2 步 生成 NPLM 訓練資料

從語料庫中生成批處理資料，作為 NPLM 的訓練資料，後面會將資料一批一批地輸入神經網路進行訓練。

In

```
# 建構批次處理資料
import torch # 匯入 PyTorch 函數庫
import random # 匯入 random 函數庫
batch_size = 2 # 每批資料的大小
def make_batch():
    input_batch = [] # 定義輸入批次處理清單
    target_batch = [] # 定義目標批次處理清單
    selected_sentences = random.sample(sentences, batch_size) # 隨機選擇句子
    for sen in selected_sentences: # 遍歷每個句子
        word = sen.split() # 用空格將句子分隔成多個詞
        # 將除最後一個詞以外的所有詞的索引作為輸入
        input = [word_to_idx[n] for n in word[:-1]] # 建立輸入資料
        # 將最後一個詞的索引作為目標
        target = word_to_idx[word[-1]] # 建立目標資料
        input_batch.append(input) # 將輸入增加到輸入批次處理列表
        target_batch.append(target) # 將目標增加到目標批次處理清單
    input_batch = torch.LongTensor(input_batch) # 將輸入資料轉換為張量
    target_batch = torch.LongTensor(target_batch) # 將目標資料轉換為張量
    return input_batch, target_batch # 傳回輸入批次處理和目標批次處理資料

input_batch, target_batch = make_batch() # 生成批處理資料
print(" 輸入批次處理資料：",input_batch) # 列印輸入批次處理資料
# 將輸入批次處理資料中的每個索引值轉換為對應的原始詞
input_words = []
for input_idx in input_batch:
    input_words.append([idx_to_word[idx.item()] for idx in input_idx])
print(" 輸入批次處理資料對應的原始詞：",input_words)
print(" 目標批次處理資料：",target_batch) # 列印目標批次處理資料
# 將目標批次處理資料中的每個索引值轉換為對應的原始詞
target_words = [idx_to_word[idx.item()] for idx in target_batch]
print(" 目標批次處理資料對應的原始詞：",target_words)
```

Out

```
輸入批次處理資料：tensor([[6, 2], [6, 3]])
輸入批次處理資料對應的原始詞：[[' 我 ', ' 喜歡 '], [' 我 ', ' 討厭 ']]
目標批次處理資料：tensor([1, 5])
目標批次處理資料對應的原始詞：[' 玩具 ', ' 挨打 ']
```

第 3 步 定義 NPLM

定義一個神經機率語言模型，這個模型將被用於預測給定句子的下一個詞。

In

```
import torch.nn as nn # 匯入神經網路模組
# 定義神經機率語言模型（NPLM）
class NPLM(nn.Module):
    def __init__(self):
        super(NPLM, self).__init__()
        self.C = nn.Embedding(voc_size, embedding_size) # 定義一個詞嵌入層
        # 第一個線性層，其輸入大小為 n_step * embedding_size，輸出大小為 n_hidden
        self.linear1 = nn.Linear(n_step * embedding_size, n_hidden)
        # 第二個線性層，其輸入大小為 n_hidden，輸出大小為 voc_size，即詞彙表大小
        self.linear2 = nn.Linear(n_hidden, voc_size)
    def forward(self, X): # 定義前向傳播過程
        # 輸入資料 X 張量的形狀為 [batch_size, n_step]
        X = self.C(X) # 將 X 透過詞嵌入層，形狀變為 [batch_size, n_step, embedding_size]
        X = X.view(-1, n_step * embedding_size) # 形狀變為 [batch_size, n_step * embedding_size]
        # 透過第一個線性層並應用 tanh 函數
        hidden = torch.tanh(self.linear1(X)) # hidden 張量形狀為 [batch_size, n_hidden]
        # 透過第二個線性層得到輸出
        output = self.linear2(hidden) # output 形狀為 [batch_size, voc_size]
        return output # 傳回輸出結果
```

這裡定義了一個名為「NPLM」的神經機率語言模型類別，它繼承自 PyTorch 的 nn.Module。在這個類別中，我們定義了詞嵌入層和線性層，如下所示。

- self. C ：一個詞嵌入層，用於將輸入資料中的每個詞轉為固定大小的向量表示。voc_size 表示詞彙表大小，embedding_size 表示詞嵌入的維度。
- self.linear1：第一個線性層，不考慮批次的情況下輸入大小為 n_step * embedding_size，輸出大小為 n_hidden。n_step 表示時間步數，即每個輸入序列的長度；embedding_size 表示詞嵌入的維度；n_hidden 表示隱藏層的大小。
- self.inear2：第二個線性層，不考慮批次的情況下輸入大小為 n_hidden，輸出大小為 voc_size。n_hidden 表示隱藏層的大小，voc_size 表示詞彙表大小。

在 NPLM 類別中，我們還定義了一個名為 forward 的方法，用於實現模型的前向傳播過程。在這個方法中，首先將輸入資料透過詞嵌入層 self.C，然後

X.view (-1, n_step * embedding_size) 的目的是在詞嵌入維度上展平張量，也就是把每個輸入序列的詞嵌入連接起來，形成一個大的向量。接著，將該張量傳入第一個線性層 self.linear1 並應用 tanh 函數，得到隱藏層的輸出。最後，將隱藏層的輸出傳入第二個線性層 self.linear2，得到最終的輸出結果。

咖哥發言

在神經網路的建構和偵錯過程中，張量的形狀非常重要。因為如果輸入的形狀和神經網路層所要求的形狀不相符，要麼程式無法運行，要麼會得到錯誤的結果。在這個程式中，我透過註釋詳細地說明了每一步中張量的形狀，希望你閱讀 PyTorch 文件中各種神經網路層的參數說明，並在程式偵錯過程中注意這些張量形狀，反覆檢查每一步張量形狀是否正確。

第 4 步 實例化 NPLM

設定一些參數後初始化 NPLM，並列印出它的結構。

In

```
n_step = 2 # 時間步數，表示每個輸入序列的長度，也就是上下文長度
n_hidden = 2 # 隱藏層大小
embedding_size = 2 # 詞嵌入大小
model = NPLM() # 建立神經機率語言模型實例
print(' NPLM 模型結構：', model) # 列印模型的結構
```

Out

```
NPLM 模型結構：NPLM(
 (C): Embedding(7, 2)
 (linear1): Linear(in_features=4, out_features=2, bias=True)
 (linear2): Linear(in_features=2, out_features=7, bias=True))
```

可以看到，模型包含一個詞嵌入層和兩個線性層。

第 5 步 訓練 NPLM

生成一批批的資料來訓練這個模型。模型經過學習，將能夠預測這個資料集中每一句話的最後一個詞。

In

```
import torch.optim as optim # 匯入最佳化器模組
criterion = nn.CrossEntropyLoss() # 定義損失函數為交叉熵損失函數
optimizer = optim.Adam(model.parameters(), lr=0.1) # 定義最佳化器為 Adam，學習率為 0.1
# 訓練模型
for epoch in range(5000): # 設置訓練迭代次數
  optimizer.zero_grad() # 清除最佳化器的梯度
  input_batch, target_batch = make_batch() # 建立輸入和目標批次處理資料
  output = model(input_batch) # 將輸入資料傳入模型，得到輸出結果
  loss = criterion(output, target_batch) # 計算損失值
  if (epoch + 1) % 1000 == 0: # 每 1000 次迭代，列印 1 次損失值
    print('Epoch:', '%04d' % (epoch + 1), 'cost =', '{:.6f}'.format(loss))
  loss.backward() # 反向傳播計算梯度
  optimizer.step() # 更新模型參數
```

Out

```
Epoch: 1000 cost = 0.711473
Epoch: 2000 cost = 0.517517
Epoch: 3000 cost = 0.382639
Epoch: 4000 cost = 0.326816
Epoch: 5000 cost = 0.285422
```

在訓練過程中，首先定義損失函數（交叉熵損失函數）和最佳化器（Adam）。接下來，進行 5000 次迭代訓練，每次迭代中，首先清除最佳化器的梯度，然後生成輸入和目標批次處理資料，並將它們轉為張量。接著，將輸入資料傳入模型，模型進行推理，得到預測值。隨後，我們將預測值和目標資料進行比較，計算損失值，執行反向傳播和參數更新。每 1000 次迭代後，列印當前的損失值——可以看到損失值逐漸減少。

上面這個過程，是非常標準的 PyTorch 深度學習模型的訓練過程。

第 6 步 用 NPLM 預測新詞

用模型預測下一個詞，並顯示預測結果。

In

```
# 進行預測
input_strs = [[' 我 ',' 討厭 '], [' 我 ',' 喜歡 ']] # 需要預測的輸入序列
# 將輸入序列轉為對應的索引
input_indices = [[word_to_idx[word] for word in seq] for seq in input_strs]
# 將輸入序列的索引轉為張量
input_batch = torch.LongTensor(input_indices)
# 輸入序列進行預測，取輸出中機率最大的類別
predict = model(input_batch).data.max(1)[1]
# 將預測結果的索引轉為對應的詞
predict_strs = [idx_to_word[n.item()] for n in predict.squeeze()]
for input_seq, pred in zip(input_strs, predict_strs):
  print(input_seq, '->', pred) # 列印輸入序列和預測結果
```

Out

```
[[' 我 ',' 喜歡 '], [' 我 ',' 愛 ']] -> [' 玩具 ',' 爸爸 ']
```

上面這段程式的核心敘述是 predict=model(input_batch).data.max(1) [1]，它對輸入批次處理資料進行預測，並從輸出中選擇機率最大的類別，得到一個形狀為 [batch_size, 1] 的張量，表示每個輸入樣本預測的機率最大的詞的索引。這行程式碼細節比較多，這裡做一下解釋。

- model(input_batch) ：將批次處理的資料傳入訓練好的模型，得到輸出。輸出張量的形狀為 [batch_size, voc_size]，表示每個輸入樣本對應的詞彙表中所有詞的機率。
- model(input_batch).data ：從模型輸出中提取實際的張量資料。這是為了後續操作方便而進行的轉換。
- model(input_batch).data.max(1) ：沿詞彙維度對張量資料求最大值。這個操作會傳回兩個值，一個是最大機率值，另一個是對應的索引。
- model(input_batch).data.max(1)[1] ：在最大機率值和對應索引的元組中，僅保留索引。索引代表著機率最大的詞在詞彙表中的位置。
- 所以，最終結果 predict 是形狀為 [batch_size, 1] 的張量，表示每個輸入樣本預測的機率最大的詞的索引。這些索引可以進一步轉為實際的詞，用於展示預測結果。

至此，一個完整的神經網路語言模型已經架設完成。這個語言模型的輸入是一個句子的前 N -1 個單字，輸出是第 N 個單字。神經網路包括一個嵌入層，後面跟著一個線性層，然後再使用 tanh 來啟動。程式使用交叉熵損失函數和 Adam 最佳化器進行訓練。最後的線性輸出層舉出詞彙表中所有單字作為下一個單字的機率分佈，我們通常選擇機率最高的那個單字作為預測的下一個單字。此處在計算交叉熵損失時使用了 softmax 函數。

小冰：咖哥，現在我們所擁有的這個 NPLM 語言模型有多強大？

咖哥：坦白地講，目前這個模型不夠強大。NPLM 是一種較為簡單的神經網路語言模型，它的歷史意義在於創新地把神經網路技術引入了 NLP 領域。也就是說，NPLM 最大的貢獻，就在於它提出了基於神經網路建構深度學習模型。從此開始，深度學習就登上了 NLP 的舞臺。而深度學習在 NPLM 中的優勢主要表現在以下幾方面。

- 可以自動學習複雜的特徵表示，減少了手工特徵工程的需求。
- 可以對大量資料進行高效的處理，使得模型能透過大規模語料庫更進一步地學習詞與詞之間的語義和語法關係。
- 具有強大的擬合能力，可以捕捉到語言資料中的複雜結構和模式。具體到 NPLM 本身來說，它也存在一些明顯的不足之處。
- 模型結構簡單：NPLM 使用了較少的線性層和啟動函數，神經網路的層數不夠深，這使得模型的表達能力受到限制。對於複雜的語言模式和長距離依賴關係， NPLM 可能無法捕捉到足夠的資訊。
- 視窗大小固定：NPLM 使用視窗大小固定的輸入序列，這限制了模型處理不同長度上下文的能力。在實際應用中，語言模型通常需要處理長度可變的文字資料。
- 缺乏長距離依賴捕捉：由於視窗大小固定，NPLM 無法捕捉長距離依賴。在許多 NLP 任務中，捕捉長距離依賴關係對於理解句子結構和語義具有重要意義。
- 訓練效率低：NPLM 的訓練過程中，全連接層的輸出大小等於詞彙表的大小。當詞彙表非常大時，計算量會變得非常大，導致訓練效率降低。

- 詞彙表固定：NPLM 在訓練時使用固定詞彙表，這表示模型無法處理訓練集中未出現的詞彙（未登入詞）。這限制了模型在現實應用中的泛化能力。

為了解決這些問題，研究人員提出了一些更先進的神經網路語言模型，如循環神經網路、長短期記憶網路、門控循環單元（GRU）和 Transformer 等。這些模型能夠捕捉長距離依賴，處理變長序列，同時具有更強的表達能力和泛化能力。下面我們就繼續講解 NLP 發展史上的另外一個里程碑——循環神經網路的使用。這裡多說一句，其實 LSTM 和 GRU 都是廣義上的循環神經網路。

3.3 循環神經網路的結構

NPLM 在處理長序列時會面臨一些挑戰。首先，由於它仍然是基於詞的模型，因此在處理稀有詞彙或詞彙表外的詞彙時效果不佳。其次，NPLM 不能極佳地處理長距離依賴關係。而上面這兩個侷限，恰恰就是 RNN 的優勢。

小冰：那麼 RNN 是怎麼解決這些問題的呢？

咖哥：RNN 的核心思想是利用「循環」的機制，將網路的輸出回饋到輸入，這使得它能夠在處理資料時保留前面的資訊，從而捕捉序列中的長距離依賴關係，在處理序列資料，如文字、語音和時間序列時具有明顯的優勢。

RNN 的起源可以追溯到 20 世紀 80 年代，當時學者在研究如何使用神經網路處理序列資料。1986 年，大衛・E. 魯梅爾哈特（David E. Rumelhart）等人提出的透過時間反向傳播（Backpropagation Through Time, BPTT）的訓練演算法[a]，為 RNN 的發展奠定了基礎。

20 世紀 90 年代，許多學者開始關注 RNN，並提出了許多改進方法，如長短期記憶網路和門控循環單元等。

當 NPLM 問世之後，尤其是深度學習於 2012 年前後在 ImageNet 競賽中

---

a RUMELHART D E, HINTON G E, WILLIAMS R J. Learning representations by back-propagating errors[J]. Nature, 1986, 323(6088): 533–536.

一炮打響後，深度學習神經網路逐漸成為 AI 模型的主流，循環神經網路和它的種種變形也就自然而然地被應用在 NLP 的各種任務中。

小冰：那 RNN 的原理和架構是怎樣的？

咖哥：簡單來說，RNN 可以看作一個具有「記憶」的神經網路。RNN 的基本原理是透過循環來傳遞隱藏狀態資訊，從而實現對序列資料的建模。一個簡單的 RNN 包括輸入層、隱藏層和輸出層。在每個時間步（可理解為每次循環的過程），RNN 會讀取當前輸入，並結合前一個時間步的隱藏狀態來更新當前的隱藏狀態。然後，這個隱藏狀態會被用於生成輸出和更新下一個時間步的隱藏狀態。透過這種方式，RNN 可以捕捉序列中的依賴關係。最後，輸出層根據隱藏層的資訊產生預測。

透過在每個時間步共用權重（即在處理各個 token 時使用相同的 RNN），RNN 能夠處理不同長度的輸入序列。這種**權重共用機制使得 RNN 具有很大的靈活性，因為 它可以適應各種長度的序列**，在處理自然語言和其他可變長度序列資料時更具優勢，**而不像 NPLM 那樣受到視窗大小固定的限制**。

我們先來看一個 RNN 的基本架構圖，將會幫助你更進一步地理解 RNN 的工作原理。

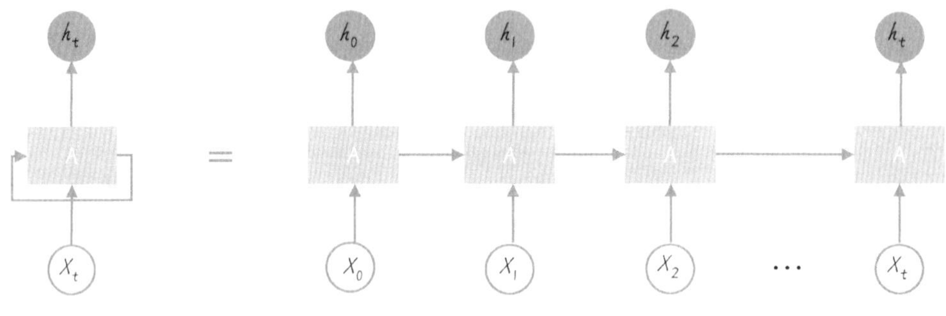

▲ RNN 基本架構

假設我們有一個序列資料，例如一段文字。我們可以將這段文字分成單字或字元，並將其作為 RNN 的輸入。對於每一個時間步，RNN 會執行以下操作。

(1) 接收當前時間步的輸入 x_t（即上圖中的 x_t）。

（2）結合前一時間步的隱藏層狀態 h_(t-1)，計算當前時間步的隱藏層狀態 h_t（即上圖中的 h_t）。這通常透過一個啟動函數（如 tanh 函數）實現。計算公式以下（其中，W_hh 是隱藏層到隱藏層的權重矩陣，W_xh 是輸入到隱藏層的權重矩陣）：

h_t = tanh(W_hh * h_(t-1) + W_xh * x_t + b_h)

（3）基於當前時間步的隱藏層狀態 h_t，計算輸出層 y_t（RNN 在時間步 t 的輸出）。

這通常透過一個線性變換和啟動函數（如 softmax 函數）實現。計算公式如下：

y_t = softmax(W_hy * h_t + b_y)

透過上述操作，RNN 可以處理整個序列資料，並在每個時間步生成一個輸出。需要注意的是，RNN 具有參數共用的特性。這表示在不同時間步，RNN 使用相同的權重矩陣（W_hh，W_xh 和 W_hy）和偏置（b_h 和 b_y）進行計算。

RNN 採用 BPTT 演算法進行訓練。與普通反向傳播不同，BPTT 演算法需要在時間維度上展開 RNN，以便在處理時序依賴性時計算損失梯度。因此，BPTT 演算法可以看作一種針對具有時間結構的資料的反向傳播演算法。在 BPTT 演算法中，我們首先用損失函數計算模型的損失（如交叉熵損失），然後使用梯度下降法（或其他最佳化演算法）來更新模型參數。

BPTT 演算法的關鍵在於，我們需要將梯度沿著時間步（對自然語言處理問題來說，時間步就是文字序列的 token）反向傳播，從輸出層一直傳播到輸入層。具體步驟如下。

（1）根據模型的輸出和實際標籤計算損失。對每個時間步，都可以計算一個損失值，然後對所有時間步的損失值求和，得到總損失。

（2）計算損失函數關於模型參數（權重矩陣和偏置）的梯度。這需要應用鏈式求導法則，分別計算損失函數關於輸出層、隱藏層和輸入層的梯度。然後將這些梯度沿著時間步傳播回去。

(3) 使用最佳化演算法（如梯度下降法、Adam 等）來更新模型參數。這包括更新權重矩陣（W_hh，W_xh 和 W_hy）和偏置（b_h 和 b_y）。

經過多輪迭代訓練，RNN 模型的參數不斷更新，從而使得模型在處理序列資料時的性能不斷提高。

RNN 雖然在某些方面具有優勢，但它的局限性也不容忽視。在訓練過程中，RNN 可能會遇到梯度消失和梯度爆炸的問題，這會導致網路很難學習長距離依賴關係。為了緩解這些問 題，研究人員提出了 LSTM 和 GRU 等改進型 RNN 結構。LSTM、GRU 廣義上屬於 RNN，不過這些結構引入了門控機制，使得模型能夠更進一步地捕捉到序列中的長距離依賴關係，從而在許多 NLP 任務中表現更優。

小冰：咖哥，我感覺這循環神經網路裡面需要深入理解的地方還挺多的，你能否舉出一個具體的實戰案例？

咖哥：當然，我們下面這個實戰案例，就是基於循環神經網路的變形 LSTM 實現的。

3.4 循環神經網路實戰

在這個實戰案例中，我們繼續採用上一節中的資料集和程式結構，將一個詞序列作為輸入，預測序列中下一個詞。訓練過程和訓練參數也保持不變，僅調整神經網路中隱藏層的類型，用 LSTM 層替換線性層，就可以把模型改造成 RNN 模型，並完成相同的詞預測任務。

RNN 模型的實現過程如下。

In

```
import torch.nn as nn # 匯入神經網路模組
# 定義神經機率語言模型（NPLM）
class NPLM(nn.Module):
    def __init__(self):
        super(NPLM, self).__init__() # 呼叫父類別的建構函數
        self.C = nn.Embedding(voc_size, embedding_size) # 定義一個詞嵌入層
        # 用 LSTM 層替代第一個線性層，其輸入大小為 embedding_size，隱藏層大小為 n_hidden
        self.lstm = nn.LSTM(embedding_size, n_hidden, batch_first=True)
        # 第二個線性層，其輸入大小為 n_hidden，輸出大小為 voc_size，即詞彙表大小
        self.linear = nn.Linear(n_hidden, voc_size)
    def forward(self, X): # 定義前向傳播過程
        # 輸入資料 X 張量的形狀為 [batch_size, n_step]
        X = self.C(X) # 將 X 透過詞嵌入層，形狀變為 [batch_size, n_step, embedding_size]
        # 透過 LSTM 層
        lstm_out, _ = self.lstm(X) # lstm_out 形狀變為 [batch_size, n_step, n_hidden]
        # 選擇最後一個時間步的輸出作為全連接層的輸入，透過第二個線性層得到輸出
        output = self.linear(lstm_out[:, -1, :]) # output 的形狀為 [batch_size, voc_size]
        return output # 傳回輸出結果
```

Out

```
RNN 模型結構：RNNLM(
 (embedding): Embedding(7, 2)
 (lstm): LSTM(2, 2, batch_first=True)
 (linear): Linear(in_features=2, out_features=7, bias=True))
```

咖哥：這裡，我們使用了一個 LSTM 層替換了 NPLM 原有的線性層。之後，定義了一個基於 RNN 的語言模型，它包含一個嵌入層、一個 LSTM 層和一個線性層。該模型將輸入的詞序列轉為嵌入向量，將嵌入向量輸入 LSTM 層中，並將 LSTM 層的輸出傳遞到線性層中，以生成最終的輸出。其中 LSTM 層的輸入是詞嵌入，輸出是在每個時間步的隱藏狀態。我們只選擇最後一個時間步的隱藏狀態作為全連接層的輸入，以生成預測結果。

在 RNN 模型中，網路結構主要取決於以下幾個參數。

(1) 詞嵌入大小 embedding_size ：決定了詞嵌入層的輸出維度。

(2) 隱藏層大小 n_hidden ：決定了 LSTM（或其他 RNN 變形）層的隱藏狀態大小。

這表示，在 RNN 模型中，我們可以靈活地處理不同長度的輸入序列，而不需要改變網路結構。這是 RNN 模型與 NPLM 的重要區別。這使得 RNN 模

型在處理自然語言任務時更具優勢，因為它可以極佳地處理不同長度的文字序列。

咖哥發言

在 PyTorch 中，RNN（包括 LSTM）的輸入參數主要包括 Input（第一個參數）和 h_0（第二個參數）。

（1） 參數 input。

這是一個包含輸入序列的張量。它的形狀取決於 batch_first 參數。如果 batch_first=True，則 input 的形狀為 (batch_size, seq_length, input_size)。如果 batch_first=False，則 input 的形狀為 (seq_length, batch_size, input_size)。

- batch_size ：批次中的序列數。
- seq_length ：每個序列中的時間步進值。
- input_size ：每個時間步進值的輸入特徵數。

（2） 參數 h_0。

這是 RNN 的初始隱藏狀態。它的形狀為 (num_layers * num_directions, batch_size, hidden_size)。

- num_layers ：RNN 網路中的層數。
- num_directions ：如果 RNN 是雙向的，則為 2，否則為 1。
- hidden_size ：隱藏狀態的特徵數。

小冰：咖哥，剛才你講的循環神經網路中的種種細節，比如隱藏層狀態的計算 h_t = tanh(W_hh * h_(t-1) + W_xh * x_t + b_h)，又比如基於當前時間步的隱藏層狀態 h_t，計算輸出層 y_t 的線性變換和啟動，為什麼在你的程式中都沒有表現？

咖哥：你提的這個問題很好，表現了你對模型原理的探求。其實，這是因為 RNN 實現的細節已經被封裝在 PyTorch 的 LSTM 層了。這裡的程式 lstm_out,_=self.lstm(X) 雖然很簡潔，但實際上它涵蓋了 LSTM 處理輸入序列的複雜計算過程。對於輸入序列 X，LSTM 會逐時間步處理，每個時間步的輸入不僅包括當前時間步的資料，還會接收上一時間步的隱藏層狀態。這樣，資訊就在時間步之間傳遞，形成一種循環。在每個時間步，透過 LSTM 內部的門控機制，網路計算並更新當前的狀態，並生成對應的輸出。

咖哥發言

在處理輸入序列時，LSTM 內部會進行以下操作。

對於每個時間步 *t*，LSTM 會接收當前時間步的輸入 x_t 及上一個時間步的隱藏狀態 h_(t-1) 和細胞狀態 c_(t-1)。

接著，LSTM 會計算輸入門、 遺忘門和輸出門的啟動值。這些門控機制使得 LSTM 能夠有選擇地保留或遺忘之前的資訊，從而更進一步地捕捉長距離依賴關係。這些門的計算公式如下。

- 輸入門：i_t = sigmoid(W_ii * x_t + b_ii + W_hi * h_(t-1) + b_hi)
- 遺忘門：f_t = sigmoid(W_if * x_t + b_if + W_hf * h_(t-1) + b_hf)
- 輸出門：o_t = sigmoid(W_io * x_t + b_io + W_ho * h_(t-1) + b_ho)

其中，W_ii 是從當前輸入 x_t 到輸入門的權重矩陣，而 W_hi 是從前一時間步的隱藏狀態 h _(t - 1) 到輸入門的權重矩陣。W_if 是從當前輸入 x_t 到遺忘門的權重矩陣，W_hf 是從前一時間步的隱藏狀態 h_(t - 1) 到遺忘門的權重矩陣。W_io 是從當前輸入 x _ t 到輸出門的權重矩陣，W_ho 是從前一時間步的隱藏狀態 h_(t-1) 到輸出門的權重矩陣。偏置項 b_ii、b_hi、b_if、b_hf、b_io 和 b_ho，即各自門控或單元的偏置。以上所有的權重矩陣和偏置項都是在模型的訓練過程中透過反向傳播和最佳化演算法學習得到的。求得的 i_t 是輸入層保留的比例，設定值為 0 到 1 之間；f_t 是歷史狀態保留的比例，當其為 0 時，表示遺忘所有歷史資訊； o_t 是輸出保留的比例。

LSTM 更新細胞狀態 c _ t。這是透過結合輸入門、遺忘門和當前輸入的資訊來現的。計算公式如下。

- 細胞候選狀態：g_t = tanh(W_ig * x_t + b_ig + W_hg * h_(t-1) + b_hg)
- 細胞狀態更新：c_t = f_t * c_(t-1) + i_t * g_t

最後，LSTM 會計算當前時間步的隱藏狀態 h_t，這通常作為輸出。計算公式如下。

- 隱藏狀態：h_t = o_t * tanh(c_t)

在整個循環過程中，LSTM 會逐時間步處理輸入序列，並產生對應的輸出。這使得 LSTM 能夠捕捉到輸入序列中的長距離依賴關係，並在各種 NLP 任務中表現出優越的性能。

因為本書的重點是基於 Transformer 技術的 GPT 模型，而 RNN 及其各種變形的技術細節和 Transformer 技術的傳承關係不緊密（Transformer 領域的核心論文「Attention is All You Need」中的主要想法就是摒棄 RNN 結構），所以，既然最新技術不是從 RNN 演進而來，那我們就沒有必要將 RNN 和 LSTM 的實現細節一一寫清楚了。

不過，你要注意到，在我們的**循環神經網路中，n_step 這個參數將不再出現。理 解這個差異有助你了解原始的 NPLM 和 RNN 模型的本質區別**。我這裡詳細說說。

- 在 NPLM 中，n_step 作為一個重要參數，直接影響模型的結構。具體來 說，n_step 決定了模型中第一個線性層的輸入大小（n_step * m）。這是因為 NPLM 會將詞嵌入層的輸出展平，然後將其輸入第一個線性層。因此，n_step 的值將直接影響線性層的輸入大小，從而影響整個模型的結構。
- 在 RNN 模型中，因為 RNN 模型是專門為處理任意長度的序列資料設計的，我們會將詞嵌入層的輸出直接輸入 LSTM（或其他 RNN 變形）層，而不需要將其展平。因此，輸入序列的長度不會影響網路結構。

小冰：所以，這個模型的效率會比原來好嗎？這個任務用 RNN 來處理，能夠表現出它的優勢嗎？

咖哥：RNN 模型在處理序列資料時具有優勢，因為它們可以捕捉序列中的長距離依賴關係。在本例中，我們建構了一個基於 LSTM 的 RNN 模型，能夠更進一步地捕捉長距離依賴。雖然在這個簡單的範例中，模型的改進可能不會顯著提高效率，但在處理更複雜的自然語言任務時，LSTM 的性能通常會比簡單的線性模型更好。

小冰：這個 RNN 模型，從本質上說，還是 NPLM 嗎？

咖哥：雖然剛才我們對程式結構的改動不大，但從本質上說，這個 RNN 模型已經不是原始的 NPLM 模型了。雖然它們都是用於預測序列中下一個詞的機率的語言模型，但它們的結構和處理序列的方式有很大的不同。

小冰：明白了，循環神經網路的重要優勢是其「記憶」能力，即在處理序列時能夠保留之前的資訊。這使得 RNN 在許多 NLP 任務中具有優勢，尤其是那些需要上下文依賴關係的任務。

咖哥：的確如此，RNN 的這種特性使得它在很長一段時間內都是 NLP 任務的最佳解決方案（State of the Art，SOTA）。SOTA 這個詞在科學研究場景中十分常見，代表該領域目前最強大的解決方案。LSTM 前幾年曾經是各種 NLP 任務的 SOTA。小冰：那也就是說，ChatGPT 中一定也用到了 RNN 架構嘍？

咖哥：不對哦，RNN 並不是 NLP 任務的完美解決方案，它的局限性主要包括以下幾點。

- 順序計算：這些網路在處理序列時，需要按照時間步的順序進行計算。這表示在某個時間步的計算完成之前，無法進行下一個時間步的計算。這種順序計算限制了這些網路的平行計算能力，從而降低了計算效率和速度。
- 長距離依賴問題：儘管 LSTM 和 GRU 等 RNN 變形擁有了更好的記憶功能，但在處理非常長的序列時，這些網路仍然可能無法完全捕捉到序列中的長距離依賴關係。
- 有限的可擴充性：RNN 及其變形在面對更大規模的資料集和更複雜的任務時，可能會遇到擴充性問題。隨著序列長度的增加，它們的計算複雜性也會增加，這可能導致訓練時間過長和資源需求過高。

在 RNN 時代，NLP 應用落地整體表現不佳的原因有以下幾點。

- 模型表達能力不足：儘管 RNN 及其變形在某些任務中獲得了不錯的成果，但它們的表達能力可能不足以處理複雜的 NLP 任務。這是因為自然語言中的依賴關係和語義結構可能非常複雜，而這些網路可能無法捕捉到全部資訊。
- 缺乏大規模資料：在 RNN 時代，大規模的預訓練資料集和運算資源相對較少。這使得模型難以從大量的無監督文字資料中學習到豐富的語言知識，從而影響了它們在實際應用中的表現。

- 最佳化演算法發展不足：在 RNN 時代，最佳化演算法仍處在相對初級的階段，可能無法充分利用可用的資料和運算資源。這可能導致模型訓練過程中的梯度消失、梯度爆炸等問題，從而影響模型的性能和穩定性。

當然了，隨著 Transformer 架構的出現和大規模預訓練技術的發展，NLP 領域已經獲得了顯著的進展。不過，在開啟 Transformer 這扇未來之門之前，我們還有兩個非常關鍵的技術要解鎖。它們就是 Seq2Seq 架構和注意力機制。

小結

NPLM 和上一課中講過的 Word2Vec 都是自然語言處理領域的重要技術，它們都可以用於將自然語言文字編碼成向量形式，也都能夠預測新詞。

- NPLM 是一種基於神經網路的語言模型，用於估計語言序列的機率分佈。它透過學習上下文中的詞來預測下一個詞，其主要思想是將單字轉為向量形式，並使用這些向量來訓練一個神經網路。NPLM 基於神經網路，因此它可以透過深度學習的技術，例如卷積神經網路和循環神經網路等來具體實現。
- Word2Vec 是一種將單字表示為向量的詞向量學習演算法。它有兩種不同的實現方式：CBOW 模型和 Skip-Gram 模型。CBOW 模型的思想 是基於上下文預測目標單字，而 Skip-Gram 模型則是基於目標單字預測上下文。早期的 Word2Vec 使用的是一種淺層神經網路模型，稱為嵌入層，它將單字映射到向量空間中。

NPLM 在語言模型領域產生了深遠的影響。自此，深度學習就登上了 NLP 的舞臺。後來的許多神經網路模型，如循環神經網路、長短期記憶網路、門控循環單元和雙向長短期記憶網路（Bi -LSTM）等，都是以 NPLM 為基礎發展而來的。如今，神經網路已成為自然語言處理領域的核心技術之一，NPLM 在其中造成了關鍵的推動作用。

隨著深度學習模型的不斷發展，在循環神經網路之後，人們又將自注意力機制運用到 Transformer 中，使得模型在捕捉長距離依賴和處理變長序列等問題上表現更出色。神經網路模型逐漸發展為更為複雜和強大的預訓練語言模型，如 BERT、GPT 等，它們將在許多實際 NLP 任務上取得成果。

思考

1. 原始的 NPLM 使用效果如何，有哪些局限性？
2. RNN 針對 NPLM 的局限性做了哪些改進？
3. 完成本課的 RNN 模型程式。

第 4 課

柳暗花明又一村：Seq2Seq 編碼器 - 解碼器架構

咖哥：1832 年，一個名叫山繆・芬利・布里斯・摩斯（Samuel Finley Breese Morse）的美國畫家乘坐一艘船從歐洲返回美國，船上與他同行的一位乘客談到人類剛剛發現的電磁現象。摩斯立刻對這個話題產生了濃厚的興趣，因為他意識到這種電磁現象也許有很大的應用價值，因為電信號傳播得很快、很遠，也許可以應用於遠端通訊。

自此，摩斯搖身一變，從藝術家變身科學家，開始了科學研究。不過，如何把電信號和人類的語言連接起來，是擺在摩斯面前的一大難題。他苦苦地思索了幾年，終於，靈感降臨了。當時，欣喜若狂的他在筆記本上記下這樣一段話：「電流是神速的，如果它能夠不停頓地走 10 英哩，我就讓它走遍全世界。電流只要停止片刻，就會出現火花，火花是一種符號，沒有火花是另一種符號，沒有火花的時間長又是一種符號（見下圖）。這裡有 3 種符號可以組合起來，代表數字和字母。它們可以組成數字或字母，文字就可以透過導線傳送了。這樣，能夠把訊息傳到遠處的嶄新工具就可以實現了！」

就這樣，摩斯發明了一種特殊的編碼系統，即摩斯電碼（Morse Code）。摩斯電碼把電流的「通」「斷」和「長斷」轉為簡單的點（簡訊號）和劃（長訊號），將它們組合起來表示數字和字母，運用這種方式對人類的文字進行編碼。這樣一來，透過摩斯電報機發送的信號就能被接收者準確地解讀，也就是解碼。1837 年，第一台電報機問世。

▲ 摩斯的靈感突然湧現，發明了摩斯電碼

1843 年，摩斯獲得了 3 萬美金的資助，他用這筆錢修建了從華盛頓州到巴爾的摩的電報線路，該線路全長 64.4 千米。1844 年 5 月 24 日，在座無虛席的國會大廈裡，摩斯用他那激動得有些顫抖的雙手，操縱著他傾十餘年心血研製成功的電報機，向巴爾的摩發出了人類歷史上的第一份電報：

「What hath God wrought!」（上帝創造了何等奇蹟！）

小冰：等一下，咖哥。這是要給我補一下歷史課？

咖哥：其實，摩斯的科學研究工作和我們 NLP 的任務很相似！他是把文字編碼成「摩斯電碼」，透過電信號發送，然後解碼；而我們則是把文字編碼成「向量」，然後對這個向量進行解碼。

在電報和電話系統中，文字和聲音訊號分別被編碼成電信號，然後傳輸到另一端的接收器進行解碼和還原，這個過程就是我們提到過的通訊模型。而我們今天要講的 NLP 中的重要技術——序列到序列（Sequence to Sequenc，Seq2Seq）架構中的編碼器 - 解碼器架構，正可以類比為這個通訊模型，以下圖所示。

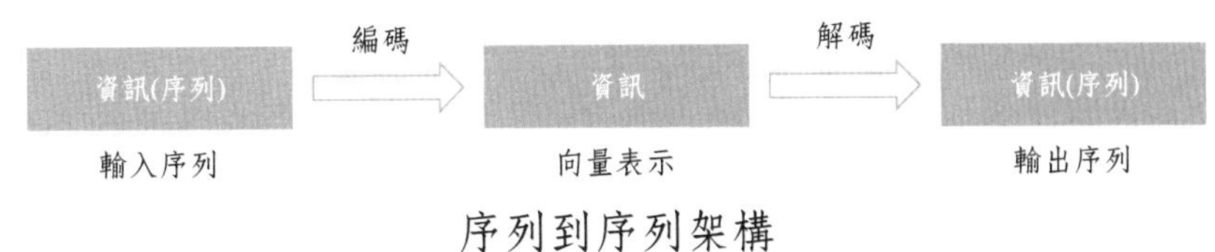

▲ 編碼器 - 解碼器架構和通訊模型十分相似

小冰點頭：原來如此啊。

4.1 Seq2Seq 架構

咖哥：沒錯，小冰。NLP 的很多工，比如語言翻譯，比如內容摘要，再比如對話系統，其實都是一個資訊編碼、再解碼的過程。本質上，這些都是序列到序列的問題。語言的編碼是一個序列，叫作輸入序列；解碼又是一個序列，叫作輸出序列。

起初，人們嘗試使用一個獨立的 RNN 來解決這種序列到序列的 NLP 任務，但發現效果並不理想。這是因為 RNN 在同時處理輸入和輸出序列（既負責編碼又負責解碼）時，容易出現資訊損失。而 Seq2Seq 架構透過編碼器（Encoder）和解碼器（Decoder）來分離對輸入和輸出序列的處理，即在編碼器和解碼器中，分別嵌入相互獨立的 RNN（見下圖），這樣就有效地解決了編解碼過程中的資訊損失問題。

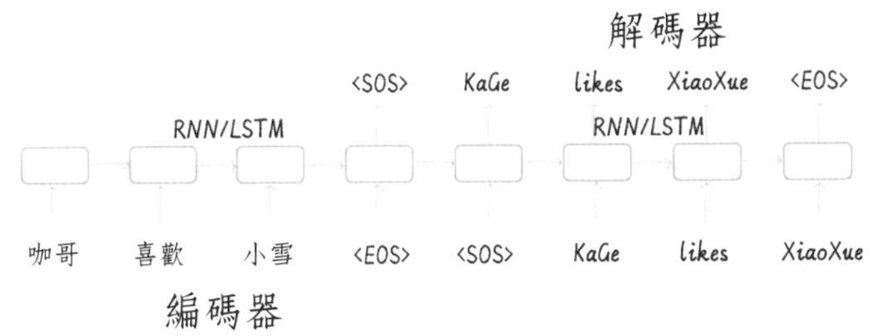

▲ Seq2Seq 架構：編碼器 - 解碼器架構

所以今天，我們說明的重點只有一個，就是 Seq2Seq 編碼器 - 解碼器架構，這也是 Transformer 的基礎架構。

咖哥：Seq2Seq 架構的全名是「Sequence-to-Sequence」，簡稱 S2S，意為將一個序列映射到另一個序列。它的起源可以追溯到 2014 年，當時伊利亞・蘇茨克維（他後來成為負責研發 ChatGPT 的首席科學家）等人發表了一篇題為「Sequence to Sequence Learning with Neural Networks」（《神經網路序列到序列學習》）的論文[a]，首次提出了 Seq2Seq 架構。

Seq2Seq 架構是一個用於處理輸入序列和生成輸出序列的神經網路模型，由一個編碼器和一個解碼器組成。從直觀上理解，這種架構就是將輸入序列轉換成一個固定大小的向量表示，然後將該向量表示轉換成輸出序列，以下圖所示。

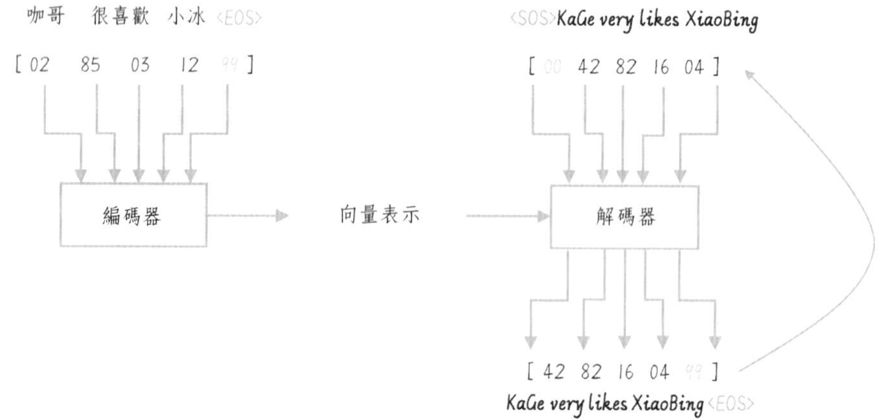

▲ Seq2Seq 架構將輸入序列轉換成向量表示，然後將該向量表示轉換成輸出序列

圖中，模型讀取了一個輸入的句子「咖哥很喜歡小冰」，並生成「Kage very likes XiaoBing」作為輸出的句子。在輸出句子的結束標記後，模型停止輸出。編碼器將輸入序列編碼成一個固定大小的向量表示，解碼器再將這個向量表示解碼成輸出序列。在解碼階段，解碼器在每個時間步生成一個輸出符號，

a SUTSKEVER I, VINYALS O, LE Q V. Sequence to Sequence learning with neural networks 〔J〕. Advances in Neural Information Processing Systems, 2014:27.

並將其作為下一個時間步的輸入。這個過程實際上是自回歸的，因為解碼器在生成輸出序列時依賴於先前生成的符號。

下面來看模型中的兩個主要元件。

- 編碼器（Encoder）：編碼器負責將輸入序列（例如來源語言的文字）轉為固定大小的向量表示。編碼器通常採用 RNN、LSTM 或 GRU 等模型。編碼器 會一個一個處理輸入序列中的元素（例如單字或字元），在每個時間步更新其隱藏狀態。最後，編碼器會生成一個上下文向量，它包含了整個輸入序列的資訊。
- 解碼器（Decoder）：解碼器負責將編碼器生成的上下文向量轉為輸出序列（例如目的語言的文字）。解碼器通常也採用 RNN、LSTM 或 GRU 等模 型。解碼器使用來自編碼器的上下文向量作為其初始隱藏狀態，並一個一個生成輸出序列中的元素。在每個時間步，解碼器根據當前隱藏狀態、生成的上一個輸出元素（如單字）及其他可能的資訊（例如注意力機制），來生成下一個輸出元素。

小冰：嗯，咖哥，我可不可以這樣總結一下 Seq2Seq 構的核心思想？它是將輸入序列壓縮成一個向量，再將該向量作為解碼器的輸入，生成輸出序列。可以說，Seq2Seq 架構的本質是一種對輸入序列的壓縮和對輸出序列的解壓縮過程。而這個壓縮和解壓縮的過程，可以透過 RNN 等序列建模方法來實現。編碼器使用 RNN 來處理輸入序列，生成向量表示；解碼器也使用 RNN 來處理向量表示，生成輸出序列。

咖哥：總結得不錯，你還要注意 Seq2Seq 架構的下面幾個細節特點。

- 編碼器的輸入序列和解碼器的輸出序列的長度可以是不同的，因此基於這種架構的模型很適合用來處理翻譯、問答、文字摘要等生成類型的 NLP 問題。
- 編碼器和解碼器可以採用 RNN、LSTM 或其他循環神經網路變形，也可以採用任何其他形式的神經網路來處理輸入序列和向量表示。
- 可以使用注意力機制增強模型性能，讓解碼器在生成輸出時關注輸入序列的不同部分。不過，這是後話了，是我們下一課要講解的內容。

咖哥發言

讓我們進一步對比電信號的傳播和 NLP 任務。在電話通訊中，編碼後的電信號可以視為一種上下文向量，它包含了原始聲音訊號的資訊。而在 Seq2Seq 架構中，編碼器將輸入序列編碼為一個固定大小的上下文向量，這個向量攜帶了整個輸入序列的資訊。解碼器接收到這個上下文向量後，就可以生成相應的輸出序列。此外，在電話通訊中，為了解決長距離傳輸導致的資訊損失問題，會使用中繼器和放大器等裝置對訊號進行放大和「整形」，確保訊號品質。而在 Seq2Seq 架構中，為了解決長序列導致的資訊損失問題，研究人員引入了注意力機制。透過注意力機制，解碼器可以更加有效地獲取編碼器的上下文資訊，從而提升模型在處理長序列時的性能。

接下來，我們來建構一個簡單的 Seq2Seq 架構，實現語料庫內中文到英文的翻譯功能。

4.2 建構簡單 Seq2Seq 架構

我們會在一個小型語料庫上訓練 Seq2Seq 架構，學習如何將一個中文句子翻譯成對應的英文句子。

這個翻譯架構的程式結構如下。

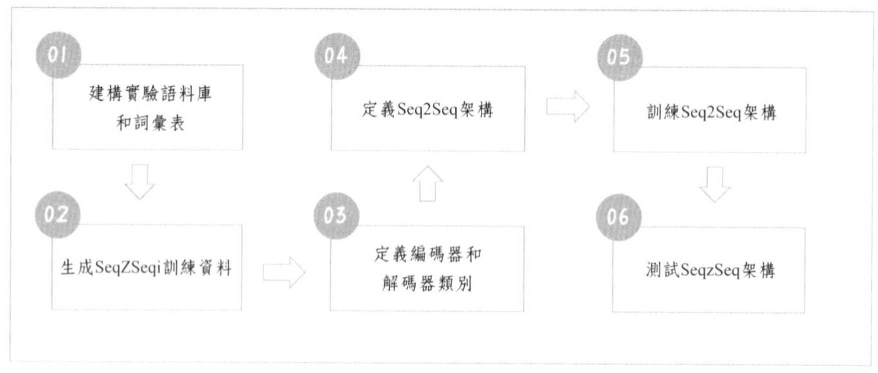

第 1 步 建構實驗語料庫和詞彙表

定義一個函數來建構語料庫，然後呼叫這個函數並列印語料庫的資訊。

In

```
# 建構語料庫，每行包含中文、英文（解碼器輸入）和翻譯成英文後的目標輸出 3 個句子
sentences = [
    [' 咖哥 喜歡 小冰 ', '<sos> KaGe likes XiaoBing', 'KaGe likes XiaoBing <eos>'],
    [' 我 愛 學習 人工智慧 ', '<sos> I love studying AI', 'I love studying AI <eos>'],
    [' 深度學習 改變 世界 ', '<sos> DL changed the world', 'DL changed the world <eos>'],
    [' 自然 語言 處理 很 強大 ', '<sos> NLP is so powerful', 'NLP is so powerful <eos>'],
    [' 神經網路 非常 複雜 ', '<sos> Neural-Nets are complex', 'Neural-Nets are complex <eos>']]
word_list_cn, word_list_en = [], []  # 初始化中英文詞彙表
# 遍歷每一個句子並將單字增加到詞彙表中
for s in sentences:
    word_list_cn.extend(s[0].split())
    word_list_en.extend(s[1].split())
    word_list_en.extend(s[2].split())
# 去重，得到沒有重複單字的詞彙表
word_list_cn = list(set(word_list_cn))
word_list_en = list(set(word_list_en))
# 建構單字到索引的映射
word2idx_cn = {w: i for i, w in enumerate(word_list_cn)}
word2idx_en = {w: i for i, w in enumerate(word_list_en)}
# 建構索引到單字的映射
idx2word_cn = {i: w for i, w in enumerate(word_list_cn)}
idx2word_en = {i: w for i, w in enumerate(word_list_en)}
# 計算詞彙表的大小
voc_size_cn = len(word_list_cn)
voc_size_en = len(word_list_en)
print(" 句子數量：", len(sentences)) # 列印句子數量
print(" 中文詞彙表大小：", voc_size_cn) # 列印中文詞彙表大小
print(" 英文詞彙表大小：", voc_size_en) # 列印英文詞彙表大小
print(" 中文詞彙到索引的字典：", word2idx_cn) # 列印中文詞彙到索引的字典
print(" 英文詞彙到索引的字典：", word2idx_en) # 列印英文詞彙到索引的字典
```

Out

```
句子數量： 5
中文詞彙表大小： 18
英文詞彙表大小： 20
中文詞彙到索引的字典：{' 處理 ': 0, ' 小冰 ': 1, ' 深度學習 ': 2, ' 複雜 ': 3, ' 人工智慧 ': 4, ' 我 ': 5, ' 喜歡
': 6,' 強大 ': 7, ' 非常 ': 8, ' 自然 ': 9, ' 學習 ': 10, ' 語言 ': 11, ' 改變 ': 12, ' 愛 ': 13, ' 神經網路 ': 14, ' 咖哥
': 15, ' 很 ': 16, ' 世界 ': 17}
英文詞彙到索引的字典：{'world': 0, 'are': 1, 'is': 2, 'changed': 3, 'Neural-Nets': 4, 'DL': 5, 'KaGe': 6, 'likes': 7,
'XiaoBing': 8, 'AI': 9, 'complex': 10, 'the': 11, 'love': 12, 'powerful': 13, 'I': 14, 'NLP': 15, '<eos>': 16, '<sos>': 17,
'studying':18, 'so': 19}
```

這個語料庫是專門為學習 Seq2Seq 模型而建立的，每行包含 3 個句子。

- 第一句（來源語言）：中文句子，作為輸入序列提供給編碼器。
- 第二句（<sos> + 目的語言）：英文句子，作為解碼器的輸入序列。句子以特殊的開始符號 <sos> 開頭，表示句子的開始。<sos> 符號有助解碼器學會在何時開始生成目標句子。
- 第三句（目的語言 + <eos>）：也是英文句子，作為解碼器的目標輸出序列。句子以特殊的結束符號 <eos> 結尾，表示句子的結束。<eos> 符號有助解碼器學會在何時結束目標句子的生成。

這個語料庫包含 5 組句子，涵蓋人工智慧、深度學習、自然語言處理、神經網路等不同主題。

第 2 步 生成 Seq2Seq 訓練資料

基於語料庫中的句子結構，定義生成資料的函數，並生成範例資料。

In

```
import numpy as np # 匯入 numpy
import torch # 匯入 torch
import random # 匯入 random 函數庫
# 定義一個函數，隨機選擇一個句子和詞彙表生成輸入、輸出和目標資料
def make_data(sentences):
    # 隨機選擇一個句子進行訓練
    random_sentence = random.choice(sentences)
    # 將輸入句子中的單字轉換為對應的索引
    encoder_input = np.array([[word2idx_cn[n] for n in random_sentence[0].split()]])
    # 將輸出句子中的單字轉換為對應的索引
    decoder_input = np.array([[word2idx_en[n] for n in random_sentence[1].split()]])
    # 將目標句子中的單字轉換為對應的索引
    target = np.array([[word2idx_en[n] for n in random_sentence[2].split()]])
    # 將輸入、輸出和目標批次轉換為 LongTensor
    encoder_input = torch.LongTensor(encoder_input)
    decoder_input = torch.LongTensor(decoder_input)
    target = torch.LongTensor(target)
    return encoder_input, decoder_input, target
# 使用 make_data 函數生成輸入、輸出和目標張量
encoder_input, decoder_input, target = make_data(sentences)
for s in sentences: # 獲取原始句子
    if all([word2idx_cn[w] in encoder_input[0] for w in s[0].split()]):
```

```
        original_sentence = s
        break
print(" 原始句子：", original_sentence) # 打印原始句子
print(" 編碼器輸入張量的形狀：", encoder_input.shape)  # 列印輸入張量形狀
print(" 解碼器輸入張量的形狀：", decoder_input.shape)  # 列印輸出張量形狀
print(" 目標張量的形狀：", target.shape) # 列印目標張量形狀
print(" 編碼器輸入張量：", encoder_input) # 列印輸入張量
print(" 解碼器輸入張量：", decoder_input) # 列印輸出張量
print(" 目標張量：", target) # 列印目標張量
```

Out

```
原始句子：[' 咖哥 喜歡 小冰 ', '<sos> KaGe likes XiaoBing', 'KaGe likes XiaoBing <eos>'] 編碼器輸入張量的形狀：torch.Size([1, 3])
解碼器輸入張量的形狀：torch.Size([1, 4])
目標張量的形狀：torch.Size([1, 4])
編碼器輸入張量：tensor([[12, 15, 1]])
解碼器輸入張量：tensor([[16, 8, 6, 15]])
目標張量：tensor([[8, 6, 15, 10]])
```

這個函數每次從語料庫中隨機取出一句話，用於模型訓練。

小冰：咖哥，編碼器的輸入張量和解碼器輸出的目標張量都不難理解——一進，一出。不過，解碼器的輸入張量有什麼作用？

咖哥：好問題！你觀察得很仔細。這個 decoder_input 張量包含語料庫中每一行的第二句（<sos> + 目的語言）所對應的內容。在訓練階段，向解碼器提供這個資訊，模型就能夠以正確單字為基礎來生成下一個單字，以提高訓練速度。不然在解碼器還沒有足夠的文字生成能力的時候，訓練效果會很不好。在這個例子中，解碼器的輸入以特殊的起始符號 <sos> 開頭，然後是目標句子的其他單字，直到目標句子 <eos> 前的最後一個單字。這種做法有個專門的名稱，叫作「教師強制」（Teacher Forcing），等一會兒在訓練的過程中，我們還會進一步解釋它。

第 3 步 定義編碼器和解碼器類別

定義編碼器和解碼器類別，下一步會把它們組合為 Seq2Seq 架構。

In

```
import torch.nn as nn # 匯入 torch.nn 函數庫
# 定義編碼器類別，繼承自 nn.Module
class Encoder(nn.Module):
    def __init__(self, input_size, hidden_size):
        super(Encoder, self).__init__()
        self.hidden_size = hidden_size # 設置隱藏層大小
        self.embedding = nn.Embedding(input_size, hidden_size) # 建立詞嵌入層
        self.rnn = nn.RNN(hidden_size, hidden_size, batch_first=True) # 建立 RNN 層
    def forward(self, inputs, hidden): # 前向傳播函數
        embedded = self.embedding(inputs) # 將輸入轉換為嵌入向量
        output, hidden = self.rnn(embedded, hidden) # 將嵌入向量輸入 RNN 層並獲取輸出
        return output, hidden
# 定義解碼器類別，繼承自 nn.Module
class Decoder(nn.Module):
    def __init__(self, hidden_size, output_size):
        super(Decoder, self).__init__()
        self.hidden_size = hidden_size # 設置隱藏層大小
        self.embedding = nn.Embedding(output_size, hidden_size) # 建立詞嵌入層
        self.rnn = nn.RNN(hidden_size, hidden_size, batch_first=True)  # 建立 RNN 層
        self.out = nn.Linear(hidden_size, output_size) # 建立線性輸出層
    def forward(self, inputs, hidden):  # 前向傳播函數
        embedded = self.embedding(inputs) # 將輸入轉換為嵌入向量
        output, hidden = self.rnn(embedded, hidden) # 將嵌入向量輸入 RNN 層並獲取輸出
        output = self.out(output) # 使用線性層生成最終輸出
        return output, hidden
n_hidden = 128 # 設置隱藏層數量
# 建立編碼器和解碼器
encoder = Encoder(voc_size_cn, n_hidden)
decoder = Decoder(n_hidden, voc_size_en)
print(' 編碼器結構：', encoder)  # 列印編碼器的結構
print(' 解碼器結構：', decoder)  # 列印解碼器的結構
```

Out

```
編碼器： Encoder(
  (embedding): Embedding(18, 128)
  (rnn): RNN(128, 128, batch_first=True))
解碼器： Decoder(
  (embedding): Embedding(20, 128)
  (rnn): RNN(128, 128, batch_first=True)
  (out): Linear(in_features=128, out_features=20, bias=True))
```

在這裡，編碼器和解碼器類別的設計是相似的，它們都包含嵌入層（用於學習序列的向量表示）和 RNN 層，僅解碼器中有線性輸出層。儘管它們的結構類似，但它們在 Seq2Seq 架構中扮演的是不同的角色，並根據需要處理不同的輸入輸出維度。

我們選擇將編碼器和解碼器拆分成獨立的類別，這樣可以使程式更加模組化。你可以專注於編碼器和解碼器各自的功能，同時使程式更具可讀性和可維護性。此外，替換不同的編碼器和解碼器也很方便，從而能夠實現更多樣化的模型結構。

小冰：那麼，要實現不同的模型結構，可以調整哪些地方呢？

咖哥：可以調整的地方很多，比如透過調整 input_size 和 output_size 參數（即輸入輸出維度），可以使它們適應不同的來源語言和目的語言的詞彙表大小。又如 RNN 層的個數，當前我們只使用了一個 RNN 層，但根據需要，可以在 RNN 的建構函數中設置 num_layers 參數，堆疊多個 RNN 層，增加模型的複雜性和容量。還可以使用其他類型的 RNN 層，如 LSTM 層或 GRU 層，來替換 RNN 層，幫助模型更進一步地捕捉長距離依賴關係。此外，也可以在 RNN 的建構函數中設置 bidirectional=True 參數，來使用雙向 RNN 捕捉輸入序列中的前後資訊。當然，使用雙向 RNN 時需要調整隱藏狀態的形狀以適應雙向結構。

這樣，你就可以根據具體任務需求訂製編碼器和解碼器類別，為你的 NLP 任務找到最佳解。

小冰：我的另一個疑問是，編碼器和解碼器為什麼會有 output、hidden 兩個輸出呢？這兩個輸出的作用是什麼？

咖哥：在 RNN 及其衍生模型（如 LSTM、GRU 等）中，模型在每個時間步都會輸出兩個值——output 和 hidden。

- output：每個時間步（每個輸入的序列元素）的輸出。對一般的 RNN 來說，output 通常就是 hidden；但對某些更複雜的模型，如 LSTM 來說，output 可能會與 hidden 有所不同。在你的程式中，output 可以被視為對輸入序列中每個元素的編碼。

- hidden ：RNN 的隱藏狀態，儲存了至當前步驟的所有歷史資訊。在標準的 RNN 中，hidden 狀態由前一個時間步的 hidden 狀態和當前時間步的輸入共同決定。這種機制使得 hidden 狀態能夠捕捉和記住序列的時間依賴性。

在 Seq2Seq 架構中，編碼器的作用是將來源語言句子編碼成一個向量，而解碼器則以此向量為輸入，生成目的語言的句子。在這個過程中，編碼器的 hidden 狀態被用作解碼器的初始 hidden 狀態，作為對整個來源語言句子的總結，被解碼器用來生成第一個目的語言單字。

編碼器的 output 通常用於剛才我提到的注意力機制，這是一種在解碼器生成每個單字時選擇性地查看輸入句子的不同部分的技術，可以幫助模型更進一步地處理長句子和複雜的語言結構。這個簡單的 Seq2Seq 架構並沒有真正意義上地使用到編碼器的 output。後面講注意力機制的時候，我們就要用到它了。

第 4 步 定義 Seq2Seq 架構

組合編碼器和解碼器，形成 Seq2Seq 架構。

In

```
class Seq2Seq(nn.Module):
    def __init__(self, encoder, decoder):
        super(Seq2Seq, self).__init__()
        # 初始化編碼器和解碼器
        self.encoder = encoder
        self.decoder = decoder
    def forward(self, enc_input, hidden, dec_input):   # 定義前向傳播函數
        # 使輸入序列透過編碼器並獲取輸出和隱藏狀態


        encoder_output, encoder_hidden = self.encoder(enc_input, hidden)
        # 將編碼器的隱藏狀態傳遞給解碼器作為初始隱藏狀態
        decoder_hidden = encoder_hidden
        # 使解碼器輸入（目標序列）透過解碼器並獲取輸出
        decoder_output, _ = self.decoder(dec_input, decoder_hidden)
        return decoder_output
# 建立 Seq2Seq 架構
model = Seq2Seq(encoder, decoder)
print('S2S 模型結構：', model) # 列印模型的結構
```

Out

```
S2S 模型結構： Seq2Seq(
 (encoder): Encoder(
  (embedding): Embedding(18, 128)
  (rnn): RNN(128, 128, batch_first=True))
 (decoder): Decoder(
  (embedding): Embedding(20, 128)
  (rnn): RNN(128, 128, batch_first=True)
  (out): Linear(in_features=128, out_features=20, bias=True)))
```

這段程式定義了一個類別，用於處理輸入序列並生成輸出序列。這個類別繼承自 PyTorch 的 nn.Module，使其成為一個自訂的深度學習模型。在這個類別中，主要完成了以下操作。

- __init__ 方法：這是類別的建構函數，用於初始化 Seq2Seq 架構。傳入已經定義好的編碼器和解碼器物件。然後將這兩個物件分別賦值給類別的執行個體變數 self . encoder 和 self.decoder。這樣，我們可以在類別的其他方法中使用這兩個子模型。
- forward 方法：forward 是類別的前向傳播函數，它定義了如何將輸入序列 enc_input 傳遞給編碼器和解碼器以生成輸出序列。這個函數接收 3 個參數：編碼器輸入序列 enc_input、初始隱藏狀態 hidden 和解碼器輸入序列 dec_input，具體操作如下。

(1) 將輸入序列傳遞給編碼器，並獲得編碼器的輸出和隱藏狀態（Encoder _ output, encoder_hidden）。

(2) 將編碼器的隱藏狀態作為解碼器的初始隱藏狀態（Decoder _ hidden = encoder_hidden）。

(3) 將解碼器輸入序列，也就是目標序列和解碼器的初始隱藏狀態傳遞給解碼器，以獲取解碼器的輸出（decoder_output, _）。這裡的底線表示我們不關心解碼器傳回的隱藏狀態，因為我們只需要輸出序列。

(4) 傳回解碼器的輸出 Decoder_output。這個輸出可以用來計算損失，最佳化模型，並生成翻譯後的句子。

現在，我們透過 Seq2Seq 類別將編碼器和解碼器組合成一個完整的 Seq2Seq 架構，用於處理輸入序列並生成相應的輸出序列。

小冰：咖哥，你提到在定義前向傳播函數的程式 def forward(self, enc_input, hidden, dec_input) 中，參數 dec_input 接收的實際上是目標序列的資訊。可是通常來說，我們是不會在前向傳播部分把目標值輸入網路的呀。只有在反向傳播，計算損失的時候，才需要目標值嘛！這一定就是你剛才說的「教師強制」。

咖哥：問得好！小冰，看來神經網路的原理你已經了解得很透徹了，而且你觀察得也很仔細。

教師強制是訓練 Seq2Seq 架構的一種常用技術。使用該技術，要向解碼器提供真實的目標序列中的詞作為輸入，而非使用解碼器自身生成的詞。這樣可以幫助模型更快地收斂，並在訓練時獲得更好的性能。

然而，教師強制也有一定的缺點。在訓練時，解碼器的輸入是真實的目標序列中的詞；而在實際使用（如測試）時，解碼器只能依賴其自身生成的詞。這可能導致所謂的曝光偏差（Exposure Bias）問題，即訓練和測試階段的資料分佈不匹配，從而影響模型的泛化能力。

為了緩解這個問題，可以使用一種名為計畫採樣（Scheduled Sampling）的技術：在訓練過程中以一定機率使用解碼器自身生成的詞作為輸入。這樣，模型可以在訓練時逐漸適應自身生成的詞，從而在測試中實現更好的泛化性能。

第 5 步 訓練 Seq2Seq 架構

首先定義一個訓練函數，再呼叫它來訓練 Seq2Seq 架構。

In

```
# 定義訓練函數
def train_seq2seq(model, criterion, optimizer, epochs):
    for epoch in range(epochs):
        encoder_input, decoder_input, target = make_data(sentences) # 訓練資料的建立
        hidden = torch.zeros(1, encoder_input.size(0), n_hidden) # 初始化隱藏狀態
        optimizer.zero_grad()# 梯度清零
        output = model(encoder_input, hidden, decoder_input) # 獲取模型輸出
        loss = criterion(output.view(-1, voc_size_en), target.view(-1)) # 計算損失
        if (epoch + 1) % 40 == 0: # 列印損失
            print(f"Epoch: {epoch + 1:04d} cost = {loss:.6f}")
        loss.backward()# 反向傳播
```

```
        optimizer.step()# 更新參數
# 訓練模型
epochs = 400 # 訓練輪次
criterion = nn.CrossEntropyLoss() # 損失函數
optimizer = torch.optim.Adam(model.parameters(), lr=0.001) # 最佳化器
train_seq2seq(model, criterion, optimizer, epochs) # 呼叫函數訓練模型
```

Out

```
Epoch: 0100 cost = 0.053425
Epoch: 0200 cost = 0.019734
Epoch: 0300 cost = 0.012709
Epoch: 0400 cost = 0.006261
```

這是訓練模型的標準過程，與你之前看到的大同小異。在 train_seq2seq 函數中，每個 epoch 都會隨機選擇一個句子進行訓練。首先，為這個句子建立輸入批次、輸出批次和目標批次。然後初始化模型的隱藏狀態，並將梯度清零。接著，將輸入批次、隱藏狀態和輸出批次傳遞給模型，獲取模型的輸出。計算模型輸出和目標批次之間的損失，並在每 100 個 epoch 後列印損失值。最後，執行反向傳播及參數更新。

程式中的 encoder_input 是模型的輸入資料，hidden 用於初始化 RNN，這兩個張量我們已經十分了解。而 decoder_input 是專屬於 Seq2Seq 架構的訓練資料。剛才我已經說明了，這些資料用於進行教師強制，是在訓練時故意暴露給解碼器的內容。

咖哥發言

在 loss = criterion(output.view(-1, voc_size_en), target.view(-1)) 這句程式中，出現了兩次 view 函數。在 PyTorch 中，view 函數用於改變張量的形狀。參數 -1 表示該維度的大小由其他維度的大小決定，使得重塑後的張量元素總數與之前相同。

在這裡，output.view(-1, voc_size_en) 把輸出張量 output 重塑為二維張量，第一個維度對應資料的批次大小 batch_size，第二個維度對應英文詞彙表的大小。這樣做是因為損失函數 nn . CrossEntropyLoss ( ) 期望的輸入是一個二維張量，其中每一行都是一個資料樣本，每一列對應一個類別的分數。

target.view(-1) 則將 target 重塑為一維張量，這是因為損失函數 nn.CrossEntropyLoss() 期望的 target 輸入是一個一維張量，每個元素代表一個類別標籤。

第 6 步 測試 Seq2Seq 架構

定義一個測試函數，然後用兩個例句來測試 Seq2Seq 架構。

In

```
# 定義測試函數
def test_seq2seq(model, source_sentence):
    # 將輸入的句子轉為索引
    encoder_input = np.array([[word2idx_cn[n] for n in source_sentence.split()]])
    # 建構輸出的句子的索引，以 '<sos>' 開始，後面跟 '<eos>'，長度與輸入句子相同
    decoder_input = np.array([word2idx_en['<sos>']] + [word2idx_en['<eos>']]*(len(encoder_input[0])-1))
    # 轉為 LongTensor 類型
    encoder_input = torch.LongTensor(encoder_input)
    decoder_input = torch.LongTensor(decoder_input).unsqueeze(0) # 增加一維
    hidden = torch.zeros(1, encoder_input.size(0), n_hidden) # 初始化隱藏狀態
    predict = model(encoder_input, hidden, decoder_input) # 獲取模型輸出
    predict = predict.data.max(2, keepdim=True)[1] # 獲取機率最大的索引
    # 列印輸入的句子和預測的句子
    print(source_sentence, '->', [idx2word_en[n.item()] for n in predict.squeeze()])
# 測試模型
test_seq2seq(model, ' 咖哥 喜歡 小冰 ')
test_seq2seq(model, ' 自然 語言 處理 很 強大 ')
```

Out

```
咖哥 喜歡 小冰 -> ['KaGe', 'likes', 'XiaoBing']
自然 語言 處理 很 強大 -> ['NLP', 'is', 'so', 'powerful', '<eos>']
```

在 test_Seq2Seq 函數中，首先將輸入的句子轉為索引，並建構輸出的句子的索引，以 <sos> 開始，後面跟 <eos>，長度與輸入句子相同。

小冰：咖哥，為什麼在這裡，你使用一個 <sos> 和一系列 <eos> 符號來建構 decoder_input 呢？之前你不是會透過真實的英文目標輸出來進行教師強制嗎？

咖哥：進行教師強制是因為要在訓練的時候，使模型更快地跟「老師」學會要翻譯的內容。現在已經進入測試階段，我就是要看看模型能否脫離「老師」自己翻譯，當然不能再「喂」它真實的目標輸出了，那不就完全表現不出模型的翻譯能力了嗎？

咖哥發言

本書聚焦於語言模型的學習，並不涉及如何評估模型的翻譯效果。這裡簡單介紹一下機器翻譯領域一個常用的品質評估指標—BLEU（Bilingual Evaluation Understudy），其基本思想是透過比較機器翻譯的結果和人工翻譯的結果在詞等級上的匹配度來評估翻譯品質。BLEU 主要關注的是 N-Gram 精度，會計算不同長度 N-Gram 的精度，並結合這些精度得到一個綜合評估。此外，BLEU 還引入了一個簡短懲罰因數（Brevity Penalty），避免過短的翻譯獲得過高的評分。

然後，我們將輸入批次和輸出批次轉為 LongTensor 類型。接著，初始化模型的隱藏狀態，並將輸入批次、隱藏狀態和輸出批次傳遞給模型，獲取模型的輸出。接下來，從模型輸出中獲取機率最大的索引，並將索引轉為對應的單字。最後，我們列印出輸入的句子和預測的句子。

咖哥發言

請注意，這裡我們一股腦地輸出了與 Encoder_Input 長度完全相同的目標序列。因此，如果輸入序列和目標序列長度不同，可能會出現輸出的句子不完整或翻譯錯誤的現象。在輸出的第一個句子中，原目標序列末尾的 <eos> 符號就沒有機會被輸出。這是一種簡化的做法。而對於生成式自回歸模型來說，更靠譜的方式是一個 token 接一個 token 地向外輸出資料，然後以之前解碼器生成的 token 作為解碼器後續輸出的輸入，直至模型輸出一個 <eos> 符號，整個文字生成過程結束。這個過程我們會在後續講解 GPT 模型時繼續詳細說明。

小冰：我認為 Seq2Seq 架構對序列的處理像是一個壓縮和解壓縮的過程，而且它能夠處理不同長度的輸入和輸出序列，可以產生連續的輸出結果，這樣就適用於各種序列生成任務，如機器翻譯、對話系統等。

咖哥：沒錯，所以 Seq2Seq 架構的核心就在於編碼器和解碼器的設計。編碼器需要將輸入序列壓縮成一個向量，而解碼器需要將該向量解壓縮成輸出序列。這個壓縮和解壓縮的過程，在原始的 Seq2Seq 架構中，是透過 RNN 等序列建模方法來實現的。編碼器使用 RNN 來處理輸入序列，生成向量表示，解碼器也使用 RNN 來處理向量表示，生成輸出序列。

當然，透過不斷的探索和改進，Seq2Seq 架構也在不斷地發展和完善，即將出現的編碼器 - 解碼器注意力機制，將進一步最佳化基於 Seq2Seq 架構的模型的性能。

小結

從 NPLM 到 Seq2Seq，NLP 研究人員不斷探索更有效的建模方法來捕捉自然語言的複雜性。

NPLM 使用神經網路來學習詞嵌入表示，並預測給定上文的下一個詞。NPLM 用連續向量表示詞，捕捉到了單字之間的語義和語法關係。儘管 NPLM 性能有所提高，但仍然存在一些局限性，例如上下文視窗的大小是固定的。

為了解決上下文視窗大小固定的問題，研究人員開始使用 RNN 來處理可變長度的序列。RNN 可以在處理序列時保持內部狀態，從而捕捉長距離依賴關係。然而，RNN 在訓練中容易出現梯度消失和梯度爆炸問題。

第 5 課

見微知著開慧眼：引入注意力機制

才聽了幾分鐘的課，小冰已經開始打瞌睡了。咖哥：小冰，你怎麼回事，集中一下注意力！

小冰連著打了兩個哈欠：咖哥，昨天晚上我一直在看劇。《狂飆》，你知道嗎？小雪非得說飾演安欣的演員演得好，一身正氣。我倒是把全部的注意力都集中在高啟強和大嫂身上了（見右下圖）。

咖哥：嗯嗯，巧了。今天我正準備和你好好說說 NLP 裡的注意力機制。這和你看電視劇一樣，誰演得出彩，你就會更關注誰一些。而注意力機制可以幫助神經網路更進一步地關注輸入序列中的重要部分。

小冰：對了，我想起來了，昨天我們曾經談到透過 RNN 建構的 Seq2Seq 架構的局限性。Seq2Seq 架構通常使用編碼器將輸入序列編碼為固定長度的向量，並使用解碼器解碼該向量，從而生成輸出序列。這種方法的問題在於，如果編碼器無法動態地捕捉到所輸入的每個單字的上下文資訊，就無法正確地對與上下文相關的單字進行編碼。

▲ 小冰的全部注意力都集中在她的「偶像」身上

咖哥：這也是 NPLM、RNN 等早期神經網路所共有的問題，所以我們才會引入注意力機制。

透過引入注意力機制，模型可以在每個時間步中為輸入序列中不同位置的詞分配不同的注意力權重。這使得模型能夠更加靈活地有選擇地關注輸入序列中的重要部分（見下圖），從而更進一步地捕捉上下文相關性，模型的性能也會因此而提高。

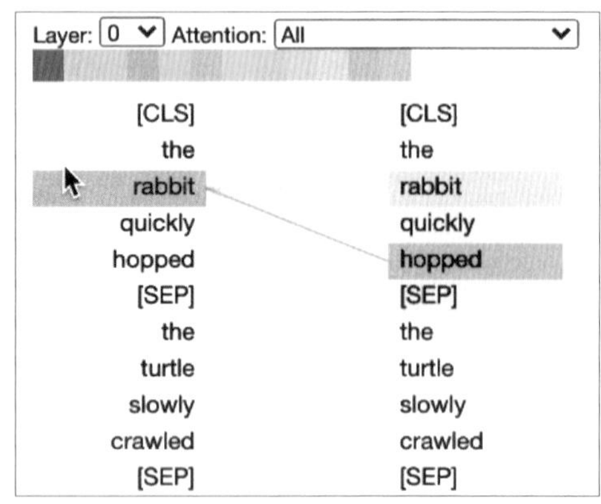

▲ 有選擇地關注：「rabbit」最關注「hopped」

5.1 點積注意力

注意力有很多種實現方式（也稱實現機制），最簡單的注意力機制是點積注意力。

小冰：嗯，我已經迫不及待地想學習大名鼎鼎的注意力機制了！

咖哥：不急，注意力機制對初學者來說有點難理解，我們一點一點地講。現在你先暫時忘記編碼器、解碼器、隱藏層和序列到序列這些概念。想像我們有兩個張量 x1 和 x2，我們希望用注意力機制把它倆給銜接起來，讓 x1 看一看，x2 有哪些特別值得關注的地方。

具體來說，要得到 x1 對 x2 的點積注意力，我們可以按照以下步驟操作。

(1) 建立兩個形狀分別為 (batch_size, seq_len1, feature_dim) 和 (batch_size, seq_len2, feature_dim) 的張量 x1 和 x2。

(2) 將 x1 中的每個元素和 x2 中的每個元素進行點積，得到形狀為 (batch_size, seq_len1, seq_len2) 的原始權重 raw_weights。

(3) 用 softmax 函數對原始權重進行歸一化，得到歸一化後的注意力權重 attn_weights（注意力權重的值在 0 和 1 之間，且每一行的和為 1），形狀仍為 (batch_size, seq_len1, seq_len2)。

(4) 用注意力權重 attn_weights 對 x2 中的元素進行加權求和（與 x2 相乘），得到輸出張量 y，形狀為 (batch_size, seq_len1, feature_dim)。這就是 x1 對 x2 的點積注意力。

程式結構如下。

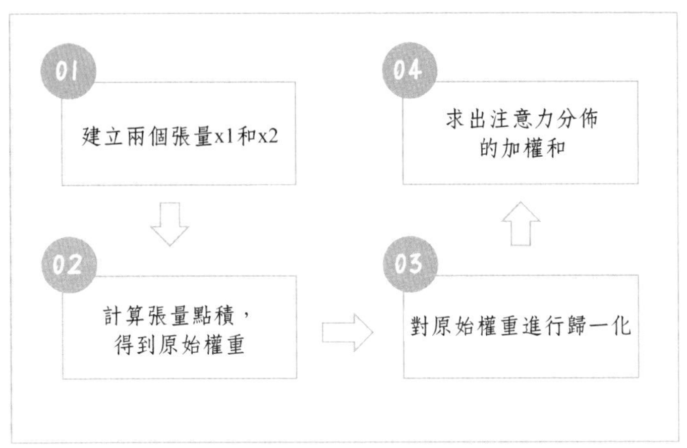

▲ 點積注意力程式結構

完整程式碼如下。

In

```
import torch # 匯入 torch
import torch.nn.functional as F #  入 nn.functional

# 1. 建立兩個張量 x1 和 x2
x1 = torch.randn(2, 3, 4) # 形狀 (batch_size, seq_len1, feature_dim)
x2 = torch.randn(2, 5, 4) # 形狀 (batch_size, seq_len2, feature_dim)

# 2. 計算原始權重
raw_weights = torch.bmm(x1, x2.transpose(1, 2)) # 形狀 (batch_size, seq_len1, seq_len2)

# 3. 用 softmax 函數對原始權重進行歸一化
attn_weights = F.softmax(raw_weights, dim=2) # 形狀 (batch_size, seq_len1, seq_len2)

# 4. 將注意力權重與 x2 相乘，計算加權和
attn_output = torch.bmm(attn_weights, x2)  # 形狀 (batch_size, seq_len1, feature_dim)
```

這幾行程式雖然簡短，但是它的內涵特別豐富，表現了注意力機制的核心思想，所以我要慢慢地講，一點一點地給你拆解。

第 1 步 建立兩個張量 x1 和 x2

先建立兩個形狀分別為 (batch_size, seq_len1, feature_dim) 和 (batch_size, seq_len2, feature_dim) 的張量。

In

```
# 建立兩個張量 x1 和 x2
x1 = torch.randn(2, 3, 4) # 形狀 (batch_size, seq_len1, feature_dim)
x2 = torch.randn(2, 5, 4) # 形狀 (batch_size, seq_len2, feature_dim)
print("x1:", x1)
print("x2:", x2)
```

Out

```
x1: tensor([[[ 0.0959, -0.0400,  0.7396, -1.3579],
         [ 0.9780,  1.6672,  0.6350,  0.1407],
         [ 1.4154,  0.3168, -0.5757, -1.0044]],

        [[-0.2816,  0.6128,  0.0883, -0.0892],
         [-0.0907, -0.3577,  0.2229, -1.3146],
         [-0.5021, -0.2462,  0.9709, -0.0679]]])
x2: tensor([[[ 0.5382,  1.3352,  0.7902, -0.9321],
         [-0.8871,  0.1063, -0.9686,  0.2838],
         [-1.6659,  2.0516, -1.6231, -0.0678],
         [-0.9627,  0.6609, -0.5794,  1.9176],
         [-2.3860,  0.9578, -0.7516,  1.0221]],

        [[ 0.2369, -0.9048,  0.5962,  1.0891],
         [-0.3971,  1.0913, -0.2264,  0.0941],
         [-0.1305,  0.7904,  1.6204,  0.2462],
         [-0.4776,  0.6102,  0.5057,  2.1041],
         [ 1.9578, -0.1152, -0.1534,  0.2531]]])
```

兩個張量具有不同的序列長度（seq_len1 和 seq_len2）。而 batch_size 表示批次大小，在神經網路的訓練過程中，資料通常是一批一批進行處理的，這不需要多解釋。feature_dim 表示特徵維度，通常也就代表著詞嵌入的維度。

小冰：這兩個張量的特徵維度一定要一致嗎？

咖哥：是的，特徵維度需要一致。在這個例子中，x1 和 x2 的特徵維度都是 4。這是因為計算注意力的原始權重時，我們需要在特徵空間中對兩個張量的每個元素進行點積。如果特徵維度不一致，點積就無法進行。實操中如果出現注意力雙方特徵維度不一致的情況，就需要先進行線性變換，使其特徵維度相同。

在實際應用中，x1 和 x2 可以分別對應解碼器和編碼器中的序列向量（編碼器 - 解碼器注意力中，解碼器向量關注編碼器向量）。同時，它們也可以代表任意兩個序列，甚至是同一個序列（自注意力中，關注自身向量）。不過你可以先暫時不理會這些，以免資訊超載。

第 2 步 計算張量點積，得到原始權重

首先，我們需要對 x2 進行轉置，然後用 x1 與轉置後的 x2 相乘。這一步的目的是計算原始權重，也就是計算 x1 中每個位置與 x2 中每個位置之間的**相似度得分——這是 點積注意力操作的第一個環節**。

In
```
# 計算點積，得到原始權重，形狀為 (batch_size, seq_len1, seq_len2)
raw_weights = torch.bmm(x1, x2.transpose(1, 2))
print(" 原始權重：", raw_weights)
```

Out
```
原始權重：tensor([[[ 1.2474, -0.6254,  1.4849,  2.9333, -0.1787],
         [-1.2531, -0.0700,  0.1595, -0.6058,  0.3247],
         [ 1.5650, -0.3034,  1.0224,  2.2497, -0.4448]],

        [[-1.1682,  2.5071, -2.7740, -2.0610,  3.4535],
         [ 0.6140,  0.2978,  1.7470, -0.6074, -1.3608],
         [ 0.3685, -1.0757,  4.9891, -0.4289, -2.4044]]])
```

在這個範例中，我們使用 torch.bmm 函數計算 x1 和 x2 之間的點積。torch.bmm 是 PyTorch 中的函數，全稱為批次矩陣乘法（Batch Matrix Multiplication）。它用於對儲存在三維張量中的一批矩陣執行矩陣乘法。torch.bmm 接收兩個三維張量作為輸入，形狀分別為 (batch_size, M, N) 和 (batch_size, N, P)，並傳回一個三維張量，形狀為 (batch_size, M, P)。在計算過程中，它將一個一個執行兩個輸入張量的矩陣乘法，並將結果儲存在輸出張量中。

咖哥發言

此處的 torch.bmm 可以替換為 torch.matmul。torch.matmul 函數可以用於多種類型的矩陣乘法，包括點積、向量與矩陣的乘法及矩陣與矩陣的乘法等。與 torch.bmm 不同的是，torch.matmul 並不要求輸入矩陣必須為三維張量，對輸入形狀的要求更加靈活。具體來說，torch.matmul 會根據輸入矩陣的維度自動判斷執行哪種類型的矩陣乘法，同時也支援進行廣播計算。

為了滿足矩陣乘法對形狀的要求，我們需要先對 x2 的後面兩個維度進行轉置操作，即將其形狀從 (batch_size, seq_len2, feature_dim) 變為 (batch_size, feature_ dim, seq_len2)。然後，我們將 x1（形狀為 (batch_size, seq_len1, feature_dim)）與轉置後的 x2 執行批次矩陣乘法，從而得到原始權重矩陣（raw_weights ），形狀為 (batch_size, seq_len1, seq_len2)。

下圖是兩個張量點積過程的示意圖。

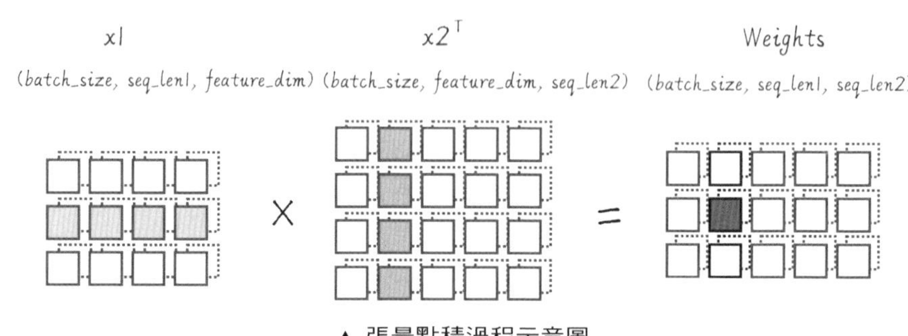

▲ 張量點積過程示意圖

原始權重 (batch_size, seq_len1, seq_len2) 是 x1 和 x2 點積的結果，其中 batch_size 表示批次大小，seq_le n1 和 seq_le n2 分別表示 x1 和 x2 的序列長度。原始權重矩陣中的每個元素表示 x1 中某個位置與 x2 中某個位置的相似度得分。

比如，輸出結果的第一行 [1.2474, -0.6254, 1.4849, 2.9333, -0.1787] 就代表著本批次第一個 x1 序列中第一個元素（每個 x1 序列有 3 個元素，所以第一批次共 3 行）與 x2 中第一批次 5 個元素的每一個元素的相似度得分（**不難看出，x1 中第一個元素與 x2 中第 4 個元素最相似，原始注意力分值為 2.9333**）。相似度的計算是注意力機制最核心的思想。

咖哥發言

相似度度量兩個物件之間的相似程度。在注意力機制中，我們根據輸入資料的某種關係（如點積、餘弦相似度等）計算注意力權重。以前我們曾經用餘弦相似度計算過向量之間的相似度，這裡的向量點積也是一種常用的相似度度量方法，它可以捕捉兩個向量之間的關係，例如，當兩個向量的方向相同時，它們的點積最大；當兩個向量正交時，它們的點積為零。在上文的例子中，相似度表示 x1 和 x2 中的每個位置之間的連結程度。我們透過計算 x1 中每個位置向量與 x2 中每個位置向量的點積來得到相似度得分。

在某些文獻或程式中，有時會將相似度得分稱為原始權重。這是因為它們實際上是在計算注意力權重之前的中間結果。嚴格來說，相似度得分表示輸入序列中不同元素之間的連結性或相似度，而權重則是在應用某些操作（如縮放、遮罩和歸一化）後得到的歸一化值。為了避免混淆，可以將這兩個術語徹底區分開。一般來說將未處理的值稱為得分，並在經過處理後將它們稱為權重。這有助更清晰地理解注意力機制的工作原理及其不同元件。

讓我們用下面的圖示來對向量點積和相似度得分進行相對直觀的理解。在下圖的例子中，有兩個向量一電影的特徵（M）和使用者的興趣（U）。

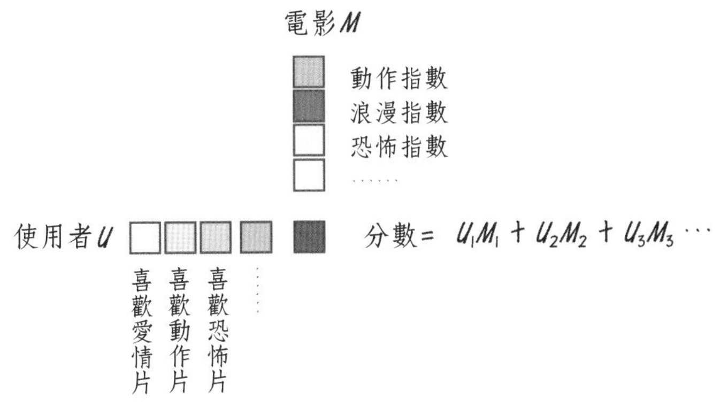

▲ 直觀理解向量相似度得分

向量 ***U*** 中可能蘊含使用者是否喜歡愛情片、喜歡動作片等資訊；而向量 ***M*** 中則包含電影含有動作、浪漫等特徵的程度。

透過計算 ***U*** 和 ***M*** 的點積或相似度得分，我們可以得到一個衡量 ***U*** 對 ***M*** 興趣程度的分數。舉例來說，如果向量 U 中喜歡愛情片、喜歡動作片的權重較高，而向量 ***M*** 中的動作和浪漫特徵的權重也較高，那麼計算得到的點積或相似度得分就會比較高，表示 ***U*** 對 ***M*** 的興趣較大，系統有可能推薦這部電影給使用者。

小冰：原來如此，謝謝咖哥。現在我明白這樣計算的意義了。那接下來呢？

第 3 步 對原始權重進行歸一化

咖哥：接下來，我們需要**對原始權重進行歸一化——這是點積注意力操作的第二個環節**。所謂的歸一化，其實理解起來很簡單。得到每一個 x1 列中的元素與其所對應的 5 個 x2 序列元素的相似度得分後，使用 softmax 函數進行縮放，讓這 5 個數加起來等於 1。

In

```
import torch.nn.functional as F # 匯入 torch.nn.functional
# 應用 softmax 函數，使權重的值在 0 和 1 之間，且每一行的和為 1
attn_weights = F.softmax(raw_weights, dim=-1) # 歸一化
print(" 歸一化後的注意力權重：", attn_weights)
```

Out

```
歸一化後的注意力權重：
tensor([[[0.1241,    0.0191,    0.1573,    0.6697,    0.0298],
         [0.0661,    0.2158,    0.2715,    0.1263,    0.3203],
         [0.2595,    0.0401,    0.1509,    0.5147,    0.0348]],

        [[0.0070,    0.2765,    0.0014,    0.0029,    0.7122],
         [0.1898,    0.1384,    0.5895,    0.0560,    0.0263],
         [0.0097,    0.0023,    0.9831,    0.0044,    0.0006]]])
```

這裡，我們使用 softmax 函數（見下圖），沿著 seq_len2 方向（即 dim=2）對原始權重進行歸一化，使得所有權重之和為 1。所謂沿著 seq_len2 方向，也就是把 x2 中每個位置對應的元素相似度的值歸一化。這樣，我們就能求得 x1 對 x2 中每一個位置的關注程度（當然也可以反其道而行之）。

5.0

2.5

softmax

0.5

▲ 使用 softmax 函數的原理示意圖

咖哥發言

softmax 函數是一種非線性啟動函數，通常用於多分類問題。它將一組輸入值轉換為機率分佈，使得所有輸出值的和為 1。softmax 函數的計算公式如下：

softmax(x_i) = exp(x_i) / Σ(exp(x_j))

其中，x _ i 表示輸入向量中的第 i 個元素，x _ j 表示輸入向量中的任意元素，Σ 表示對所有元素求和。透過這個公式，我們可以看到，softmax 函數首先計算輸入值的指數，然後對輸入向量的每個元素求指數，最後將求出的每個元素的指數值除以所有元素指數值的和。

你看，歸一化後，attn_weights 和 raw_weights 形狀相同，但是值變了，第一行的 5 個數字加起來剛好是 1。第 4 個數字是 0.6697，這就表明：在本批次的第一行資料中，**x2 序列中的第 4 個元素和 x1 序列的第 1 個元素特別相關**，應該加以注意。

softmax 函數具有以下特性。

(1) 輸出值範圍為 0 ～ 1，表示機率。

(2) 所有輸出值的和為 1，保證了機率分佈的性質。

(3) 輸出值隨輸入值的增大而增大，即輸入值越大，對應的機率越高。

在我們的注意力機制範例中，softmax 函數用於將原始權重矩陣 raw_weights 轉為注意力權重矩陣。原始權重矩陣表示了 x1 中每個位置與 x2 每個位置之間的相似度得分。透過 softmax 原始權重進行歸一化，我們可以得到一個機率分佈。

小冰：這樣我們就得到注意力權重矩陣了吧？它表示 x1 中每個位置對 x2 中各個位置的關注程度。

咖哥：沒錯，不過到這裡還沒完，當我們得到注意力權重矩陣後，我們需要將其應用於 x2，以便獲得 x1 中每個位置對應的加權和資訊。

第 4 步 求出注意力分佈的加權和

注意力權重與 x2 相乘，就得到注意力分佈的加權和。換句話說，我們**將 x2 中的每個位置向量乘以它們在 x1 中對應位置的注意力權重，然後將這些加權向量求和——這是點積注意力計算的最後一個環節**。這一步的目的是根據注意力權重計算 x2 的加權和。這個加權和才是 x1 對 x2 的注意力輸出。

In

```
# 將注意力權重與 x2 相乘，得到注意力分佈的加權和，形狀為 (batch_size, seq_len1, feature_dim)
attn_output = torch.bmm(attn_weights, x2)
print(" 注意力輸出：", attn_output)
```

Out

```
注意力輸出：
tensor([[[ 0.6648,  1.2568,  0.4476, -0.3009],
         [-0.0073,  0.5469,  0.2996,  0.0671],
         [ 0.7699,  0.9930,  0.3085, -0.3186]],

        [[-0.3363, -0.0750, -0.9175,  1.2951],
         [-0.5410, -0.8423,  0.4578, -1.0932],
         [-1.1110, -1.3986,  0.9678, -1.5613]]])
```

我們再次使用 torch.bmm 函數，將歸一化後的權重與 x2 相乘，得到結果 attn_output。具體來說，就是將注意力權重矩陣 attn_weights 與 x2 進行批次矩陣乘法操作。這樣，對於 x1 中的每個位置，都計算 x2 中所有位置與其對應的注意力權重的乘積，並對這些乘積求和。這樣得到的結果張量具有形狀 (batch_size, seq_len1, feature_dim)，其形狀與 x1 相同。

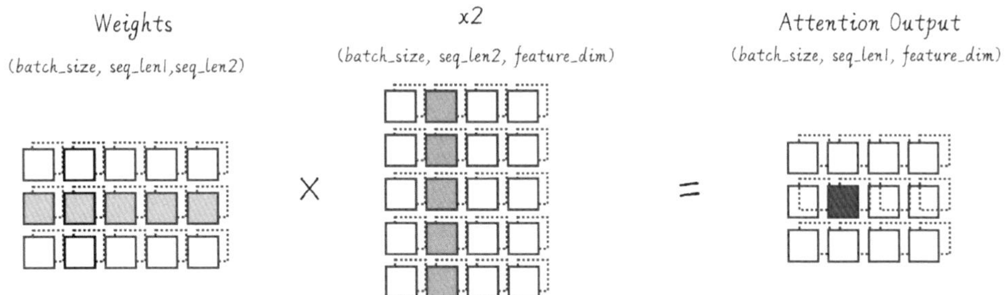

▲ 這次使用 bmm 的意義是求加權和，這與之前用 bmm 求兩個向量相似度不同

小冰：我還是不大明白，到底什麼是所謂的「加權資訊」或說「加權和」呢？咖哥：嗯，為了更進一步地理解「加權資訊」這個概念，我們需要分析它的兩個部分：「加權」和「資訊」。

(1) 加權：權重（或權值）是一個純量，它表示某個元素在計算中的相對重要性。在注意力機制中，權重就是透過剛才計算相似度得分，再用 softmax 函數進行歸一化得到的。權重越高，表示模型對某個位置的關注程度越高。換句話說，權重表示了 x1 中某個位置對 x2 中某個位置的關注程度。

(2) 資訊：在這個上下文中，資訊指的是 x2 中的位置向量。有了權重，我們還要把這個權重應用到具體的值上面。這些向量就包含了 x2 這個序列的特徵資訊。而注意力機制的目的是根據 x1 中各個位置的關注程度來提取 x2 中的關鍵資訊。

結合上面對「加權」和「資訊」兩個部分的分析，可知「加權資訊」指的是根據注意力權重對 x2 中的位置向量進行加權求和後得到的新向量。這些新向量在 x1 中各個位置關注了 x2 中各個位置的加權資訊。這樣，我們可以捕捉到 x1 中每個位置與 x2 中各個位置的關係，並將這些關係融合到一個新的表示中。——**這個表示是和張量 x1 形狀 完全相同的另一個表示，可以看作關注了 x2 之後的「新 x1」！**

小冰：那這個 attn_output 和 attn_weights 到底有何不同？

咖哥：attn_weights 幫助我們了解 x1 中各個位置與 x2 中各個位置之間的關係，這裡的關注程度來自原始權重矩陣（相似度得分）透過 softmax 函數歸一化得到的機率分佈，它的形狀為 (batch_size,seq_len1,seq_len2)。而 attn_output 則是基於注意力權重對 x2 中的各個位置向量進行加權求和後得到的新向量。這個新向量的維度和 x1 相同，形狀為 (batch_size,seq_len1,feature_dim)，第三維重新回歸到了 x1 的特徵空間，在這個新的特徵空間中反映出了 x1 中每個位置關注 x2 中各個位置的加權資訊。

這兩者在注意力機制中扮演了不同的角色，共同幫助模型關注輸入序列中的關鍵部分，並在序列到序列任務中提高模型的性能。

還用剛才的例子來說，如果輸入序列 x1 是使用者特徵向量，x2 是一個電影特徵向量，那麼，當我們透過上面的計算，也就是使用者特徵向量關注電影特徵向量之後，獲得了另外一個向量 x1_attention，這個特徵向量 x1_attention 裡面就包含了電影特徵向量的加權資訊，使用者特別喜歡的電影，資訊含量就高。——透過這種方式，**序列裡面的每一個「詞」或「元素」（也就是 token）被編碼之後的資訊表示，就不再只簡單地代表它本身，或只學習了幾個周圍詞資訊，而是整合了整個序列的全部「上下文」**。——這就是為什麼說**引入注意力機制之後，「詞表示學習」或說「詞嵌入」的內涵被顯著地延展了**的關鍵原因。

小冰：謝謝咖哥，我終於明白了！現在我迫不及待地想把這個機制運用到我們的 NLP 專案中去！

咖哥：在具體應用之前，還有幾步路要走。下一步，我給你說一下點積注意力的加強版本，「縮放點積注意力」。

5.2 縮放點積注意力

縮放點積注意力（Scaled Dot-Product Attention）和點積注意力（Dot-Product Attention）之間的主要區別在於：縮放點積注意力在計算注意力權重之前，會將點積結果也就是原始權重除以一個縮放因數，得到縮放後的原始權重。一般來說這個縮放因數是輸入特徵維度的平方根。

為什麼要使用縮放因數呢？在深度學習模型中，點積的值可能會變得非常大，尤其是當特徵維度較大時。當點積值特別大時，softmax 函數可能會在一個非常陡峭的區域內運行，導致梯度變得非常小，也可能會導致訓練過程中梯度消失。透過使用縮放因數，可以確保 softmax 函數在一個較為平緩的區域內工作，從而減輕梯度消失問題，提高模型的穩定性。

縮放點積注意力的計算流程如下：

▲ 縮放點積注意力計算流程

小冰說：看起來，除了和縮放因數相關的步驟之外，縮放點積注意力和點積注意力的計算流程是相同的。

咖哥：對。縮放點積注意力可以看作點積注意力的改進版本，用於解決梯度消失問題。

```
import torch # 匯入 torch
import torch.nn.functional as F # 匯入 nn.functional

# 1. 建立兩個張量 x1 和 x2
x1 = torch.randn(2, 3, 4) # 形狀 (batch_size, seq_len1, feature_dim)
x2 = torch.randn(2, 5, 4) # 形狀 (batch_size, seq_len2, feature_dim)

# 2. 計算張量點積，得到原始權重
raw_weights = torch.bmm(x1, x2.transpose(1, 2)) # 形狀 (batch_size, seq_len1, seq_len2)

# 3. 將原始權重除以縮放因數
scaling_factor = x1.size(-1) ** 0.5
scaled_weights = raw_weights / scaling_factor # 形狀 (batch_size, seq_len1, seq_len2)

# 4. 對原始權重進行歸一化
attn_weights = F.softmax(raw_weights, dim=2) # 形狀 (batch_size, seq_len1, seq_len2)

# 5. 使用注意力權重對 x2 加權求和
attn_output = torch.bmm(attn_weights, x2) # 形狀 (batch_size, seq_len1, feature_dim)
```

縮放部分的程式很簡單，x1.size(-1) 傳回輸入張量 x1 最後一個維度（也就是特徵維）的大小。然後，取該值的平方根 ** 0.5，得到縮放因數。再將原始權重 raw_weights 除以縮放因數 scaling_factor，得到縮放後的權重 scaled_weights。

小冰腦中突然想到了另外一個問題，問道：咖哥，你不是說，注意力機制是對 Seq2Seq 模型的增強嗎？但是，現在學到這裡，我還是不能把這個注意力機制和 Seq2Seq 模型聯繫起來呢！

咖哥：我就等著你問呢。下面我們就詳細說說，如何把注意力機制引入 Seq2Seq 模型。

5.3 編碼器 - 解碼器注意力

剛才，為了簡化講解的難度，也為了讓你把全部注意力放在注意力機制本身上面。我們並沒有說明，x1、x2 在實際應用中分別代表著什麼。現在，就讓我們為 x1、x2 這兩個向量賦予意義。

在 Seq2Seq 架構中，點積注意力通常用於將編碼器的隱藏狀態與解碼器的隱藏狀態聯繫起來。在這種情況下，x1 和 x2 對應的內容分別如下。

- x1：這是解碼器在各個時間步的隱藏狀態，形狀為 (batch_size, seq_len1, feature_dim)。其中，seq_len1 是解碼器序列的長度，feature_dim 是隱藏狀態的維度。
- x2：這是編碼器在各個時間步的隱藏狀態，形狀為 (batch_size, seq_len2, feature_dim)。其中，seq_len2 是編碼器序列的長度，feature_dim 是隱藏狀態的維度。

小冰：咖哥，我沒聽錯是，x1 是解碼器的隱藏狀態，x2 是編碼器的隱藏狀態？

咖哥：對，正是這樣，此處是解碼器需要對編碼器進行注意，因此也有人把編碼器 - 解碼器注意力稱為解碼器 - 編碼器注意力，覺得這樣說更為嚴謹。

當我們應用點積注意力時，解碼器的每個時間步都會根據編碼器的隱藏狀態計算一個注意力權重，然後將這些權重應用於編碼器隱藏狀態，以生成一個上下文向量（編碼器 - 解碼器注意力的輸出）。這個上下文向量將包含關於編碼器輸入序列的有用資訊，解碼器可以利用這個資訊生成更準確的輸出序列，以下圖所示。

▲ 編碼器輸出上下文向量，傳入解碼器

現在，我們開始重構上一課中的 Seq2Seq 模型，加入編碼器 - 解碼器注意力機制。資料集和訓練過程都不改變。

要在這個程式中加入編碼器 - 解碼器注意力機制，我們可以按照以下步驟進行修改。

(1) 定義 Attention 類別。用於計算注意力權重和注意力上下文向量。

(2) 重構 Decoder 類別。更新 Decoder 類別的初始化部分和前向傳播方法，使其包含注意力層並在解碼過程中利用注意力權重。

(3) 重構 Seq2Seq 類別。更新 Seq2Seq 類別的前向傳播方法，以便將編碼器的輸出傳遞給解碼器。

(4) 視覺化注意力權重。

具體修改後的內容及程式如下。

第 1 步 定義 Attention 類別

第一個改動是新定義一個 Attention 類別。

In

```
# 定義 Attention 類別
import torch.nn as nn # 匯入 torch.nn 函數庫
class Attention(nn.Module):
    def __init__(self):
        super(Attention, self).__init__()

    def forward(self, decoder_context, encoder_context):
        # 計算 decoder_context 和 encoder_context 的點積，得到注意力分數
        scores = torch.matmul(decoder_context, encoder_context.transpose(-2, -1))
        # 歸一化分數
        attn_weights = nn.functional.softmax(scores, dim=-1)
        # 將注意力權重乘以 encoder_context，得到加權的上下文向量
        context = torch.matmul(attn_weights, encoder_context)
        return context, attn_weights
```

Attention 類別繼承自 nn.Module。在 forward 方法中，它接收兩個輸入：Decoder_Context 和 Encoder_Context，然後計算注意力權重並傳回注意力加權的上下文向量 context 和注意力權重 attn_weights。

第 2 步 重構 Decoder 類別

在 Decoder 類別的初始化部分增加注意力層，用前向傳播方法在該層計算注意力上下文向量，以便在解碼過程中利用注意力權重。

In

```
# 定義解碼器類別
class DecoderWithAttention(nn.Module):
    def __init__(self, hidden_size, output_size):
        super(DecoderWithAttention, self).__init__()
        self.hidden_size = hidden_size # 設置隱藏層大小
        self.embedding = nn.Embedding(output_size, hidden_size) # 建立詞嵌入層
        self.rnn = nn.RNN(hidden_size, hidden_size, batch_first=True) # 建立 RNN 層
        self.attention = Attention()  # 建立注意力層
        self.out = nn.Linear(2 * hidden_size, output_size)  # 修改線性輸出層，考慮隱藏狀態和上下文向量
    def forward(self, dec_input, hidden, enc_output):
        embedded = self.embedding(dec_input)  # 將輸入轉換為嵌入向量
        rnn_output, hidden = self.rnn(embedded, hidden)  # 將嵌入向量輸入 RNN 層並獲取輸出
        context, attn_weights = self.attention(rnn_output, enc_output)  # 計算注意力上下文向量
        dec_output = torch.cat((rnn_output, context), dim=-1)  # 將上下文向量與解碼器的輸出拼接
        dec_output = self.out(dec_output)  # 使用線性層生成最終輸出
        return dec_output, hidden, attn_weights
# 建立解碼器
decoder = DecoderWithAttention(n_hidden, voc_size_en)
print(' 解碼器結構：', decoder)  # 列印解碼器的結構
```

Out

```
解碼器結構： DecoderWithAttention(
  (embedding): Embedding(19, 128)
  (rnn): RNN(128, 128, batch_first=True)
  (attention): Attention()
  (out): Linear(in_features=256, out_features=19, bias=True))
```

在 Decoder 類別的 __init__ 方法中，增加了一個新的參數 attention，這是一個 Attention 類別的實例。此外，在類別的屬性中增加了一個名為 self.Attention 的屬性，用於儲存傳入的注意力實例。

在 Decoder 類別的前向傳播方法中，增加了一個新的輸入參數 enc_output，表示編碼器的輸出。首先，使用注意力實例計算上下文向量和注意力權重。然後，將上下文向量與嵌入向量拼接，並將其輸入到 RNN。最後，將 RNN 的輸出再輸入到線性層，得到解碼器的輸出。

第 3 步 重構 Seq2Seq 類別

更新 Seq2Seq 類別的前向傳播方法，將編碼器的輸出傳遞給解碼器。

In

```
# 定義 Seq2Seq 類別
class Seq2Seq(nn.Module):
    def __init__(self, encoder, decoder):
        super(Seq2Seq, self).__init__()
        # 初始化編碼器和解碼器
        self.encoder = encoder
        self.decoder = decoder
    def forward(self, encoder_input, hidden, decoder_input):
        # 將輸入序列透過編碼器並獲取輸出和隱藏狀態
        encoder_output, encoder_hidden = self.encoder(encoder_input, hidden)
        # 將編碼器的隱藏狀態傳遞給解碼器作為初始隱藏狀態
        decoder_hidden = encoder_hidden
        # 將目標序列透過解碼器並獲取輸出，此處更新解碼器呼叫
        decoder_output, _, attn_weights = self.decoder(decoder_input, decoder_hidden, encoder_output)
        return decoder_output, attn_weights
# 建立 Seq2Seq 模型
model = Seq2Seq(encoder, decoder)
print('S2S 模型結構：', model)  # 列印模型的結構
```

Out

```
S2S 模型結構： Seq2Seq(
  (encoder): Encoder(
    (embedding): Embedding(18, 128)
    (rnn): RNN(128, 128, batch_first=True)
  )
  (decoder): DecoderWithAttention(
    (embedding): Embedding(19, 128)
    (rnn): RNN(128, 128, batch_first=True)
    (attention): Attention()
    (out): Linear(in_features=256, out_features=19, bias=True)))
```

在 Seq2Seq 類別的 forward 法中，首先，呼叫編碼器的前向傳播方法獲得編碼器的輸出和隱藏狀態。然後，將編碼器的隱藏狀態作為解碼器的初始隱藏狀態，並將編碼器的輸出傳遞給解碼器的前向傳播方法。最後，傳回解碼器的輸出和注意力權重。

這些更改的目的是在解碼器中引入注意力機制，使解碼器能夠在生成輸出序列的過程中更進一步地關注輸入序列的不同部分。透過引入注意力機制，模型可以捕捉輸入序列中的長距離依賴關係，從而提高序列到序列的翻譯或轉換任務的性能。

第 4 步 視覺化注意力權重

現在，模型不僅傳回了解碼器輸出，還同時傳回了注意力權重，需要微調模型傳回值的接收部分。

In

```
# 定義訓練函數
def train_seq2seq(model, criterion, optimizer, epochs):
    … …
    output, _ = model(encoder_input, hidden, decoder_input) # 獲取模型輸出
    … …
```

在測試時，還可以將注意力權重進行展示，看看解碼器的隱藏狀態更注意編碼器序列的哪個部分。

定義一個用於視覺化注意力的函數。

In

```
import matplotlib.pyplot as plt # 匯入 matplotlib
import seaborn as sns # 匯入 seaborn
plt.rcParams["font.family"]=['SimHei'] # 用來設定字型樣式
plt.rcParams['font.sans-serif']=['SimHei'] # 用來設定無襯線字型樣式
plt.rcParams['axes.unicode_minus']=False # 用來正常顯示負號
def visualize_attention(source_sentence, predicted_sentence, attn_weights):
    plt.figure(figsize=(10, 10)) # 畫布
    ax = sns.heatmap(attn_weights, annot=True, cbar=False,
                     xticklabels=source_sentence.split(),
                     yticklabels=predicted_sentence, cmap="Greens") # 熱力圖
    plt.xlabel(" 來源序列 ")
    plt.ylabel(" 目標序列 ")
    plt.show() # 顯示圖片
```

在測試模型的過程中，視覺化注意力權重。

In

```
def test_seq2seq(model, source_sentence):
    … …
# 獲取模型輸出和注意力權重
predict, attn_weights = model(encoder_input, hidden, decoder_input)
      … …
  # 視覺化注意力權重
  attn_weights = attn_weights.squeeze(0).cpu().detach().numpy()
  visualize_attention(source_sentence, [idx2word_en[n.item()] for n in predict.squeeze()], attn_weights)
```

Out

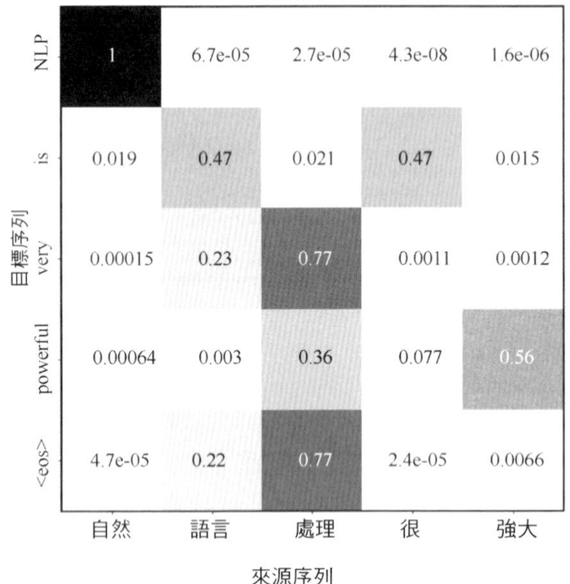

在這個注意力權重矩陣中，NLP 對「自然」產生了很強的關注，權重值為 1。當然了，我們的訓練資料過少，模型可能沒有足夠的資料來學習有效的注意力權重。在實際應用中，我們當然需要更大規模的資料來訓練 Seq2Seq 模型，以便模型捕捉到更豐富的語言模式，這樣模型才能夠學習到更為複雜的注意力權重分佈模式。

小冰：謝謝你咖哥，這樣循序漸進地講解，讓我對編碼器 - 解碼器架構中注意力機制的來龍去脈十分明了。不過，我還有一個非常大的疑惑，百思不得其解。

咖哥：不妨說出來聽聽。

小冰：之前，我自己也閱讀了一些介紹 Transformer 架構的書，說老實話，我看不太明白。其中介紹注意力機制的部分，經常提到 ***Q***、***K***、***V*** 三個向量，我的感覺是這三個向量在注意力機制中的作用非常關鍵，不過，咖哥你卻並未提到它們。

咖哥：的確，這三個向量是注意力機制的重要組成部分，我沒有提及，是因為一次性灌輸過多的概念會讓人不知所措。現在你理解了注意力機制的本質就是向量之間的點積、加權和計算之後，我們現在可以講解什麼是 ***Q***、***K***、***V*** 了。

5.4 注意力機制中的 *Q*、*K*、*V*

在注意力機制中，查詢（Query）、鍵（Key）和值（Value）是三個關鍵部分。

- 查詢（Query）：是指當前需要處理的資訊。模型根據查詢向量在輸入序列中查詢相關資訊。
- 鍵（Key）：是指來自輸入序列的一組表示。它們用於根據查詢向量計算注意力權重。注意力權重反映了不同位置的輸入資料與查詢的相關性。
- 值（Value）：是指來自輸入序列的一組表示。它們用於根據注意力權重計算加權和，得到最終的注意力輸出向量，其包含了與查詢最相關的輸入資訊。

注意力機制透過計算查詢向量與各個鍵向量之間的相似性，為每個值向量分配一 個權重。然後，將加權的值相加，也就是將每個值向量乘以其對應的權重（即注意力分數），得到一個蘊含輸入序列最相關資訊的輸出向量。這個輸出向量的形狀和查詢向量相同，將用於下一步模型計算的輸入。

小冰：咖哥，你這樣說我仍然是似懂非懂。那麼，就拿剛才我們說到的最簡單的點積注意力程式碼部分來說，哪裡是 ***Q***，哪裡是 ***K***，哪裡又是 ***V*** 呢？

```
# 1. 建立兩個張量 x1 和 x2
x1 = torch.randn(2, 3, 4) # 形狀 (batch_size, seq_len1, feature_dim)
x2 = torch.randn(2, 5, 4) # 形狀 (batch_size, seq_len2, feature_dim)
# 2. 計算原始權重
raw_weights = torch.bmm(x1, x2.transpose(1, 2)) # 形狀 (batch_size, seq_len1, seq_len2)
# 3. 對原始權重進行 softmax 歸一化
attn_weights = F.softmax(raw_weights, dim=2) # 形狀 (batch_size, seq_len1, seq_len2)
# 4. 與 x2 相乘，計算加權和
attn_output = torch.bmm(attn_weights, x2)  # 形狀 (batch_size, seq_len1, feature_dim)
```

咖哥：在這個範例中，我們僅使用了兩個張量 x1 和 x2 來說明最基本的注意力機制。在這個簡化的情況下，我們可以將 x1 視為查詢（Query，$\boldsymbol{Q}$）向量，將 x2 視為鍵（Key，$\boldsymbol{K}$）和值（Value，$\boldsymbol{V}$）向量。這是因為我們直接使用 x1 和 x2 的點積作為相似度得分，並將權重應用於 x2 本身來計算加權資訊。所以，在這個簡化範例中，$\boldsymbol{Q}$ 對應於 x1，$\boldsymbol{K}$ 和 $\boldsymbol{V}$ 都對應於 x2。

然而，在 Transformer 中，$\boldsymbol{Q}$、$\boldsymbol{K}$ 和 $\boldsymbol{V}$ 通常是從相同的輸入序列經過不同的線性變換得到的不同向量。

下面的程式建立三個獨立的張量來分別代表 $\boldsymbol{Q}$、$\boldsymbol{K}$ 和 $\boldsymbol{V}$，並進行注意力的計算。

```
import torch
import torch.nn.functional as F
#1. 建立 Query、Key 和 Value 張量
q = torch.randn(2, 3, 4) # 形狀 (batch_size, seq_len1, feature_dim)
k = torch.randn(2, 4, 4) # 形狀 (batch_size, seq_len2, feature_dim)
v = torch.randn(2, 4, 4) # 形狀 (batch_size, seq_len2, feature_dim)
# 2. 計算點積，得到原始權重，形狀  (batch_size, seq_len1, seq_len2)
raw_weights = torch.bmm(q, k.transpose(1, 2))
# 3. 將原始權重進行縮放（可選），形狀仍為 (batch_size, seq_len1, seq_len2)
scaling_factor = q.size(-1) ** 0.5
scaled_weights = raw_weights / scaling_factor
# 4. 應用 softmax 函數，使結果的值在 0 和 1 之間，且每一行的和為 1
attn_weights = F.softmax(scaled_weights, dim=-1) # 形狀仍為 (batch_size, seq_len1, seq_len2)
# 5. 與 Value 相乘，得到注意力分佈的加權和 , 形狀為 (batch_size, seq_len1, feature_dim)
attn_output = torch.bmm(attn_weights, v)
```

小冰：這裡，$\boldsymbol{K}$ 和 V 的維度是否需完全相同？

咖哥：在縮放點積注意力中，***K*** 和 ***V*** 向量的維度不一定需要完全相同。在這種注意力機制中，***K*** 和 ***V*** 的序列長度維度（在這裡是第 2 維）應該相同，因為它們描述了同一個序列的不同部分。然而，它們的特徵（或隱藏層）維度（在這裡是第 3 維）可以不同。***V*** 向量的第二個維度則決定了最終輸出張量的特徵維度，這個維度可以根據具體任務和模型設計進行調整。

而 ***K*** 向量的序列長度維度（在這裡是第 2 維）和 ***Q*** 向量的序列長度維度可以不同，因為它們可以來自不同的輸入序列，但是，***K*** 向量的特徵維度（在這裡是第 3 維）需要與 ***Q*** 向量的特徵維度相同，因為它們之間要計算點積。

在實踐中，***K*** 和 ***V*** 的各個維度通常是相同的，因為它們通常來自同一個輸入序列並經過不同的線性變換。

現在，重寫縮放點積注意力的計算過程，如下所述。

(1) 計算 ***Q*** 向量和 ***K*** 向量的點積。

(2) 將點積結果除以縮放因數（***Q*** 向量特徵維度的平方根）。

(3) 應用 softmax 函數得到注意力權重。

(4) 使用注意力權重對 ***V*** 向量進行加權求和。這個過程的圖示以下圖所示。

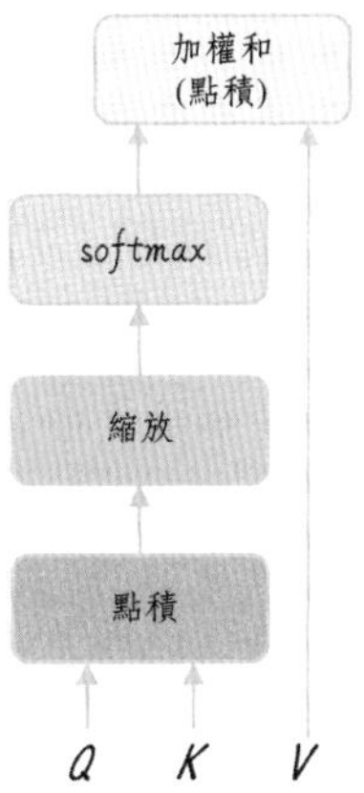

▲ 縮放點積注意力中的 *Q*、*K*、*V* 向量

小冰：那麼在編碼器 - 解碼器的注意力實現過程中，又如何理解 ***Q***、***K*** 和 ***V*** 向量呢？

咖哥：具體到編碼器 - 解碼器注意力來說，可以這樣理解 ***Q***、***K***、***V*** 向量。

- ***Q*** 向量代表了解碼器在當前時間步的表示，用於和 ***K*** 向量進行匹配，以計算注意力權重。***Q*** 向量通常是解碼器隱藏狀態的線性變換。
- ***K*** 向量是編碼器輸出的一種表示，用於和 ***Q*** 向量進行匹配，以確定哪些編碼器輸出對當前解碼器時間步來說最相關。***K*** 向量通常是編碼器隱藏狀態的線性變換。
- ***V*** 向量是編碼器輸出的另一種表示，用於計算加權求和，生成注意力上下文向量。注意力權重會作用在 ***V*** 向量上，以便在解碼過程中關注輸入序列中的特定部分。***V*** 向量通常也是編碼器隱藏狀態的線性變換。

在剛才的編碼器 - 解碼器注意力範例中，直接使用了編碼器隱藏狀態和解碼器隱藏狀態來計算注意力。這裡的 ***Q***、***K*** 和 ***V*** 向量並沒有顯式地表示出來（而且，此處 ***K*** 和 ***V*** 是同一個向量），但它們的概念仍然隱含在實現中：

- 編碼器隱藏狀態（encoder_hidden_states）充當了 ***K*** 和 ***V*** 向量的角色。
- 解碼器隱藏狀態（decoder_hidden_states）充當了 ***Q*** 向量的角色。

我們計算 ***Q*** 向量（解碼器隱藏狀態）與 ***K*** 向量（編碼器隱藏狀態）之間的點積來得到注意力權重，然後用這些權重對 ***V*** 向量（編碼器隱藏狀態）進行加權求和，得到上下文向量。

當然了，在一些更複雜的注意力機制（如 Transformer 中的多頭自注意力機制）中，***Q***、***K***、***V*** 向量通常會更明確地表示出來，因為我們需要透過使用不同的線性層將相同的輸入序列顯式地映射到不同的 ***Q***、***K***、***V*** 向量空間。

小冰：原來如此。那麼我總結一下我所理解的 ***Q***、***K*** 和 ***V*** 向量。***Q*** 向量表示查詢，用於提取與輸入序列相關的資訊。***K*** 向量表示鍵，用於計算相似度得分。***V*** 向量表示值，用於計算加權資訊。透過將注意力權重應用於 ***V*** 向量，我們可以獲取輸入序列中與 ***Q*** 向量相關的資訊。它們（***Q***、***K*** 和 ***V***）其實**都是輸入序列，有時是編碼器輸入 序列，有時是解碼器輸入序列，有時是神經網路**

中的隱藏狀態（也來自輸入序列）的線性串列示，也都是序列的「嵌入向量」，對吧？

咖哥：正是如此。

小冰：不過，咖哥，你上面說在 Transformer 中，***Q***、***K*** 和 ***V*** 常常是對同一個輸入序列進行不同線性變換而得，這是不是有名的「自注意力」？

5.5 自注意力

咖哥：是的。自注意力就是自己對自己的注意，它允許模型在同一序列中的不同位置之間建立依賴關係。用我們剛才講過的最簡單的注意力來理解，如果我們把 x2 替換為 x1 自身，那麼我們其實就實現了 x1 每一個位置對自身其他序列的所有位置的加權和。

下面的程式就實現了一個最簡單的自注意力機制。

In

```
import torch
import torch.nn.functional as F
# 一個形狀為 (batch_size, seq_len, feature_dim) 的張量 x
x = torch.randn(2, 3, 4)
# 計算原始權重，形狀為 (batch_size, seq_len, seq_len)
raw_weights = torch.bmm(x, x.transpose(1, 2))
# 用 softmax 函數對原始權重進行歸一化，形狀為 (batch_size, seq_len, seq_len)
attn_weights = F.softmax(raw_weights, dim=2)
# 計算加權和，形狀為 (batch_size, seq_len, feature_dim)
attn_outputs = torch.bmm(attn_weights, x)
```

小冰：那麼，如何實現帶有 ***Q***、***K*** 和 ***V*** 的自注意力呢？

咖哥：在自注意力中，我們只需要對輸入序列進行不同的線性變換，得到 ***Q***、***K*** 和 ***V*** 向量，然後應用縮放點積注意力即可。

下面是修改後的程式範例。

In

```
# 一個形狀為 (batch_size, seq_len, feature_dim) 的張量 x
x = torch.randn(2, 3, 4) # 形狀 (batch_size, seq_len, feature_dim)
# 定義線性層用於將 x 轉換為 Q, K, V 向量
linear_q = torch.nn.Linear(4, 4)
linear_k = torch.nn.Linear(4, 4)
linear_v = torch.nn.Linear(4, 4)
# 透過線性層計算 Q, K, V
Q = linear_q(x) # 形狀 (batch_size, seq_len, feature_dim)
K = linear_k(x) # 形狀 (batch_size, seq_len, feature_dim)
V = linear_v(x) # 形狀 (batch_size, seq_len, feature_dim)
# 計算 Q 和 K 的點積，作為相似度分數，也就是自注意力原始權重
```

```
raw_weights = torch.bmm(Q, K.transpose(1, 2)) # 形狀 (batch_size, seq_len, seq_len)
# 將自注意力原始權重進行縮放
scale_factor = K.size(-1) ** 0.5  # 這裡是 4 ** 0.5
scaled_weights = raw_weights / scale_factor # 形狀 (batch_size, seq_len, seq_len)
# 用 softmax 函數對縮放後的權重進行歸一化，得到注意力權重
attn_weights = F.softmax(scaled_weights, dim=2) # 形狀 (batch_size, seq_len, seq_len)
# 將注意力權重應用于 V 向量，計算加權和，得到加權資訊
attn_outputs = torch.bmm(attn_weights, V) # 形狀 (batch_size, seq_len, feature_dim)
print(" 加權資訊：", attn_outputs)
```

Out

```
加權資訊：tensor([[[-0.1050, -0.0269,  0.2893,  0.3222],
         [-0.0476, -0.0560,  0.2607,  0.3253],
         [-0.0160, -0.0720,  0.2453,  0.3268]],

        [[-0.7248,  0.2341, -0.1126,  0.7494],
         [-0.9299,  0.3150, -0.1710,  0.8458],
         [-0.4370,  0.1295, -0.0738,  0.6225]]], grad_fn=<BmmBackward0>)
```

小冰：明白了，那麼下面能否再說一說多頭自注意力？

咖哥：當然沒問題。下面，我們可以進一步修改程式，來實現多頭自注意力機制。

5.6 多頭自注意力

多頭自注意力（Multi-head Attention）機制是注意力機制的一種擴充，它可以幫助模型從不同的表示子空間捕捉輸入資料的多種特徵。具體而言，多頭自注意力在計算注意力權重和輸出時，會對 ***Q***、***K***、***V*** 向量分別進行多次線性

變換，從而獲得不同的頭（Head），並進行平行計算，以下圖所示。

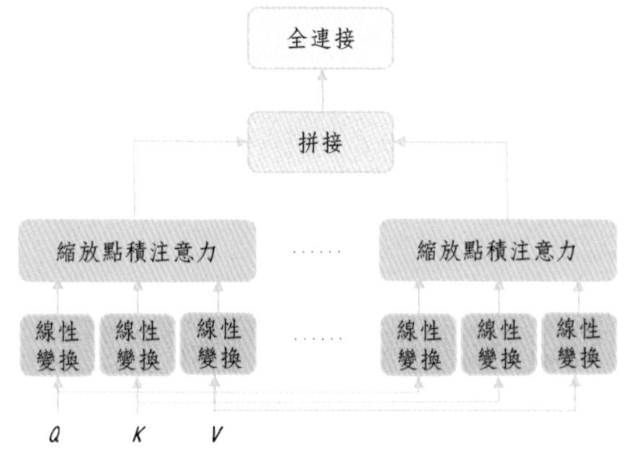

▲ 多頭自注意力

以下是多頭自注意力的計算過程。

(1) 初始化：設定多頭自注意力的頭數。每個頭將處理輸入資料的子空間。

(2) 線性變換：對 ***Q***、***K***、***V*** 向量進行數次線性變換，每次變換使用不同的權重矩陣。這樣，我們可以獲得多組不同的 ***Q***、***K***、***V*** 向量。

(3) 縮放點積注意力：將每組 ***Q***、***K***、***V*** 向量輸入縮放點積注意力中進行計算，每個頭將生成一個加權輸出。

(4) 合併：將所有頭的加權輸出拼接起來，並進行一次線性變換，得到多頭自注意力的最終輸出。

多頭自注意力機制的優勢在於，透過同時學習多個子空間的特徵，可以提高模型捕捉長距離依賴和不同語義層次的能力。

下面是一個簡單的實現多頭自注意力機制的程式範例。

In

```
import torch
import torch.nn.functional as F
# 一個形狀為 (batch_size, seq_len, feature_dim) 的張量 x
x = torch.randn(2, 3, 4)  # 形狀 (batch_size, seq_len, feature_dim)
# 定義頭數和每個頭的維度
num_heads = 2
head_dim = 2
# feature_dim 必須是 num_heads * head_dim 的整數倍
assert x.size(-1) == num_heads * head_dim
# 定義線性層用於將 x 轉為 Q, K, V 向量
linear_q = torch.nn.Linear(4, 4)
linear_k = torch.nn.Linear(4, 4)
linear_v = torch.nn.Linear(4, 4)
# 透過線性層計算 Q, K, V
Q = linear_q(x)  # 形狀 (batch_size, seq_len, feature_dim)
K = linear_k(x)  # 形狀 (batch_size, seq_len, feature_dim)
V = linear_v(x)  # 形狀 (batch_size, seq_len, feature_dim)
# 將 Q, K, V 分割成 num_heads 個頭
def split_heads(tensor, num_heads):
    batch_size, seq_len, feature_dim = tensor.size()
    head_dim = feature_dim // num_heads
    output = tensor.view(batch_size, seq_len, num_heads, head_dim).transpose(1, 2)
    return  output # 形狀 (batch_size, num_heads, seq_len, header_dim)
Q = split_heads(Q, num_heads)  # 形狀 (batch_size, num_heads, seq_len, head_dim)
K = split_heads(K, num_heads)  # 形狀 (batch_size, num_heads, seq_len, head_dim)
V = split_heads(V, num_heads)  # 形狀 (batch_size, num_heads, seq_len, head_dim)
# 計算 Q 和 K 的點積，的點積，作為相似度分數，也就是自注意力原始權重
```

```
raw_weights = torch.matmul(Q, K.transpose(-2, -1))  # 形狀 (batch_size, num_heads, seq_len, seq_len)
# 對自注意力原始權重進行縮放
scale_factor = K.size(-1) ** 0.5
scaled_weights = raw_weights / scale_factor  # 形狀 (batch_size, num_heads, seq_len, seq_len)
# 用 softmax 函數對縮放後的權重進行歸一化，得到注意力權重
attn_weights = F.softmax(scaled_weights, dim=-1)  # 形狀 (batch_size, num_heads, seq_len, seq_len)
# 將注意力權重應用于 V 向量，計算加權和，得到加權資訊
attn_outputs = torch.matmul(attn_weights, V)  # 形狀 (batch_size, num_heads, seq_len, head_dim)
# 將所有頭的結果拼接起來
def combine_heads(tensor):
    batch_size, num_heads, seq_len, head_dim = tensor.size()
    feature_dim = num_heads * head_dim
    output = tensor.transpose(1, 2).contiguous().view(batch_size, seq_len, feature_dim)
    return output # 形狀 : (batch_size, seq_len, feature_dim)
attn_outputs = combine_heads(attn_outputs, num_heads)  # 形狀 (batch_size, seq_len, feature_dim)
# 對拼接後的結果進行線性變換
linear_out = torch.nn.Linear(4, 4)
attn_outputs = linear_out(attn_outputs)  # 形狀 (batch_size, seq_len, feature_dim)
print(" 加權資訊：", attn_outputs)
```

Out

```
加權資訊：tensor([[[ 0.7124, -0.2827,  0.5822,  0.3743],
         [ 0.7162, -0.2885,  0.5784,  0.3721],
         [ 0.7118, -0.2803,  0.5846,  0.3757]],

        [[ 0.3251, -0.1604,  0.3867,  0.3548],
         [ 0.4452, -0.2258,  0.4250,  0.4310],
         [ 0.3397, -0.1866,  0.3717,  0.3605]]], grad_fn=<ViewBackward0>)
```

這段程式實現了多頭自注意力的計算過程。我們首先定義了頭數 num_heads 和每個頭的維度 head_dim。然後，**將 *Q*、*K*、*V* 分割成多個頭，每個頭處理一個子空間，並分別進行自注意力計算**。最後，我們將所有頭的結果拼接起來，並對拼接後的結果進行線性變換。這樣，我們就獲得了多頭自注意力的最終輸出。

程式中需要講一下的敘述是 output = tensor.transpose(1, 2).contiguous().view(batch_size, seq_len, feature_dim)。

- tensor.transpose(1, 2): 這裡將 tensor 的第二個和第三個維度交換。tensor.size() 傳回的結果中，原來的維度順序是 batch_size, num_ heads, seq_len, head_dim。呼叫 transpose 後，維度順序變為 batch_size, seq_len, num_heads, head_dim。這個操作是為了將所有注意力頭的結果對應同一位置的值放在一起，便於後續的拼接。

- contiguous(): 這個函數用於確保 tensor 在記憶體中是連續的。在做一些操作（如 view、transpose 等）之後，tensor 在記憶體中可能不再是連續的，如果這時進行一些不支援 non-contiguous tensor 的操作，就會出錯。所以，這裡呼叫 contiguous() 來確保 tensor 在記憶體中是連續的。
- view(batch_size, seq_len, feature_dim): 這裡將 tensor 的形狀改變為 (batch_size, seq_len, feature_dim)，其中 feature_dim 是 num_heads 和 head_dim 的乘積。這個操作將每個注意力頭對應同一位置的輸出拼接（或合併）在一起，使其可以作為下一層的輸入。這就完成了所有注意力頭的輸出拼接（或合併）。

這個函數的傳回值是拼接（或合併）所有注意力頭輸出後的結果，形狀為 (batch_ size, seq_len, feature_dim)。

小冰：可否這樣簡單總結一下多頭自注意力機制，即將輸入向量投影到多個向量空間，在每個向量空間中執行點積注意力計算，然後連接各頭的結果。

咖哥：你總結得言簡意賅，看來你真的聽懂了。在實際應用中，多頭自注意力通常作為更複雜模型（如 Transformer）的組成部分。這些複雜的模型通常包含其他元件，例如前饋神經網路（Feed-Forward Neural Network）和層歸一化（Layer Normalization），以提高模型的表達能力和穩定性。

多頭自注意力的優勢是它可以在不同的表示子空間中捕捉輸入資料的多種特徵，從而提高模型在處理長距離依賴和複雜結構時的性能。這使得多頭自注意力在自然語言處理、電腦視覺等領域的任務中實現效果較好。

咖哥：注意力機制解釋到此處，差不多該講的都講了。最後一個需要解釋的內容是注意力遮罩（Attention Mask）。

小冰：哎，對。經常聽到「遮罩多頭自注意力」這種說法。BERT 模型裡面有「遮罩」，意思是把一部分訓練資料擋住，讓模型做克漏字。也不知道注意力遮罩指的是什麼。

5.7 注意力遮罩

注意力中的遮罩機制，不同於 BERT 訓練過程中的那種對訓練文字的「遮罩」。注意力遮罩的作用是避免模型在計算注意力分數時，將不相關的單字考慮進來。遮罩操作可以防止模型學習到不必要的資訊。

要直觀地解釋遮罩，我們先回憶一下填充（Padding）的概念。在 NLP 任務中，我們經常需要將不同長度的文字輸入模型。為了能夠批次處理這些文字，我們需要將它們填充至相同的長度。

以這段有關損失函數的程式為例。

```
criterion = nn.CrossEntropyLoss(ignore_index=word2idx_en['<pad>']) # 損失函數
```

這段程式中的 ignore_index=word2idx_en ['<pad>']，就是為了告訴模型，<pad> 是附加的容錯資訊，模型在反向傳播更新參數的時候沒有必要關注它，因此也沒有什麼單字會被翻譯成 <pad>。

填充遮罩（Padding Mask）的作用和上面損失函數中的 ignore_index 參數有點類似，都是避免在計算注意力分數時，將填充位置的單字考慮進來（見下圖）。因為填充位置的單字對實際任務來說是無意義的，而且可能會引入雜訊，影響模型的性能。

雕	龍	一	拍	PAD	PAD	PAD
頂	呱	呱	PAD	PAD	PAD	PAD
呀	!	PAD	PAD	PAD	PAD	PAD
頂	呱	呱	頂	PAD	PAD	PAD
中	文	模	型	全	靠	它

▲ 序列的 Padding

加入了遮罩機制之後的注意力以下圖所示，我們會把將注意力權重矩陣與一個注意力遮罩矩陣相加，使得不需要的資訊所對應的權重變得非常小（接近負無窮）。然後，透過應用 softmax 函數，將不需要的資訊對應的權重變得接近於 0，從而實現忽略它們的目的。

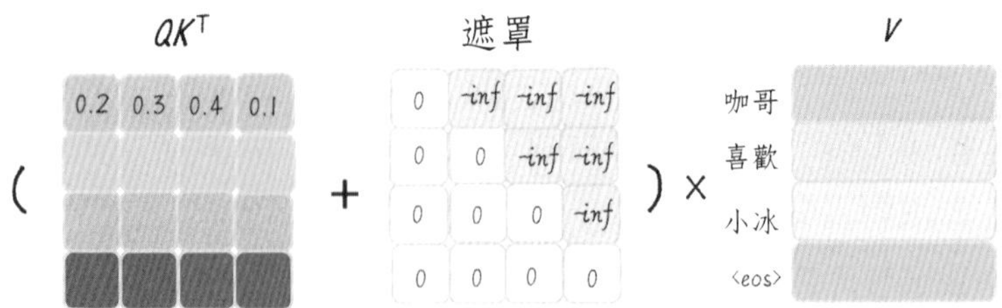

▲ 透過遮罩，把不需要關注的資訊權重設為近似「0」

5.8 其他類型的注意力

咖哥：在我們課程的主角 Transformer 中，使用了自注意力機制、多頭自注意力機制和遮罩，不僅有前面介紹的填充遮罩，還有一種解碼器專用的後續注意力遮罩（Subsequent Attention Mask），簡稱後續遮罩，也叫前瞻遮罩（Look-ahead Masking），這是為了在訓練時為解碼器遮蔽未來的資訊。

小冰：哇，什麼是未來的資訊？

咖哥：就是當前位置後面的文字。這和生成式模型的特點有關。這些內容及各種注意力遮罩的程式實現，我們將在下一課詳細解釋。

除了上文講解的縮放點積注意力、自注意力和多頭自注意力，還有許多其他類型的注意力機制。以下是一些常見的注意力機制。

- 加性注意力（Additive Attention）：又稱為 Bahdanau 注意力，這種機制在神經機器翻譯任務中首次提出。加性注意力使用一個帶有啟動函數（如 tanh）的全連接層來計算查詢和鍵之間的相似度得分。相較於縮放點積注意力，加性注意力的計算複雜度略高，但在某些場景下可能更適用。
- 全域注意力（Global Attention）：全域注意力機制在計算注意力權重時，會考慮所有輸入序列的元素。這種機制常用於 Seq2Seq 模型，如 RNN 編碼器 - 解碼器模型。全域注意力機制可以捕捉輸入序列的全域資訊，但計算成本較高。

- 局部注意力（Local Attention）：相對於全域注意力，局部注意力僅在輸入序列的視窗內計算注意力權重。這種機制專注於輸入序列的局部結構，可以降低計算成本。局部注意力可以進一步細分為硬局部注意力（Hard Local Attention）和軟局部注意力（Soft Local Attention），區別在於選擇視窗的方式。
- 自我調整注意力（Adaptive Attention）：一種動態調整注意力權重的機制，可根據輸入序列自動決定更關注全域資訊還是局部資訊。因此，自我調整注意力機制能夠在不同的上下文中自我調整地調整模型的行為，提高模型的泛化能力。
- 分層注意力（Hierarchical Attention）：一種在多個層次上計算注意力權重的機制。這種機制可以幫助模型捕捉不同層次的抽象特徵。舉例來說，在處理文字時，分層注意力可以先關注單字等級的資訊，然後再關注句子等級的資訊。
- 因果注意力（Causal Attention）：一種透過後續遮罩來避免模型提前獲取未來資訊的注意力機制。在生成型任務（如文字生成、語音合成等）中，其目的是確保模型在生成當前位置的輸出時，只能關注到當前位置及其之前的位置，而不能關注到之後的位置。這是因為在實際生成任務中，模型在生成某個位置的輸出時，是不知道之後位置的資訊的。這有助提高模型的性能和堅固性。

這些注意力機制並不互斥，可以根據任務需求和具體場景進行選擇和組合。在實踐中，研究人員經常會嘗試不同的注意力機制，以找到最適合問題的解決方案。

咖哥：本課講到這裡就要結束了，注意力機制對你來說也已經不再神秘了。小冰同學，如果你已經完完全全弄懂了本課的全部內容，再加上前面 5 課的準備，我們就可以開啟 GPT 實戰的核心技術——Transformer 的講解了。

小冰：好期待呀！

小結

注意力機制是一種常用於 Seq2Seq 模型中的技術，用來對輸入序列中不同位置的資訊進行加權處理，從而提高模型對輸入序列中關鍵資訊的關注度。

具體而言，注意力機制允許模型在解碼時，根據當前時間步的解碼器狀態，計算出一個注意力的輸出向量，它將輸入序列中不同位置的資訊加權相加，得到一個加權和向量，這個加權和向量會在解碼器中與當前時間步的解碼器狀態進行融合，生成最終的輸出。這種機制讓模型更加靈活地、有選擇地關注到輸入序列中的重要部分，提高了模型的性能。

常見的注意力機制包括全域注意力、局部注意力和自注意力。全域注意力會對輸入序列中所有位置的資訊進行加權計算，而局部注意力和自注意力則會在一定範圍內或自身序列中計算注意力向量，以更加高效率地處理長序列。

注意力機制可以幫助模型更進一步地處理長輸入序列和複雜的上下文相關性，因此在許多 NLP 任務（比如機器翻譯、文字摘要等）中都發揮著重要作用。透過引入注意力機制，我們可以提高基於 Seq2Seq 架構的語言模型的性能和效果，更為重要的是，注意力機制還將為即將到來的 Transformer 時代開啟了新的篇章。

思考

1. 向量點積注意力中兩次使用 bmm 函數，為何一次解釋為點積，另一次解釋為加權和？

2. 解釋 bmm 函數和 matmul 函數有何異同。

3. 完成編碼器 - 解碼器注意力的實現程式。

4. 解釋什麼是查詢（Query）、鍵（Key）和值（Value）。

5. 使用 $\boldsymbol{Q}$、$\boldsymbol{K}$、$\boldsymbol{V}$ 向量來重構編碼器 - 解碼器注意力。

第 6 課

層巒疊翠上青天：架設 GPT 核心元件 Transformer

咖哥：嘿，小冰，今天我們要講的可是 AI 領域的超級巨星——Transformer！自從它走進了 NLP 的世界，就徹底改變了這個領域的生態！無論是前幾年的 BERT 和初代 GPT，還是今天的 ChatGPT 和 GPT-4，全都離不開 Transformer 這個技術核心。

不僅如此，Transformer 的影響力還逐漸擴充到了其他人工智慧領域，比如電腦視覺、推薦系統、強化學習等多個領域。那麼現在，你準備好了嗎？

小冰：當然了，咖哥！這麼多天過去，「雕龍一拍」都出到 3.0 版了，我還沒學到它使用的架構 Transformer，當然是迫不及待了！

咖哥：的確，Transformer，不知道是何人為這個架構起了一個如此威武霸氣的名字。不過，事實是，從它問世的那一天起，它就徹底拯救了整個 NLP 領域。如果說當年的 BERT 讓研究 NLP 的學者終於在研究電腦視覺（CV）的學者面前抬起了頭，那麼後來淩空出世的 ChatGPT 則讓整個 NLP 領域再度為 AI 瘋狂，把 AI 帶到了前所未有的高度，AIGC 不再是夢想，AGI 也初現曙光。在 Transformer 加持下，NLP 學者變得更加強大。

▲ 咖哥變身 Transformer

6.1 Transformer 架構剖析

Transformer 的起源可以追溯到 2017 年，Google 大腦（Google Brain）團隊的 Vaswani 等人在論文「Attention is All You Need」[a]（《你只需要注意力》）中提出了這種結構。這篇論文旨在解決 Seq2Seq 模型在處理長距離依賴時遇到的困難。

在此之前，RNN 和 LSTM 是自然語言處理領域的主流技術。然而，這些網路結構存在計算效率低、難以捕捉長距離依賴、資訊傳遞時的梯度消失和梯度爆炸等問題。這些問題在序列類型的神經網路系統中長期存在著，讓學者們很頭疼。因此，NLP 的應用也不能像 CV 應用一樣直接落地。為了解決這些問題，瓦斯瓦尼等人提出了一個全新的架構——Transformer。

Transformer 的核心是自注意力機制，它能夠為輸入序列中的每個元素分配不同的權重，從而更進一步地捕捉序列內部的依賴關係。與此同時，Transformer 摒棄了 RNN 和 LSTM 中的循環結構，採用了全新的編碼器 - 解碼器架構。這種設計使得模型可以並行處理輸入資料，進一步加速訓練過程，提高計算效率。

自 Transformer 問世以來，它在自然語言處理領域獲得了巨大成功，提升了各種任務的性能。隨後，基於 Transformer 的 BERT、GPT 等預訓練模型也相繼出現，進一步拓展了其在各種 NLP 任務中的應用。如今，Transformer 已經成為 NLP 領域的代表性技術，並在電腦視覺、語音辨識等其他人工智慧領域也獲得了顯著的成果。

先給你看看這個 Transformer 的架構吧！

a VASWANI A SHAZEER N, PARMAR N, et al. Attention is all you need [J]. Advances in Neural Information Processing Systems, 2017(30): 5998-6008.

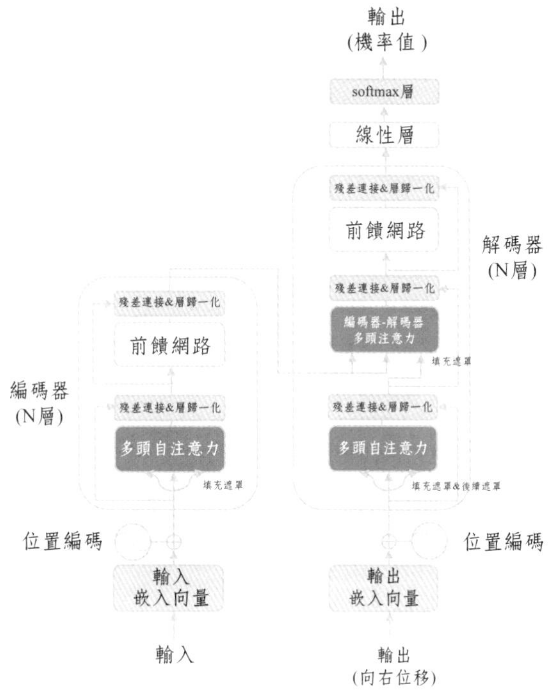

▲ Transformer 架構

小冰：哇，這可就真把我給看呆了。

咖哥：別急，我一點一點地給你拆解 Transformer 架構，好在你有了之前的學習基礎，應該能夠輕鬆理解下面的內容。

6.1.1 編碼器 - 解碼器架構

原始的 Transformer 分為兩部分：編碼器和解碼器。編碼器負責將輸入序列轉為一種表示，解碼器則根據這種表示生成輸出序列。

咖哥：這一點，你理解起來不會有任何問題吧。

小冰：當然了，不然我前幾課的內容不是白學了。在 Transformer 之前，Seq2Seq 這種編碼器 - 解碼器架構的模型大都是使用 RNN 等循環神經網路來實現對序列的學習的，現在，Transformer 的框架仍然是 Seq2Seq，但是內部應該有很多實現細節發生了變化吧。

咖哥：正是如此！論文「Attention is All You Need」中拋出的第一個重量級創新觀念就是，今後不再需要任何循環神經網路結構來處理 Seq2Seq 類型的問題了。這在那個 LSTM 應用非常廣泛的時代，真是一顆重磅炸彈。

小冰：那 Transformer 中用什麼取代了 RNN ？咖哥：Attention is All You Need ！

小冰：哇！

6.1.2 各種注意力的應用

在 Transformer 的編碼器和解碼器內部，大量地使用了自注意力、多頭自注意力和編碼器 - 解碼器注意力。

Transformer 中的自注意力

自注意力是 Transformer 的核心元件，它允許模型為輸入序列中的每個元素分配不同的權重，從而捕捉序列內部的依賴關係。在編碼器和解碼器的每一層中，都包含了一個自注意力子層（以下圖所示）。

▲ 自注意力子層

小冰：我還記得自注意力的計算過程。

(1) 將輸入序列的每個元素分別投影到三個不同的向量空間，得到 Q、K 和 V 向量。

(2) 計算 $\boldsymbol{Q}$ 和 $\boldsymbol{K}$ 的點積，然後除以一個縮放因數（通常是 $\boldsymbol{K}$ 向量的維度的平方根），得到注意力分數。

(3) 用 softmax 函數對注意力分數進行歸一化，得到注意力權重。

(4) 將注意力權重與對應的 *V* 向量相乘，並求和，得到自注意力的輸出。

咖哥：對了，將自注意力引入 Seq2Seq 架構，是 Transformer 最大的亮點。這個機制讓 Transformer 中的編碼器和解碼器元件可以同時處理輸入序列中的所有元素，讓它們互相作用，而不僅是一個接一個地處理。這樣 Transformer 能夠在不同層次和不同位置捕捉輸入序列中的依賴關係。

小冰：不過，我有一個問題，為什麼在解碼器的「多頭自注意力」旁，標明「填充遮罩 & 後續遮罩」，而在編碼器部分則只有「填充遮罩」？

咖哥：好問題！**解碼器的自注意力層只允許關注已經生成的輸出序列中的位置，這樣可以避免「看到未來」的情況**。對生成式模型來說，這種「單向」的資訊解碼規則非常重要。

提出 Transformer 的 Google 學者們認為，在自注意力機制的幫助下，我們完全可以摒棄傳統的 RNN 或 LSTM 等方法，不再需要一個接一個地處理序列元素。這使 Transformer 能夠更進一步地利用現代計算裝置的平行計算能力，從而大幅提升了訓練和推理速度，也使得模型具有強大的表達能力。這就是為什麼 Transformer 在處理長距離依賴時比傳統的 RNN 和 LSTM 等方法更加高效！

在 Transformer 中，自注意力是透過多頭自注意力來實現的。

Transformer 中的多頭自注意力

多頭自注意力是 Transformer 中一個非常重要的概念，是對自注意力機制的一種擴充，旨在讓模型能夠同時關注輸入序列中的多個不同的表示子空間，從而捕捉更豐富的資訊。

多頭自注意力的靈感來自多工學習。你可以把它想像成一個小團隊，每個成員都在關注輸入序列的不同方面。透過將注意力分為多個頭，可以將自注意力機制複製多次（通常設定為 8 次或更多）。每個頭使用不同的權重參數進行自注意力計算。由此，模型可以學會從不同的角度關注輸入序列，從而捕捉更豐富的資訊。多頭自注意力的輸出會被拼接起來，然後透過一個線性層進行整合，得到多頭自注意力的最終輸出（以下圖所示）。

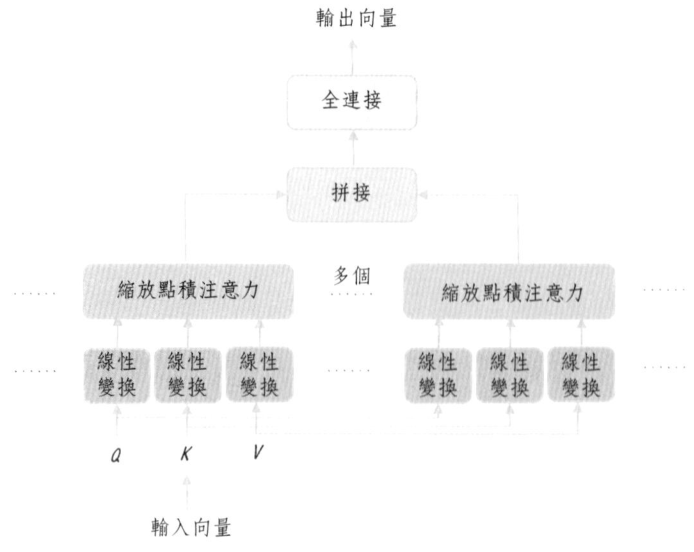

▲ 多頭自注意力的輸出會被拼接起來

多頭自注意力的計算過程如下：

(1) 對於每個頭，將輸入序列的每個元素分別投影到三個不同的向量空間，得到 $\boldsymbol{Q}$、$\boldsymbol{K}$ 和 $\boldsymbol{V}$ 向量。

(2) 使用 $\boldsymbol{Q}$、$\boldsymbol{K}$ 和 $\boldsymbol{V}$ 向量計算自注意力輸出。

(3) 將所有頭的輸出沿著最後一個維度拼接起來。

(4) 透過一個線性層，將拼接後的結果映射到最終的輸出空間。

多頭自注意力既可以用於編碼器和解碼器的自注意力子層，也可以用於解碼器的編碼器 - 解碼器注意力子層。透過這種設計，Transformer 能夠更進一步地捕捉輸入序列中的局部和全域依賴關係，從而進一步提升模型的表達能力。

下面這張圖片為 Transformer 中的多頭自注意力進行了立體視覺化，極佳地表現了它的實現過程。

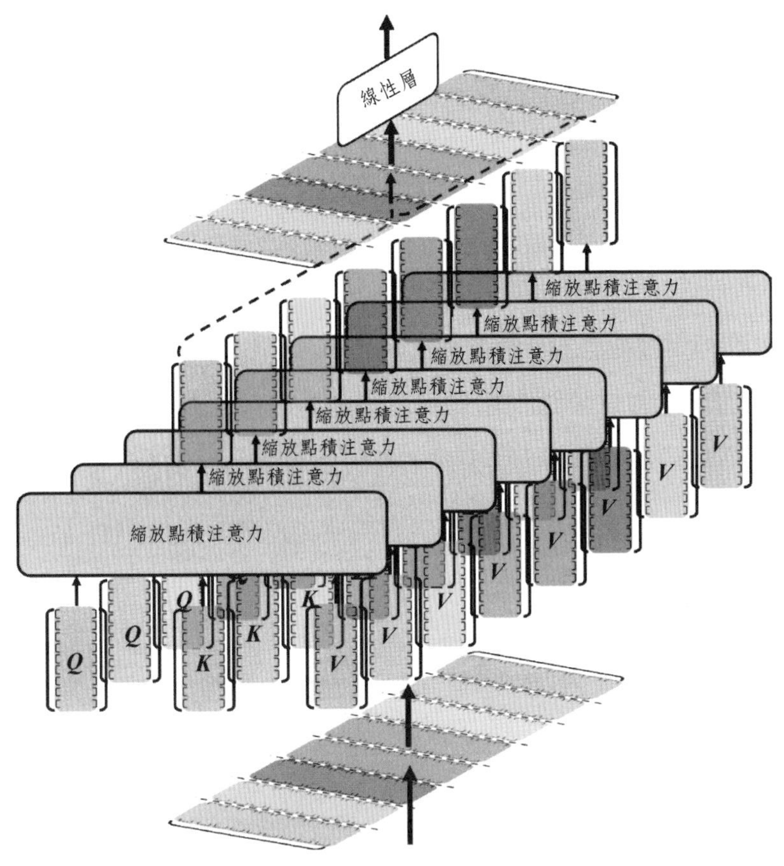

▲ 多頭自注意力的立體展示

小冰：很棒！

Transformer 中的編碼器 - 解碼器注意力

咖哥：小冰，現在請你回憶一下，上一課中我們應用在 Seq2Seq 的是哪種注意力？

小冰：編碼器 - 解碼器注意力。

咖哥：對了！ Transformer 中還有一個額外的「編碼器 - 解碼器注意力」層（以下圖所示）。這個編碼器 - 解碼器注意力主要用於解碼器中，使得解碼器能夠關注到編碼器輸出的相關資訊，從而更進一步地生成目標序列。它的計算過程與自注意力類似，但是這裡的 ***Q*** 向量來自解碼器的上一層輸出，而 ***K*** 和 ***V*** 向量則來自編碼器的輸出。

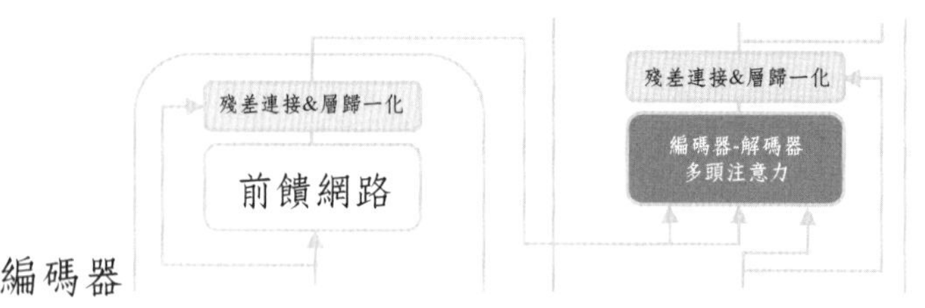

▲ 此處的注意力是編碼器 - 解碼器注意力

Transformer 中的注意力遮罩和因果注意力

在注意力機制中，我們希望告訴模型，哪些資訊是當前位置最需要關注的；同時也希望告訴模型，某些特定資訊是不需要被關注的，這就是注意力遮罩的作用。

Transformer 中的注意力遮罩主要用於以下兩種情況。

- 填充注意力遮罩（Padding Attention Mask）：當處理變長序列時，通常需要對較短的序列進行填充，使所有序列具有相同的長度，以便進行批次處理。填充的部分對實際任務沒有實際意義，因此我們需要使用填充注意力遮罩來避免模型將這些填充位置考慮進來。填充注意力遮罩用於將填充部分的注意力權重設為極小值，在應用 softmax 時，這些位置的權重將接近於零，從而避免填充部分對模型輸出產生影響。——在 Transformer 的編碼器中，我們只需要使用填充注意力遮罩。
- 後續注意力遮罩（Subsequent Attention Mask），又稱前瞻注意力遮罩（Look-ahead Attention Mask）：在自回歸任務中，例如文字生成，模型需要逐步生成輸出序列。在這種情況下，為了避免模型在生成當前位置的輸出時，提前獲取未來位置的資訊，需要使用前瞻注意力遮罩。前瞻注意力遮罩將當前位置之後的所有位置的注意力權重設為極小值，這樣在計算當前位置的輸出時，模型只能存取到當前位置之前的資訊，從而確保輸出的自回歸性質。——在 Transformer 的解碼器中，不僅需要使用填充注意力遮罩，還需要使用後續注意力遮罩。

在 Transformer 中，注意力遮罩作用於自注意力機制，它會在計算注意力分數之後，對這些分數進行逐元素的遮罩操作。透過使用填充注意力遮罩和後續注意力遮罩，可以有效地約束模型關注的區域，使其僅關注真實輸入資料及當前位置之前的資訊。這對於改善模型性能及處理變長序列和自回歸任務非常重要。使用了後續注意力遮罩的注意力也叫作因果注意力。在生成式任務中，因果注意力的主要目的是確保模型在生成當前位置的輸出時，只能關注到當前位置及其之前的位置，而不能關注到之後的位置。這是因為在實際生成任務中，模型在生成某個位置的輸出時是不知道之後位置的資訊的。

以上，就是 Transformer 中注意力機制的細節，其實這部分內容也是對上節課內容的一次系統複習。

為什麼注意力機制能夠大幅提升語言模型性能呢？主要有以下幾個原因。

(1) 注意力機制讓 Transformer 能夠在不同層次和不同位置捕捉輸入序列中的依賴關係。

(2) 注意力機制使得模型具有強大的表達能力，能夠有效處理各種序列到序列任務。

(3) 由於注意力機制的計算可以高度並行化，Transformer 的訓練速度也獲得了顯著提升。

Transformer 的這幾個優勢，終於克服了傳統 NLP 模型（如 TextCNN [a]、RNN 和 LSTM）處理長文字序列問題時的侷限，它的出現可謂 NLP 領域的雪恥時刻 [b]。

講完了注意力機制在 Transformer 中的應用，下面我們再對 Transformer 中編碼器和解碼器的內部結構一一進行拆解。

---

a TextCNN（Text Convolutional Neural Network）是一種用於文字分類和文字表示學習的深度學習模型。它基於視覺領域常用的卷積神經網路的思想，但就文字領域進行了相應的修改和適應。

b 相對於 CV 領域的諸多高光時刻而言。

6.1.3 編碼器的輸入和位置編碼

首先，我們會把需要處理的文字序列轉為一個輸入詞嵌入向量（Word Embedding），它負責將輸入的詞轉換成詞向量。然後，我們會為這些詞向量增加位置編碼（Positional Encoding），從而為模型提供位置資訊，如下圖所示。

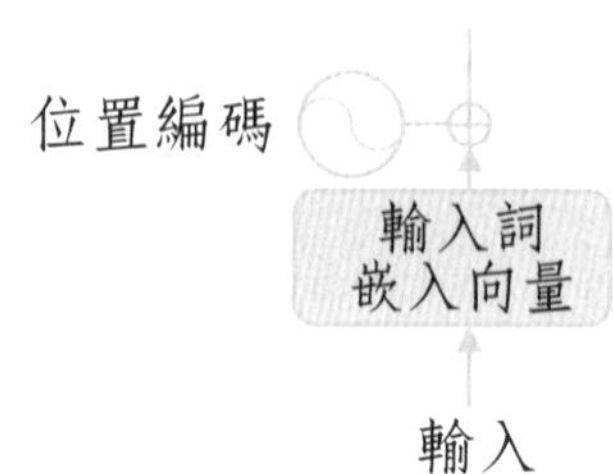

▲ Transformer 需要為詞向量增加位置編碼

小冰：輸入向量我理解，在第 2 課中，你曾經詳細地講過什麼是詞向量，以及為什麼要透過學習把詞從高維的 One-Hot 編碼轉換成低維向量。而這個位置編碼，我還是第一次聽說。

咖哥：對。位置編碼是一個新基礎知識，也是 Transformer 架構中的重要元素。由於 Transformer 模型不使用循環神經網路，因此無法從序列中學習到位置資訊。為了解決這個問題，需要為輸入序列增加位置編碼，將每個詞的位置資訊加入詞向量中。

圖中的類似於太極圖的那個符號其實是「正弦」符號。正弦位置編碼使用不同頻率的正弦和餘弦函數對每個位置進行編碼。編碼後，每個位置都會得到一個固定的位置編碼，與詞向量拼接或相加後，可以作為模型的輸入。正弦位置編碼具有平滑性和保留相對位置資訊等優點，因此在原始的 Transformer 論文中被採用。當然，也有其他位置編碼方法，如可學習的位置編碼，它將位置資訊作為模型參數進行學習。

小冰：嗯，大概懂了。希望後面能夠看到程式實現，以加深理解。

6.1.4 編碼器的內部結構

下面我們來詳細了解一下編碼器的結構。編碼器由多個相同結構的層堆疊而成，每個層包含兩個主要部分：多頭自注意力和前饋神經網路。讓我們一步一步地剖析這兩個部分。

首先，剛才說了，當輸入序列經過詞嵌入處理後，會得到一組詞向量。為了將位置資訊融入這些詞向量中，我們還需要為它們增加位置編碼。這一步的目的是讓模型能夠區分輸入序列中不同位置的詞。

接下來，詞向量和位置編碼將結合起來進入編碼器的第一層。在這一層中，會先進行多頭自注意力計算。多頭自注意力允許模型從不同的角度關注輸入序列，捕捉更豐富的資訊。每個頭都有自己的注意力權重，這些權重將被用來對輸入序列的不同部分進行加權求和。

▲ 多頭自注意力後面跟著殘差連接和層歸一化

多頭自注意力的輸出會與原始輸入相加，也就是殘差連 接（Residual Connection），然後經過層歸一化（Layer Normalization）處理，如上圖所示。層歸一化有助穩定模型的訓練過程，提高模型的收斂速度。「殘差連接 & 層歸一化」這個模組，在 Transformer 相關英文論文中被簡稱為「Add & Norm」層。

咖哥發言

殘差連接是一種在神經網路中廣泛使用的技術，用於加快網路的訓練和提高模型的性能。在神經網路中，每個層通常由一個非線性變換函數和一個線性變換函數組成。非線性變換函數通常由啟動函數，例如 ReLU、Sigmoid、Tanh 等實現，而性變換函數則通常由矩陣乘法實現。在傳統的神經網路中，這些變換函數直接作用於輸入資料，然後傳遞到下一層。而在使用殘差連接的神經網路中，每個層都增加了一個跨層連接，可以將輸入資料直接連接到輸出資料，也可以將輸入資料直接傳遞到後續層次，從而提高資訊的傳遞效率和網路的訓練速度。同時，殘差連接還可以解決梯度消失和梯度爆炸的問題，從而提高網路的性能和穩定性。

層歸一化是一種正則化技巧，用於緩解神經網路中的內部協變數偏移問題（Internal Covariate Shift），即層之間輸入分佈的變化。層歸一化透過對每一層的輸入進行歸一化，有助加快訓練速度、提高模型的泛化能力，並允許使用更大的學習率（Learning Rate）。在 Transformer 模型中，層歸一化通常應用於殘差連接之後，用於對輸出進行歸一化。

之後，我們將進入前饋神經網路（Feed-Forward Neural Network, FFNN）部分。FFNN 是一個包含兩個線性層和一個啟動函數（如 ReLU）的簡單網路。這個網路將對上一步得到的輸出進行非線性變換。

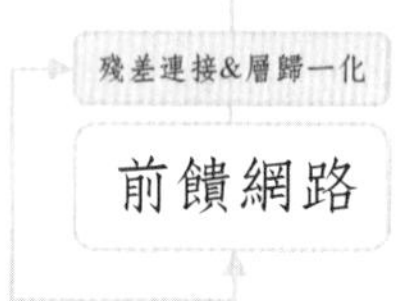

▲ 多頭自注意力的輸出進入前饋網路

最後，前饋神經網路的輸出會與多頭自注意力的結果再次相加，並進行層歸一化，如上圖所示。這樣，我們就完成了編碼器中一個層的處理過程。

這個過程會在編碼器的所有層中重複進行[a]，最後一層的輸出將被傳遞給解碼器。解碼器透過這種方式，可以對輸入序列的資訊進行深度提取和表示，

a Transformer 中這種層層相疊的結構，正是本課標題「層巒疊翠上青天」的靈感來源。

為解碼器生成目標序列提供了有力的支援。

6.1.5 編碼器的輸出和編碼器 - 解碼器的連接

小冰：剛才你講的內容我完全明白了，咖哥。那麼現在編碼器生成了一個特徵向量，提取了輸入序列的資訊，後面是怎麼把這個資訊傳遞給解碼器的呢？

咖哥：編碼器的輸出向量會被傳遞給解碼器的編碼器 - 解碼器注意力計算單元。這種設計使得解碼器能夠在生成目標序列時，充分利用輸入序列的資訊，從而提高生成結果的準確性。同時，透過自注意力和編碼器 - 解碼器注意力機制的結合，解碼器可以捕捉**目標序列內部和輸入序列與目標序列之間的依賴關係**，進一步增強模型的表達能力。

不過，別著急，小冰，目前還沒到使用編碼器輸出的時候。下面我來講解碼器的輸入（解碼器首先要接收自身的輸入資訊），以及編碼器的輸出被傳送到了解碼器的什麼位置。

6.1.6 解碼器的輸入和位置編碼

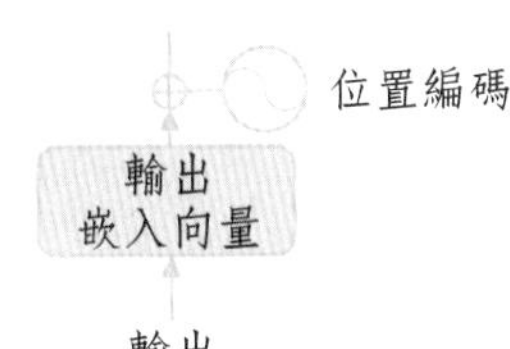

▲ 解碼器的輸入序列在這裡被命名為「輸出」序列

現在讓我們來談談解碼器的輸入部分。解碼器的主要任務是基於編碼器輸出的上下文向量生成目標序列。不過，**解碼器 並不僅接收編碼器的輸出序列，而是需要首先接收自己的輸入序列，這個輸入通常是目標序列的部分，英文中通常叫作 「輸出」（Output），如上圖所示。**

具體來說：

- 在訓練階段中，我們通常會使用目標序列的真值作為解碼器的輸入，這種方法稱為「教師強制」訓練。在第 4 課中，當我們進行 Seq2Seq 模型的架設時，已經使用過教師強制，把目標序列輸送給解碼器以幫助訓練了。為了便於理解，當時，我把這個傳遞給解碼器的序列命名為「decoder_input」，而在有些 Seq2Seq 模型教學程式中，它會被直接命名為「Output」，而解碼器的預測值當然也會被稱為「Output」，也就是「Prediction」。這就有點令人費解了，**解碼器的輸入序列和輸出序列都叫「輸出」（Output）！**
- 在推理階段中，解碼器的輸入則是模型自己已經生成的目標序列（所以這個序列叫「Output」也沒錯，它既是解碼器現在的輸入，也是解碼器之前的輸出）。——這個訓練階段和推理階段的區別非常重要，不過，要等到程式實戰的時候，你才會了解得更清晰。

咖哥：針對這個所謂的「輸出」（其實是解碼器的輸入），我囉哩囉唆地講了這麼一大堆，也不知道你明白了我的意思沒有？

小冰：嗯。我明白的，這裡你主要是為了讓我知道，為什麼此處輸入解碼器的向量也被命名為「輸出」。雖然有點繞，但是，我們畢竟已經在 Seq2Seq 模型中見過一次解碼器的輸入了。不過，我還有一個新的問題，輸出序列後面所標注的「向右位移」該如何理解？

咖哥：在傳統的以 RNN 為網路結構的 Seq2Seq 模型中，解碼器通常會在生成輸出序列時進行向右位移（Shifted-Right），原因是解碼器在生成目標序列時，需要根據來源序列和之前生成的目標序列來預測當前時刻的輸出，也就是生成一個 token，就把當前時刻的輸出作為已知 token 送入網路預測下一個 token。在具體實現中，通常是**在第一個位置上填充一個特殊的起始符號（例如 <sos> 或 <start>），作為當前時刻的輸入，如果有教師強制，則解碼器輸入後續的位置就會自然地向右位移一位；如果沒有教師強制，那麼每個時刻生成的輸出也會向右位移一位，與真值相比，左邊多了一個起始符。**

舉例來說，在**機器翻譯任務**中，解碼器在生成目的語言的序列時，需要根據來源語言序列和之前生成的目的語言序列，預測當前時刻的輸出。這時，解碼器會將前一個時刻生成的目的語言序列向右位移一位，並在第一個位置上填充起始符號，作為當前時刻的輸入。——其實，在第 4 課中我們建構中英翻譯資料集的時候，使用過這個策略了，下面這個資料中，「<sos> KaGe likes XiaoBing」，就是 decoder_input，也就是所謂的 「Output」，只是當時我並沒有把它命名為「向右位移」；而「KaGe likes XiaoBing <eos>」，則是「Target」，也就是目的語言序列。

```
[' 咖哥 喜歡  小冰 ', '<sos> KaGe likes XiaoBing', 'KaGe likes XiaoBing <eos>']
```

在**文字生成任務**中，我們也可以使用類似的訓練策略。假設我們要訓練一個模型，該模型根據給定的文字部分生成下一個單字。在這個任務中，解碼器需要根據已經生成的單字序列預測當前時刻的輸出。假設我們有一個輸入文字：

" 今天天氣真好，我們去 "

我們可以這樣準備訓練資料。

來源序列（輸入）:"<sos> 今天天氣真好，我們去 " 目標序列（輸出）:" 今天天氣真好，我們去 <eos>"

在這個例子中，我們在來源序列的開頭增加了一個特殊的起始符號（<sos>），用於表示序列的開始。我們還在目標序列的結尾增加了一個特殊的結束符號（<eos>），表示序列的結束。

所謂向右位移一位，其實就是 " 今 " 在輸入序列中是第一個 token，現在加了 <sos> 再輸入解碼器就變成了輸入序列的第二個 token。

對以注意力機制為核心的 Transformer 來說，序列中的每個位置都會並行處理，不再像 RNN 那樣一個 token 一個 token 地逐步生成新詞，為何仍然要進行右移一位的操作呢？因為這個策略仍然有助訓練解碼器在替定的文字部分基礎上生成下一個詞，同時不受未來資訊的干擾。也就是說，在因果注意力機制的後續遮罩中，將遮擋住後面的位置，以確保在 " 今 " 這個位置只看到起始符 "<sos>" ；而在 " 天 " 這個位置，則只看到 "<sos>" 和 " 今 "，依此類推。這樣，解碼器可以學習根據上下文預測下一個詞。

咖哥：希望上面的解釋讓你完全理解了解碼器的輸入序列的建構方式。

小冰：嗯。**在 Transformer 中，雖然每個位置的詞都是並行處理的，但是透過序列的「右移一位」操作及後續的遮罩操作，確保了在預測某個位置的詞時，模型只能使用該位置前面的詞作為上下文資訊，不能使用未來的資訊。這就使得 Transformer 能夠像 RNN 那樣，從左到右逐詞生成序列，但同時又避免了 RNN 的順序計算的限制，提高了計算效率。**

下面接著談解碼器的輸入序列處理流程，這部分和編碼器一樣。首先，輸入序列會經過詞嵌入處理，得到一組詞向量。與編碼器類似，我們還需要對這些詞向量進行位置編碼，以便模型能夠區分輸入序列中不同位置的詞。接下來，解碼器的輸入序列的詞向量和位置編碼的結合將進入解碼器的第一層的第一個單元，計算解碼器向量的多頭自注意力。

小冰：嗯？在這個時候，編碼器所輸出的上下文向量並沒有被考慮在內？

咖哥：是的。此時編碼器的輸出向量並沒有被處理，編碼器的輸出資訊是在解碼器每層的第二個單元內才被計算的。下面我們先看看解碼器的內部結構。

6.1.7 解碼器的內部結構

和編碼器一樣，解碼器也由多個相同結構的層堆疊而成，每個層包含多頭自注意力機制、編碼器 - 解碼器注意力機制、前饋神經網路三個主要單元（以下頁圖所示）。

首先，解碼器會進行多頭自注意力計算。這個過程類似於編碼器中的多頭自注意力計算，但解碼器的自注意力機制在處理時要遵循一個重要的原則：只能關注已經生成的輸出序列中的位置，避免在生成新詞時「看到未來」。

小冰：明白了，咖哥！直到現在，還沒有看到編碼器的序列的部分，那接下來是怎麼將編碼器的輸出引入解碼器的呢？

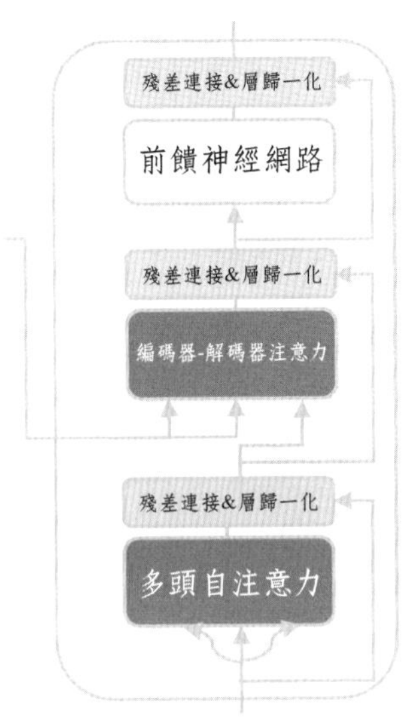

▲ 解碼器的內部結構

咖哥：很好，小冰！在解碼器的多頭自注意力之後，我們在第二個處理單元進行編碼器 - 解碼器注意力計算。這個過程中解碼器需要同時關注來自編碼器的來源序列資訊和解碼器自身輸入的自注意力資訊，以生成目標序列。此時，**編碼器的輸出將 作為這個注意力機制的 Key 向量和 Value 向量，而解碼器自身的自注意力輸出將作為 Query 向量**。

接下來的步驟與編碼器類似，我們將進行殘差連接和層歸一化、前饋神經網路計算，以及再次進行殘差連接和層歸一化。這個過程在解碼器的所有層中重複進行，最後一層的輸出將用於預測目標序列。

這就是解碼器如何接收屬於自己的輸入（右移後的目標序列）並結合編碼器輸出（上下文向量）來生成目標序列預測值的過程。

6.1.8 解碼器的輸出和 Transformer 的輸出頭

解碼器完成所有層的處理後，將得到一個表示目標序列的向量。這個解碼器輸出的隱藏特徵向量就是 Transformer 在序列中學習到的全部特徵表示。

Transformer 拿到了這個特徵向量，就可以在 Transformer 的輸出頭和下游的具體 NLP 任務對齊，最終完成我們希望解決的具體任務。

為了將這個特徵向量轉為我們實際關心的輸出，需要經過一個線性層和一個 softmax 層（如下圖所示）。

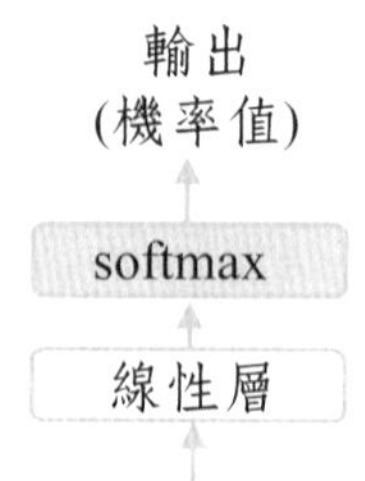

首先，線性層負責將解碼器輸出的向量映射到詞彙表大小的空間。這表示，對於每個位置，線性層的輸出將包含一個與詞彙表中每個詞對應的分數。這個分數可以視為當前位置生成該詞的機率。

緊接著，我們將對這些分數應用 softmax 函數，從而將它們轉為機率分佈，確保所有機率之和為 1，這樣我們就可以更方便地比較這些分數，並選擇最有可能是結果的詞。

至此，Transformer 已經輸出了目標序列的機率分佈。具體的下游任務將根據這個機率分佈來解決問題。舉例來說，在機器翻譯任務中，通常會選擇機率最高的詞作為預測的翻譯結果；而在文字摘要或問答任務中，可能會根據這個機率分佈來生成摘要或回答。

咖哥發言

Transformer 在不同的下游任務中可以透過調整輸出頭及相應的損失函數來適應任務需求。以下是說明如何針對不同任務調整 Transformer 的一些例子。

- 機器翻譯：在機器翻譯任務中，Transformer 的輸出頭是一個詞彙表大小的機率分佈。可以使用貪婪解碼（Greedy Decode）、集束搜 索（Beam Search）等解碼方法來生成翻譯結果。損失函數通常為交叉熵損失，用於衡量模型預測與實際目標序列之間的差距。
- 文字摘要：文字摘要任務與機器翻譯類似，都需要生成一個目標序列，因此，輸出頭也是一個詞彙表大小的機率分佈。但在解碼階段，可以採用不同的策略來生成摘要，如集束搜索或採樣。損失函數通常也是交叉熵損失。
- 文本分類：文本分類任務需要根據輸入序列預測類別標簽。可以將 Transformer 的輸出頭替換為一個全連接層，將詞彙表大小的輸出機率分佈轉為類別標籤的機率分佈。損失函數可以選擇交叉熵損失或其他適用於分類問題的損失函數。
- 問答任務：問答任務通常需要預測答案在輸入序列中的起始和結束位置。可以將 Transformer 的輸出頭替換為兩個全連接層，分別預測答案的起始位置的機率分佈和結束位置的機率分佈。損失函數可以設置為兩個交叉熵損失，分別衡量起始位置和結束位置預測結果的準確性。
- 命名實體辨識：命名實體辨識任務需要為輸入序列中的每個詞分配一個標籤。可以將 Transformer 的輸出頭替換為一個全連接層，輸出每個位置的標籤機率分佈。損失函數可以選擇逐位置交叉熵損失。

這些範例展示了如何針對不同任務調整 Transformer 模型的輸出頭和損失函數。透過這些調整，可以將基本的 Transformer 應用於各種自然語言處理任務。

小冰：好的，咖哥，全部明白！ Transformer 的輸出頭與具體下游任務密切相關。根據任務的需求，我們可以靈活地調整輸出頭和損失函數，從而使 Transformer 能夠更進一步地解決各種問題。

咖哥：下面我們開始一次實戰，在架設一個 Transformer 的同時解決一個 NLP 任務。

6.2 Transformer 程式實現

讓我們回到 Transformer 架構圖，一個一個元件地去實現它（以下圖所示）。這個逐步拆解的過程是從中心到兩邊、從左到右進行的。也就是從中心元件到週邊延展，從編碼器到解碼器延展，然後把它們組合成 Transformer 類別。

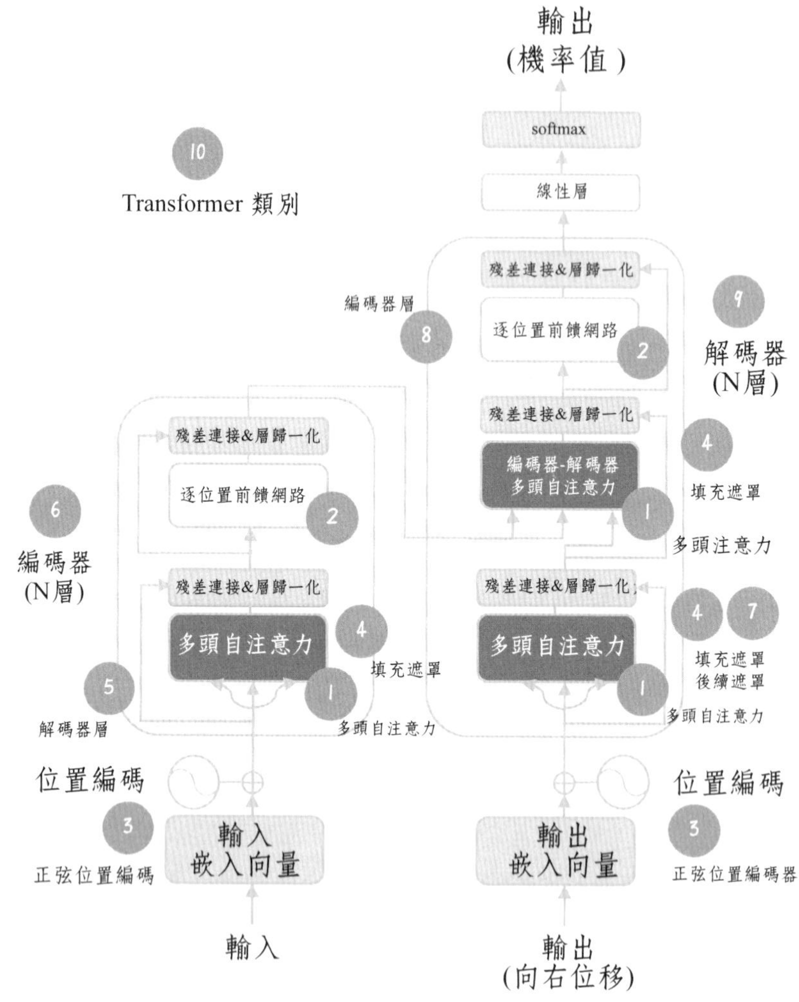

▲ 一個一個元件實現 Transformer 架構

以下是程式的關鍵元件。

（1）多頭自注意力：透過 ScaledDotProductAttention 類別實現縮放點積注意力機制，然後透過 MultiHeadAttention 類別實現多頭自注意力機制。

（2）逐位置前饋網路：透過 PoswiseFeedForwardNet 類別實現逐位置前饋網路。

（3）正弦位置編碼表：透過 get_sin_code_table 函數生成正弦位置編碼表。

（4）填充遮罩：透過 get_attn_pad_mask 函數為填充 token <pad> 生成注意力遮罩，避免注意力機制關注無用的資訊。

（5）編碼器層：透過 EncoderLayer 類別定義編碼器的單層。

（6）編碼器：透過 Encoder 類別定義 Transformer 完整的編碼器部分。

（7）後續遮罩：透過 get_attn_subsequent_mask 函數為後續 token（當前位置後面的資訊）生成注意力遮罩，避免解碼器中的注意力機制「偷窺」未來的目標資料。

（8）解碼器層：透過 DecoderLayer 類別定義解碼器的單層。

（9）解碼器：透過 Decoder 類別定義 Transformer 完整的解碼器部分。

Transformer 類別：此類將編碼器和解碼器整合為完整的 Transformer 模型。現在，我們開始建構這些關鍵元件。

元件 1 多頭自注意力（包含殘差連接和層歸一化）

首先來實現 Transformer 的核心元件，多頭自注意力（以下圖所示）。

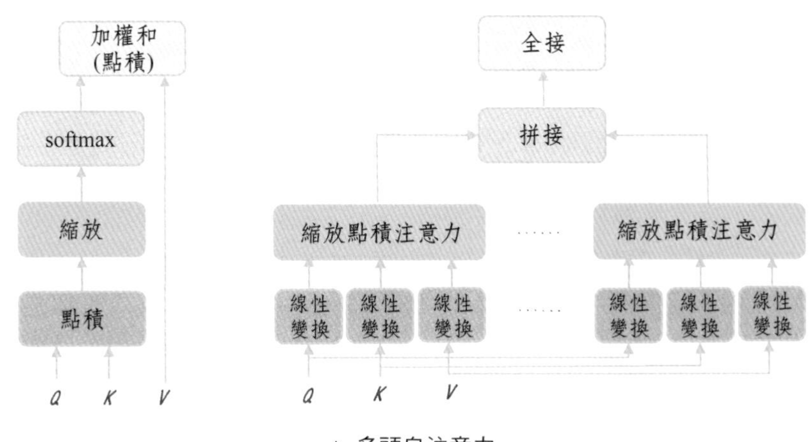

▲ 多頭自注意力

這裡我們有兩個子元件：ScaledDotProductAttention（縮放點積注意力）類別和 MultiHeadAttention（多頭自注意力）類別。它們在 Transformer 架構中負責實現自注意力機制。其中，ScaledDotProductAttention 類別是組成 MultiHeadAttention 類別的元件元素，也就是說，在多頭自注意力中的每一個頭，都使用縮放點積注意力來實現。

In

```
import numpy as np # 匯入 numpy 函數庫
import torch # 匯入 torch 函數庫
import torch.nn as nn # 匯入 torch.nn
d_k = 64 # K(=Q) 維度
d_v = 64 # V 維度
# 定義縮放點積注意力類別
class ScaledDotProductAttention(nn.Module):
  def __init__(self):
    super(ScaledDotProductAttention, self).__init__()
  def forward(self, Q, K, V, attn_mask):
    #------------------------ 維度資訊 --------------------------------
    # Q K V [batch_size, n_heads, len_q/k/v, dim_q=k/v] (dim_q=dim_k)
    # attn_mask [batch_size, n_heads, len_q, len_k]
    #----------------------------------------------------------------
    # 計算注意力分數（原始權重）[batch_size，n_heads，len_q，len_k]
    scores = torch.matmul(Q, K.transpose(-1, -2)) / np.sqrt(d_k)
    #------------------------ 維度資訊 --------------------------------
    # scores [batch_size, n_heads, len_q, len_k]
    #-----------------------------------------------------------------
    # 使用注意力遮罩，將 attn_mask 中值為 1 的位置的權重替換為極小值
    #------------------------ 維度資訊 --------------------------------
    # attn_mask [batch_size, n_heads, len_q, len_k], 形狀和 scores 相同
    #-----------------------------------------------------------------
    scores.masked_fill_(attn_mask, -1e9)
    # 用 softmax 函數對注意力分數進行歸一化
    weights = nn.Softmax(dim=-1)(scores)
    #------------------------ 維度資訊 --------------------------------
    # weights [batch_size, n_heads, len_q, len_k], 形狀和 scores 相同
    #-----------------------------------------------------------------
    # 計算上下文向量（也就是注意力的輸出）, 是上下文資訊的緊湊表示
    context = torch.matmul(weights, V)
    #------------------------ 維度資訊 --------------------------------
    # context [batch_size, n_heads, len_q, dim_v]
    #-----------------------------------------------------------------
    return context, weights # 傳回上下文向量和注意力分數
```

這段程式中先定義 ***Q***、***K*** 和 ***V*** 的維度，為了實現點積，***K*** 和 ***Q*** 的維度必須相等。此處的 ScaledDotProductAttention 類別負責計算縮放點積注意力，將輸入張量作為輸入，並為每個位置計算一個權重向量。我們首先使用三個不同的線性變換 ***Q***、***K*** 和 ***V*** 將輸入張量投影到不同的向量空間，並將這些投影向量分成多個頭。然後，透過縮放點積注意力，計算每個位置與其他位置的相關性得分（也就是我們之前講的從原始權重 raw_weights 縮放後的權重 scaled_weights）。之後，使用 softmax 函數對這些得分進行歸一化以產生最終權重向量 weights。它計算 ***Q***、***K*** 和 ***V*** 之間的關係，並根據注意力遮罩 attn_mask 調整注意力分數。最後，根據注意力權重計算出上下文向量，這也就是我們上節課中多次提到的 attn_output。

這個過程以下圖所示。

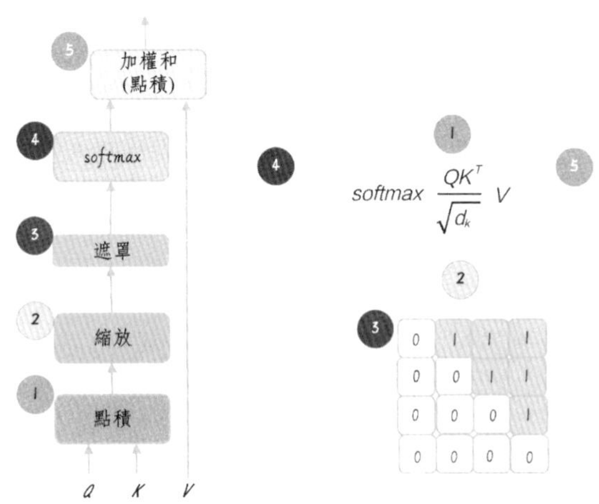

▲ 加入遮罩機制的縮放點積注意力

這段程式我們已經非常熟悉了。唯一要解釋的新東西就是對注意力遮罩的處理。在 ScaledDotProductAttention 類別的 forward 方法中，會接收遮罩張量 attn_mask 這個參數，這個張量是在編碼器 / 解碼器的輸入部分建立的，用於表示哪些位置的注意力分數應該被忽略。它與 scores 張量具有相同的維度，使得兩者可以逐元素地操作。

程式中的 scores.masked_fill_(attn_mask, -1e9) 是一個就地（in-place）操作，它將 scores 張量中對應 attn_mask 值為 1 的位置替換為一個極小值（-1e9）。這麼做的目的是在接下來應用 softmax 函數時，使這些位置的權重接近於零。這樣，在計算上下文向量時，被遮罩的位置對應的值對結果的貢獻就會非常小，幾乎可以忽略。

在實際應用中，注意力遮罩可以用於遮蔽填充部分，或在解碼過程中避免看到未來的資訊。這些遮罩可以幫助模型聚焦於真實的輸入資料，並確保在自回歸任務中，解碼器不會提前存取未來的資訊。

下面定義多頭自注意力另一個子元件，多頭自注意力類別（這裡同時包含殘差連接和層歸一化操作）。

In

```
# 定義多頭自注意力類別
d_embedding = 512  # Embedding 的維度
n_heads = 8  # Multi-Head Attention 中頭的個數
batch_size = 3 # 每一批的資料大小
class MultiHeadAttention(nn.Module):
    def __init__(self):
        super(MultiHeadAttention, self).__init__()
        self.W_Q = nn.Linear(d_embedding, d_k * n_heads) # Q 的線性變換層
        self.W_K = nn.Linear(d_embedding, d_k * n_heads) # K 的線性變換層
        self.W_V = nn.Linear(d_embedding, d_v * n_heads) # V 的線性變換層
        self.linear = nn.Linear(n_heads * d_v, d_embedding)
        self.layer_norm = nn.LayerNorm(d_embedding)
    def forward(self, Q, K, V, attn_mask):
        #------------------------- 維度資訊 --------------------------------
        # Q K V [batch_size, len_q/k/v, embedding_dim]
        #-----------------------------------------------------------------
        residual, batch_size = Q, Q.size(0) # 保留殘差連接
        # 將輸入進行線性變換和重塑，以便後續處理
        q_s = self.W_Q(Q).view(batch_size, -1, n_heads, d_k).transpose(1,2)
        k_s = self.W_K(K).view(batch_size, -1, n_heads, d_k).transpose(1,2)
        v_s = self.W_V(V).view(batch_size, -1, n_heads, d_v).transpose(1,2)
        #------------------------- 維度資訊 --------------------------------
        # q_s k_s v_s: [batch_size, n_heads, len_q/k/v, d_q=k/v]
        #-----------------------------------------------------------------
        # 將注意力遮罩複製到多頭 attn_mask: [batch_size, n_heads, len_q, len_k]
        attn_mask = attn_mask.unsqueeze(1).repeat(1, n_heads, 1, 1)
```

```
#------------------------ 維度資訊 --------------------------------
# attn_mask [batch_size, n_heads, len_q, len_k]
#-----------------------------------------------------------------
# 使用縮放點積注意力計算上下文和注意力權重
context, weights = ScaledDotProductAttention()(q_s, k_s, v_s, attn_mask)
#------------------------ 維度資訊 --------------------------------
# context [batch_size, n_heads, len_q, dim_v]
# weights [batch_size, n_heads, len_q, len_k]
#-----------------------------------------------------------------
# 透過調整維度將多個頭的上下文向量連接在一起
context = context.transpose(1, 2).contiguous().view(batch_size, -1, n_heads * d_v)
#------------------------ 維度資訊 --------------------------------
# context [batch_size, len_q, n_heads * dim_v]
#-----------------------------------------------------------------
# 用一個線性層把連接後的多頭自注意力結果轉換，原始地嵌入維度
output = self.linear(context)
#------------------------ 維度資訊 --------------------------------
# output [batch_size, len_q, embedding_dim]
#-----------------------------------------------------------------
# 與輸入 (Q) 進行殘差連接，並進行層歸一化後輸出
output = self.layer_norm(output + residual)
#------------------------ 維度資訊 --------------------------------
# output [batch_size, len_q, embedding_dim]
#-----------------------------------------------------------------
return output, weights # 傳回層歸一化的輸出和注意力權重
```

這段程式首先用全域變數設置了嵌入向量的維度大小 d_embedding 和注意力頭 n_heads 的數量。同時定義批次大小 batch_size。

MultiHeadAttention 類別實現了多頭自注意力機制。首先，它將輸入序列 Q、K 和 V 分別映射到多個頭上，並對每個頭應用縮放點積注意力。然後，它將這些頭的結果拼接起來，並透過一個線性層得到最終的輸出。層歸一化（LayerNorm）被用來穩定訓練過程。

在 Transformer 架構中的 Encoder 和 Decoder 部分的自注意力子層，將實例化 MultiHeadAttention 類別。

小冰：還有些細節我需要問一問，你程式註釋中提到「將輸入進行線性變換和重塑」，是不是就是為了形成多個頭？

咖哥：是的，我來詳細解釋一下。

- 線性變換：在多頭自注意力中，輸入的 Query、Key 和 Value 分別透過三個不同的線性層 nn.Linear 進行線性變換。這些線性層的作用是將輸入的每個詞向量（d_model 維）映射到多個不同的表示子空間，以便模型從不同的角度捕捉輸入之間的關係。線性層的輸出維度分別為 d_k * n_heads、d_k * n_heads 和 d_v * n_head s，其中 n_heads 表示注意力頭的數量，d_k 表示每個頭中的 Key 和 Query(d_q = d_k) 向量的維度，d_v 表示每個頭中的 Value 向量的維度。
- 重塑和置換：線性變換後，我們需要將輸出張量重新整形，以便將不同的注意力頭分開。這裡的 view 和 transpose 操作用於實現這一目標。首先，透過 view 函數，我們將每個輸入的 (d_k/d_v * n_heads) 維度變為 [n_heads, d_k]（對於 Query 和 Key）或 [n_heads, d_v]（對於 Valu e）。然後，使用 transpose 函數將 seq_len 維和 n_heads 維互換，最終得到形狀為 [batch_size, n_heads, seq_len, d_k]（對於 Query 和 Key）或 [batch_size, n_heads, seq_len, d_v]（對於 Value）的張量。這樣，我們就可以將每個頭的 Query、Key 和 Value 分開處理，實現多頭自注意力。

經過這些處理，我們可以在不同表示子空間中平行計算注意力。這有助模型更進一步地捕捉輸入之間的不同方面的資訊和關係，從而提高模型的性能，這個過程以下圖所示。

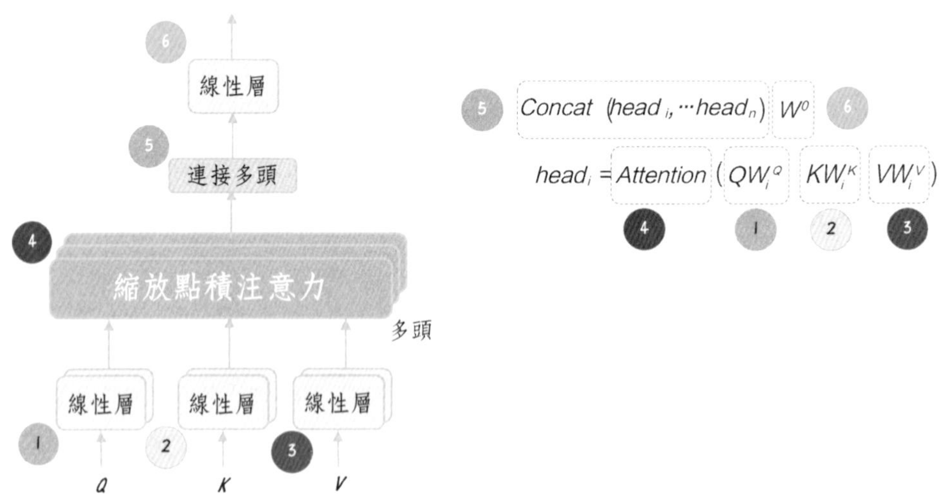

▲ 多頭自注意力的連接

下面就圖中的公式所對應的程式步驟做一個說明。

(1) $\boldsymbol{QW_i^Q}$ $\boldsymbol{KW_i^K}$ $\boldsymbol{VW_i^V}$ 對應程式中的：

```
q_s = self.W_Q(Q).view(batch_size, -1, n_heads, d_k).transpose(1,2)
k_s = self.W_K(K).view(batch_size, -1, n_heads, d_k).transpose(1,2)
v_s = self.W_V(V).view(batch_size, -1, n_heads, d_v).transpose(1,2)
```

其中，$\boldsymbol{Q}$、$\boldsymbol{K}$、$\boldsymbol{V}$ 分別乘以權重矩陣 W_Q、W_K、W_V，並通過 view 和 transpose 方法改變形狀以便後續處理。

(2) *Attention*() 對應程式中的：

```
context = context.transpose(1, 2).contiguous().view(batch_size, -1, n_heads * d_v)
```

縮放點積注意力是注意力機制的核心部分。

(3) Concat(head ,⋯ head) 對應程式中的：

```
context = context.transpose(1, 2).contiguous().view(batch_size, -1, n_heads * d_v)
```

其中，context 的維度變換實現了不同頭輸出的連接。

(4) $\boldsymbol{W}^o$ 對應程式中的：

```
output = self.linear(context)
```

其中，self.linear 是一個線性層，其參數是權重矩陣，也就是公式中的 $\boldsymbol{W}^o$。

同時，在多頭自注意力中，我們也需要將注意力遮罩應用到每個注意力頭上。為此，我們需要將原始的注意力遮罩沿著注意力頭的維度進行重複，以確保每個頭都有一個相同的遮罩來遮蔽注意力分數。

在程式中我們首先用 unsqueeze(1) 函數在批次維度（batch dimension）和頭維度（head dimension）之間插入一個新維度。這樣，attn_mask 張量的形狀大小變為 batch_size × 1 × len_q × len_k。接下來，使用 repeat 函數沿著新插入的頭維度重複遮罩。我們在頭維度上重複 n_heads 次，這樣，每個注意力頭都有一個相同的遮罩。重複後，attn_mask 張量的形狀大小變為 batch_size × n_heads × len_q × len_k。

現在，我們已經為每個注意力頭準備好了注意力遮罩，可以將它應用到每個頭的注意力分數上。這樣，無論是填充遮罩還是後續遮罩，我們都可以確保每個頭都遵循相同的規則來計算注意力。

小冰：謝謝咖哥，這 Transformer 中的多頭自注意力的構造我基本上全懂了，下一個元件是什麼？

元件 2 逐位置前饋網路（包含殘差連接和層歸一化）

下一個關鍵組件是逐位置前饋網絡（Position-wise Feed-Forward Network）。在 Transformer 編碼器和解碼器的每一層注意力層之後，都銜接有一個 PoswiseFeedForwardNet 類別，造成進一步提取特徵和表示的作用。

小冰：前饋神經網路（Feed-Forward Network）我們都了解，是一個包含全連接層的神經網路。這種網路在計算過程中是按照從輸入到輸出的方向進行前饋傳播的。但是這個「Position-wise」如何理解？

咖哥：在這裡，「Poswise」或「Position-wise」是指這個前饋神經網路獨立地作用在輸入序列的每個位置（即 token）上，也就是對自注意力機制處理後的結果上的各個位置進行獨立處理，而非把自注意力結果展平之後，以一個大的一維張量的形式整體輸入前饋網路。這表示對於序列中的每個位置，我們都在該位置應用相同的神經網路，做相同的處理，並且不會受到其他位置的影響。因此，逐位置操作保持了輸入序列的原始順序一你看，**無論是多頭自注意力元件，還是前饋神經網路元件，都嚴格地保證「隊形」，不打亂、不整合、不循環，而這種對序列位置資訊的完整保持和並行處理，正是 Transformer 的核心想法。**

下面是逐位置前饋網路的實現程式。

In

```
# 定義逐位置前饋網路類別
class PoswiseFeedForwardNet(nn.Module):
    def __init__(self, d_ff=2048):
        super(PoswiseFeedForwardNet, self).__init__()
        # 定義一維卷積層 1，用於將輸入映射到更高維度
        self.conv1 = nn.Conv1d(in_channels=d_embedding, out_channels=d_ff, kernel_size=1)
        # 定義一維卷積層 2，用於將輸入映射回原始維度
        self.conv2 = nn.Conv1d(in_channels=d_ff, out_channels=d_embedding, kernel_size=1)
        # 定義層歸一化
        self.layer_norm = nn.LayerNorm(d_embedding)
    def forward(self, inputs):
        #------------------------- 維度資訊 --------------------------------
        # inputs [batch_size, len_q, embedding_dim]
        #----------------------------------------------------------------
        residual = inputs  # 保留殘差連接
        # 在卷積層 1 後使用 ReLU 函數
        output = nn.ReLU()(self.conv1(inputs.transpose(1, 2)))
        #------------------------- 維度資訊 --------------------------------
        # output [batch_size, d_ff, len_q]
        #----------------------------------------------------------------
        # 使用卷積層 2 進行降維
        output = self.conv2(output).transpose(1, 2)
        #------------------------- 維度資訊 --------------------------------
        # output [batch_size, len_q, embedding_dim]
        #----------------------------------------------------------------
        # 與輸入進行殘差連接，並進行層歸一化
        output = self.layer_norm(output + residual)
        #------------------------- 維度資訊 --------------------------------
        # output [batch_size, len_q, embedding_dim]
        #----------------------------------------------------------------
        return output # 傳回加入殘差連接後層歸一化的結果
```

PoswiseFeedForwardNet 類別實現了逐位置前饋網路，用於處理 Transformer 中自注意力機制的輸出。其中包含兩個一維卷積層，它們一個負責將輸入映射到更高維度，一個再把它映射回原始維度。在兩個卷積層之間，使用了 ReLU 函數。

小冰：這裡的 nn.Conv1d，也就是 PyTorch 的一維卷積層？為什麼這個層可以實現逐位置前饋機制呢？

咖哥：在這裡，用一維卷積層代替了論文中的全連接層（線性層）來實現前饋神經網路。其原因是全連接層不共用權重，而一維卷積層在各個位置上共用權重，所以能夠減少網路參數的數量。一維卷積層的工作原理是將卷積核心（也稱為篩檢程式或特徵映射）沿輸入序列的維度滑動（以下圖所示），並在每個位置進行點積操作。在這種情況下，我們使用大小為 1 的卷積核心。這樣，卷積操作實際上只會在輸入序列的位置進行計算，因此它能夠獨立地處理輸入序列中的每個位置。

如下圖所示，在 PoswiseFeedForwardNet 類別中，首先透過使用 conv1 的多個卷積核心將輸入序列映射到更高的維度（程式中是 2048 維，這是一個可調節的超參數），並應用 ReLU 函數。接著，conv2 將映射後的序列降維到原始維度。這個過程在輸入序列的每個位置上都是獨立完成的，因為一維卷積層會在每個位置進行逐點操作。所以，逐位置前饋神經網路能夠在每個位置上分別應用相同的運算，從而捕捉輸入序列中各個位置的資訊。

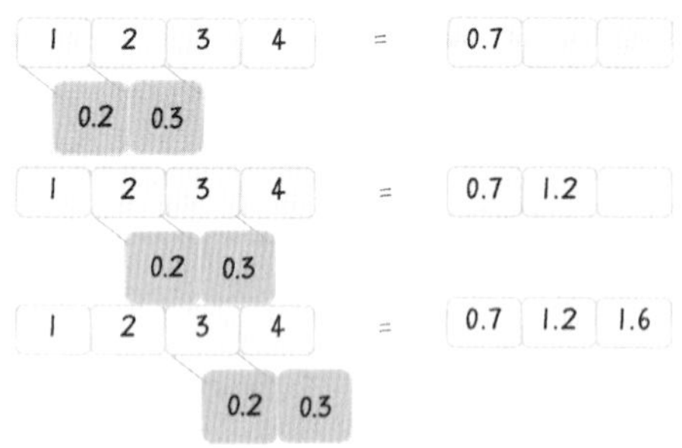

▲ 卷積核心沿輸入序列的維度滑動

小冰：在 Transformer 模型中，逐位置前饋神經網路的作用是什麼呢？咖哥：有下面幾個作用。

(1) 增強模型的表達能力。FFN 為模型提供了更強大的表達能力，使其能夠捕捉輸入序列中更複雜的模式。透過逐位置前饋神經網路和自注意力機制的組合，Transformer 可以學習到不同位置之間的長距離依賴關係。

(2) 資訊融合。FFN 可以將自注意力機制輸出的資訊進行融合。每個位置上的資訊在經過 FFN 後，都會得到一個新表示。這個新表示可以看作原始資訊在經過一定程度的非線性變換之後的結果。

(3) 層間傳遞。在 Transformer 中，逐位置前饋神經網路將在每個編碼器和解碼器層中使用。這樣可以確保每一層的輸出都經過了 FFN 的處理，從而在多層次上捕捉到序列中的特徵。

多頭自注意力層和逐位置前饋神經網路層是編碼器層結構中的兩個主要元件，不過，在開始建構編碼器層之前，還要再定義兩個輔助性的元件。第一個是位置編碼表，第二個是生成填充注意力遮罩的函數。

元件 3 正弦位置編碼表

我們已經講過，Transformer 模型的並行結構導致它不是逐位元置順序來處理序列的，但是在處理序列尤其是注意力計算的過程中，仍需要位置資訊來幫助捕捉序列中的順序關係。為了解決這個問題，需要向輸入序列中增加位置編碼。Tansformer 的原始論文中使用的是正弦位置編碼。它的計算公式如下：

$$PE(\text{pos}, 2i) = \sin\left(\frac{\text{pos}}{10000^{2i/d}}\right)$$

$$PE(\text{pos}, 2i+1) = \cos\left(\frac{\text{pos}}{10000^{2i/d}}\right)$$

這種位置編碼方式具有週期性和連續性的特點，可以讓模型學會捕捉位置之間的相對關係和全域關係。這個公式可以用於計算位置嵌入向量中每個維度的角度值。

- pos ：單字 / 標記在句子中的位置，從 0 到 seq_len-1。
- d ：單字 / 標記嵌入向量的維度 embedding_dim。
- i ：嵌入向量中的每個維度，從 0 到 $\frac{d}{2}$ -1。

公式中 d 是固定的，但 pos 和 i 是變化的。如果 d =1024，則 $i \in [0, 512]$，因為 $2i$ 和 $2i+1$ 分別代表嵌入向量的偶數和奇數位置。

下面定義正弦位置編碼表的函數 get_sin_enc_table，用於在 Transformer 中引入位置資訊。

```
# 生成正弦位置編碼表的函數，用於在 Transformer 中引入位置資訊
def get_sin_enc_table(n_position, embedding_dim):
    #------------------------ 維度資訊 --------------------------------
    # n_position: 輸入序列的最大長度
    # embedding_dim: 詞嵌入向量的維度
    #-----------------------------------------------------------------
    # 根據位置和維度資訊，初始化正弦位置編碼表
    sinusoid_table = np.zeros((n_position, embedding_dim))
    # 遍歷所有位置和維度，計算角度值
    for pos_i in range(n_position):
        for hid_j in range(embedding_dim):
            angle = pos_i / np.power(10000, 2 * (hid_j // 2) / embedding_dim)
            sinusoid_table[pos_i, hid_j] = angle
    # 計算正弦和餘弦值
    sinusoid_table[:, 0::2] = np.sin(sinusoid_table[:, 0::2])  # dim 2i 偶數維
    sinusoid_table[:, 1::2] = np.cos(sinusoid_table[:, 1::2])  # dim 2i+1 奇數維
    #------------------------ 維度資訊 --------------------------------
    # sinusoid_table 的維度是 [n_position, embedding_dim]
    #-----------------------------------------------------------------
    return torch.FloatTensor(sinusoid_table)  # 傳回正弦位置編碼表
```

定義一個函數，用於生成正弦位置編碼表。該函數接收兩個參數：n _ position（表示輸入序列的最大長度）和 embedding_dim（表示嵌入向量的維度）。透過這個函數，我們可以為給定的序列長度和詞嵌入維度生成一個正弦位置編碼表，用於在 Transformer 中引入位置資訊。

在程式中，我們實現這個公式的細節如下。

(1) pos_i ：表示輸入序列中的位置索引。它是一個整數，範圍從 0 到序列的最大長度 -1。

(2) hid_j ：表示嵌入向量的維度索引。它是一個整數，範圍從 0 到嵌入維度大小 -1。

(3) np.power(10000, 2 * (hid_j // 2) / embedding_dim)：這部分計算一個縮放因數，用於控制不同維度角度值的變化範圍。其中，10000 是一個基數，2 * (hid_j// 2) 用於保持整數，使偶數和奇數維度保持一致地縮放。這個縮放因數會在不同的維度之間產生指數級的變化。

(4) angle = pos_i / np.power(10000, 2 * (hid_j // 2) / embedding_dim)：整個公式將位置索引 pos_i 除以縮放因數，得到不同維度的角度值。這樣，每個維度的角度值會隨著位置索引的增加而變化，且不同維度之間的變化速率會有所不同。

這個公式的目的是在不同位置和維度之間產生獨特的角度值，以便在生成位置嵌入向量時捕捉序列中不同位置的資訊。將這些角度值輸入正弦和餘弦函數，可以得到位置嵌入向量，並將這些向量引入 Transformer 模型。

小冰：咖哥，這裡我有些疑問。每一個維度的各個位置一樣不行嗎？為什麼非得費這麼大力氣用什麼「正弦」，1、2、3、4 不行嗎？

咖哥：事實上，使用 1、2、3、4 等自然數序列作為位置編碼確實可以為序列中的不同位置提供區分性。然而，這種方法可能在某些方面不如正弦和餘弦函數生成的位置嵌入向量有效。

當我們使用自然數序列作為位置編碼時，這些編碼是線性的。這表示相鄰位置之間的差異在整個序列中保持恒定。然而，在許多工中，不同位置之間的關係可能更複雜，可能需要一種能夠捕捉到這種複雜關係的編碼方法。

正弦和餘弦函數生成的位置嵌入向量具有週期性和正交性，因此可以產生在各個尺度上都有區分性的位置嵌入。這使得模型可以更容易地學習到序列中不同位置之間的關係，特別是在捕捉長距離依賴關係時可能表現得更好。

所以，雖然使用自然數序列（1、2、3、4 等）作為位置編碼可以做一定的區分，但正弦和餘弦函數生成的位置嵌入向量在捕捉序列中更複雜的位置關係方面更具優勢。

咖哥發言

在 Transformer 模型中，使用正弦和餘弦函數生成的位置嵌入向量已被證明是一種有效的方法，這是一種固定的位置編碼方法，可以在不同的 NLP 任務中實現良好的性能。然而，也有其他位置編碼方法，如經過學習動態生成的位置嵌入（Learned Position Embeddings），其中位置嵌入向量在訓練過程中進行最佳化。選擇何種位置編碼方法取決於具體的任務和資料集。

在後續編碼器（及解碼器）元件中，我們將呼叫這個函數生成位置嵌入向量，為編碼器和解碼器輸入序列中的每個位置增加一個位置編碼，以下圖所示。

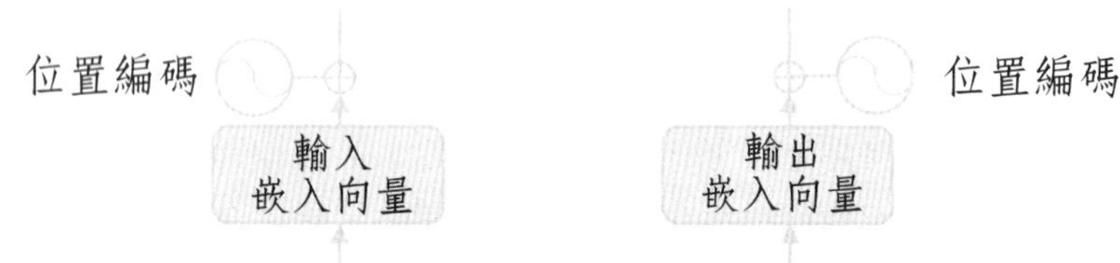

▲ 將位置編碼和輸入向量整合

下面繼續介紹用於生成填充注意力遮罩的函數。

元件 4 填充遮罩

在 NLP 任務中，輸入序列的長度通常是不固定的。為了能夠同時處理多個序列，我們需要將這些序列填充到相同的長度，將不等長的序列補充到等長，這樣才能將它們整合成同一個批次進行訓練。通常使用一個特殊的標記（如 <pad>，編碼後 <pad> 這個 token 的值通常是 0）來表示填充部分。

然而，這些填充符號並沒有實際的含義，所以我們希望模型在計算注意力時忽略它們。因此，在編碼器的輸入部分，我們使用了填充位的注意力遮罩機制（以下頁圖所示）。這個遮罩機制的作用是在注意力計算的時候把無用的資訊遮罩，防止模型在計算注意力權重時關注到填充位。

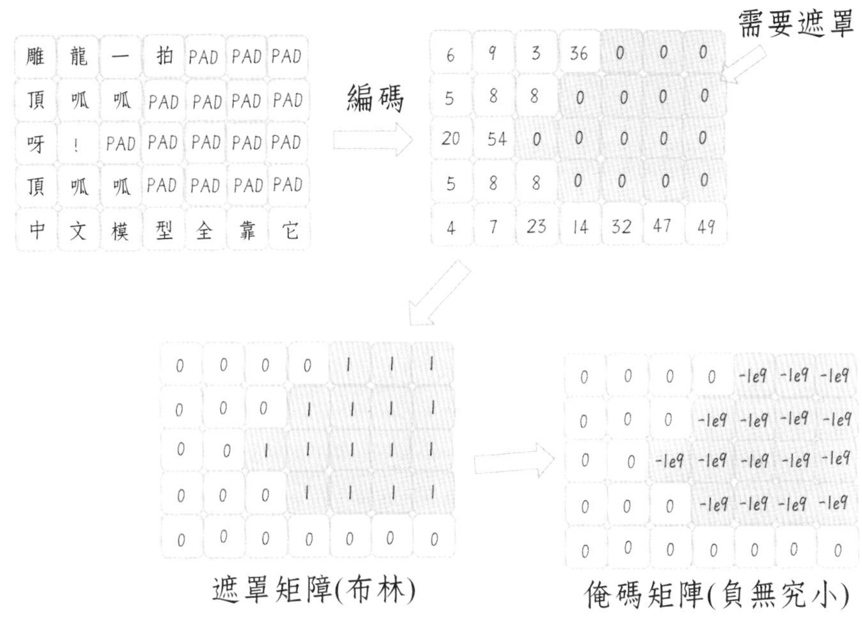

▲ 對填充部分進行遮罩

如何遮罩？我們為填充的文字序列建立一個與其形狀相同的二維矩陣，稱為填充遮罩矩陣。填充遮罩矩陣的目的是在注意力計算中遮罩填充位置的影響。遮罩流程如下。

(1) 根據輸入文字序列建立一個與其形狀相同的二維矩陣。對於原始文字中的每個單字，矩陣中對應位置填充 0；對於填充的 <pad> 符號，矩陣中對應位置填充 1。

(2) 需要將填充遮罩矩陣應用到注意力分數矩陣上。注意力分數矩陣是透過查詢、鍵和值矩陣計算出的。為了將填充部分的權重降至接近負無窮，我們可以先將填充遮罩矩陣中的 1 替換為一個非常大的負數（例如 -1e9），再將處理後的填充遮罩矩陣與注意力分數矩陣進行元素相加。這樣，**有意義的 token 加了 0，值保持不變，而填充部分加了無限小值，在注意力分數矩陣中的權重就會變得非常小。**

(3) 對注意力分數矩陣應用 softmax 函數進行歸一化。由於填充部分的權重接近負無窮，softmax 函數會使其歸一化後的權重接近於 0。這樣，模型在計算注意力時就能夠忽略填充部分的資訊，專注於序列中實際包含的有效內容。

下面定義填充注意力遮罩函數。

In

```
# 定義填充注意力遮罩函數
def get_attn_pad_mask(seq_q, seq_k):
    #------------------------ 維度資訊 --------------------------------
    # seq_q 的維度是 [batch_size, len_q]
    # seq_k 的維度是 [batch_size, len_k]
    #-----------------------------------------------------------------
    batch_size, len_q = seq_q.size()
    batch_size, len_k = seq_k.size()
    # 生成布林類型張量
    pad_attn_mask = seq_k.data.eq(0).unsqueeze(1)  # <PAD>token 的  值 0
    #------------------------ 維度資訊 --------------------------------
    # pad_attn_mask 的維度是 [batch_size,1,len_k]
    #-----------------------------------------------------------------
    # 變形為與注意力分數相同形狀的張量
    pad_attn_mask = pad_attn_mask.expand(batch_size, len_q, len_k)
    #------------------------ 維度資訊 --------------------------------
    # pad_attn_mask 的維度是 [batch_size,len_q,len_k]
    #-----------------------------------------------------------------
    return pad_attn_mask # 傳回填充位置的注意力掩
```

函數 get_attn_pad_mask(seq_q, seq_k) 中 seq_q 表示 Query 序列，seq_k 表示 Key 序列。seq_q 和 seq_k 的維度資訊中，batch_size 表示批次大小，len_q 和 len_k 分別表示 Query 和 Key 序列的長度。

之後，使用 seq_k. data. eq(0) 建立一個布林矩陣，其中值為 True 的位置對應著 seq_k 中的填充（<pad>）標記。假設我們使用 0 作為填充標記的詞彙表索引值，那麼這個操作將檢測 seq_k 中的 0 值。然後，使用 unsqueeze(1) 為布林矩陣增加一個維度，將其變為 batch_size×1×len_k 的形狀。再透過 expand(batch_size, len_q, len_k) 將布林矩陣擴充為 batch_size×len_q×len_k 的形狀。這個擴充操作僅複製已有的資料，不會引入新的資訊。

在多頭自注意力計算中計算注意力權重時，會將這個函數生成的填充注意力遮罩與原始權重相加，使得填充部分的權重變得非常小（接近負無窮），從而在使用 softmax 函數歸一化後接近於 0，實現忽略填充部分的效果。

元件 5 編碼器層

有了多頭自注意力和逐位置前饋網路這兩個主要元件，以及正弦位置編碼表和填充遮罩這兩個輔助函數後，現在我們終於可以架設編碼器層這個核心元件了。

In

```
# 定義編碼器層類別
class EncoderLayer(nn.Module):
    def __init__(self):
        super(EncoderLayer, self).__init__()
        self.enc_self_attn = MultiHeadAttention() # 多頭自注意力層
        self.pos_ffn = PoswiseFeedForwardNet() # 逐位置前饋網路層

    def forward(self, enc_inputs, enc_self_attn_mask):
        #------------------------ 維度資訊 -------------------------------
        # enc_inputs 的維度是 [batch_size, seq_len, embedding_dim]
        # enc_self_attn_mask 的維度是 [batch_size, seq_len, seq_len]
        #-----------------------------------------------------------------
        # 將相同的 Q，K，V 輸入多頭自注意力層 , 傳回的 attn_weights 增加了頭數
        enc_outputs, attn_weights = self.enc_self_attn(enc_inputs, enc_inputs,
                                               enc_inputs, enc_self_attn_mask)
        #------------------------ 維度資訊 -------------------------------
        # enc_outputs 的維度是 [batch_size, seq_len, embedding_dim]
        # attn_weights 的維度是 [batch_size, n_heads, seq_len, seq_len]
        #-----------------------------------------------------------------
        # 將多頭自注意力 outputs 輸入逐位置前饋網路層
        enc_outputs = self.pos_ffn(enc_outputs) # 維度與 enc_inputs 相同
        #------------------------ 維度資訊 -------------------------------
        # enc_outputs 的維度是 [batch_size, seq_len, embedding_dim]
        #-----------------------------------------------------------------
        return enc_outputs, attn_weights # 傳回編碼器輸出和每層編碼器的注意力權重
```

編碼器層 EncoderLayer 類別的 _init_ 方法中，定義內容如下。

(1) 定義了多頭自注意力層 MultiHeadAttention 實例 enc_self_attn，用於實現序列內部的自注意力計算。

(2) 定義了逐位置前饋網路層 PoswiseFeedForwardNet 實例 pos_ffn，用於對自注意力層處理後的序列進行進一步特徵提取。

EncoderLayer 類別的 forward 方法接收兩個參數：enc_inputs 表示輸入的序列，enc_self_attn_mask 表示自注意力計算時使用的遮罩（如填充遮罩）。

forward 方法內部流程如下。

(1) 將 enc_inputs 作為 ***Q***、***K***、***V*** 輸入到多頭自注意力層 enc_self_attn 中，並將 enc_self_attn_mask 作為遮罩。得到輸出 enc_output s，注意力權重矩陣 attn_weights。

(2) 將 enc_outputs 輸入逐位置前饋網路層 pos_ffn，並更新 enc_outputs。

(3) 最後傳回 enc_outputs 和 attn_weights。enc_outputs 表示編碼器層的輸出，attn_weights 表示自注意力權重矩陣，可以用於分析和視覺化。

在多頭自注意力層 MultiHeadAttention 的輸出中，enc_outputs 的維度是 [batch_size, seq_len, embedding_dim]。原因是在多頭自注意力層 MultiHeadAttention 內部，首先將輸入的 enc_inputs 映射為 ***Q***、***K***、***V*** ，這些映射後的張量的維度為 [batch_size, n_heads, seq_len, d_k]。然後，透過對這些張量進行自注意力計算，得到的注意力輸出的維度也為 [batch_size, n_heads, seq_len, d_k]。最後，我們需要將這些頭合併回原來的維度，這透過將最後兩個維度進行拼接實現，也就是 n_heads * d_k 等於 embedding_dim，所以最終的 enc_outputs 的維度就是 [batch_size, seq_len, embedding_dim]。

而對於 attn_weights，在多頭自注意力層 MultiHeadAttention 內部，首先將輸入的 enc_inputs 映射為 ***Q***、***K***、***V*** ，這些映射後的張量的維度為 [batch_size, n_heads, seq_len, d_k]。然後，透過計算 Q 和 K 的點積得到注意力分數，透過 softmax 進行歸一化，得到的注意力權重的維度是 [batch_size, n_heads, seq_len, seq_len]。這個維度的含義是，對於每個批次中的每個頭，每個輸入序列中的每個元素，都有一個長度為 seq_len 的權重向量，對應該元素與輸入序列中的其他元素之間的關係強度。注意，在 MultiHeadAttention 計算結束後，我們並不會像處理 enc_outputs 一樣合併頭的結果，所以 attn_weights 的維度會保持為 [batch_size, n_heads, seq_len, seq_len]。

如下圖所示，這個編碼器層類別實現了 Transformer 編碼器中的一層計算，包括多頭自注意力和逐位置前饋網路兩個子層。在實際的 Transformer 編碼器中，通常會堆疊多個這樣的層來建構一個深度模型，以捕捉更豐富的序列特徵。

元件 6 編碼器

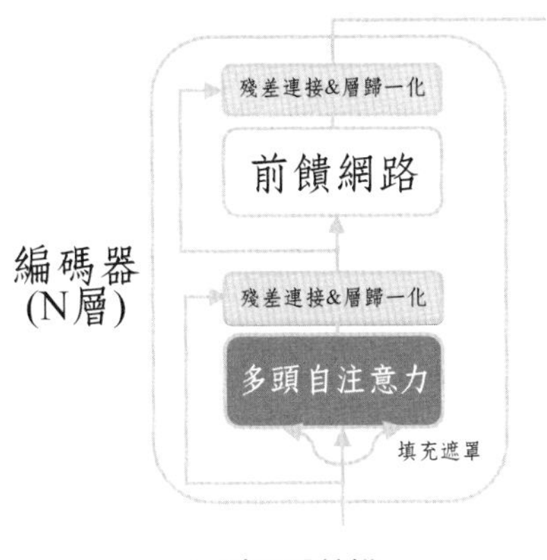

▲ 編碼器結構

編碼器是多個編碼器層的堆疊，這就是我們這一課名稱的奧秘所在：層巒疊翠上青天— 層層相疊，功力倍增。

下面是編碼器的程式實現。

```
# 定義編碼器類別
n_layers = 6  # 設置 Encoder 的層數
class Encoder(nn.Module):
    def __init__(self, corpus):
        super(Encoder, self).__init__()
        self.src_emb = nn.Embedding(len(corpus.src_vocab), d_embedding) # 詞嵌入層
        self.pos_emb = nn.Embedding.from_pretrained( \
          get_sin_enc_table(corpus.src_len+1, d_embedding), freeze=True) # 位置嵌入層
        self.layers = nn.ModuleList(EncoderLayer() for _ in range(n_layers))# 編碼器層數

    def forward(self, enc_inputs):
        #------------------------ 維度資訊 --------------------------------
        # enc_inputs 的維度是 [batch_size, source_len]
        #-----------------------------------------------------------------
        # 建立一個從 1 到 source_len 的位置索引序列
        pos_indices = torch.arange(1, enc_inputs.size(1) + 1).unsqueeze(0).to(enc_inputs)
        #------------------------ 維度資訊 --------------------------------
        # pos_indices 的維度是 [1, source_len]
        #-----------------------------------------------------------------
        # 對輸入進行詞嵌入和位置嵌入相加 [batch_size, source_len, embedding_dim]
        enc_outputs = self.src_emb(enc_inputs) + self.pos_emb(pos_indices)
```

```
#------------------------ 維度資訊 --------------------------------
# enc_outputs 的維度是 [batch_size, seq_len, embedding_dim]
#-----------------------------------------------------------------
# 生成自注意力遮罩
enc_self_attn_mask = get_attn_pad_mask(enc_inputs, enc_inputs)
#------------------------ 維度資訊 --------------------------------
# enc_self_attn_mask 的維度是 [batch_size, len_q, len_k]
#-----------------------------------------------------------------
enc_self_attn_weights = [] # 初始化 enc_self_attn_weights
# 透過編碼器層 [batch_size, seq_len, embedding_dim]
for layer in self.layers:
    enc_outputs, enc_self_attn_weight = layer(enc_outputs, enc_self_attn_mask)
    enc_self_attn_weights.append(enc_self_attn_weight)
#------------------------ 維度資訊 --------------------------------
# enc_outputs 的維度是 [batch_size, seq_len, embedding_dim] 維度与 enc_inputs 相同
# enc_self_attn_weights 是一個清單，每個元素的維度是 [batch_size, n_heads, seq_len, seq_len]
#-----------------------------------------------------------------
return enc_outputs, enc_self_attn_weights # 傳回編碼器輸出和編碼器注意力權重
```

編碼器 Encoder 類別的 _init_ 方法中初始化的內容如下。

(1) 詞嵌入層 nn.Embedding 實例 src_emb。該層將輸入序列中的單字轉為詞嵌入向量。len(corpus.src_vocab) 表示詞彙表的大小，d_embedding 表示詞嵌入向量的維度。輸入的編碼應該透過 nn.Embedding 進行詞向量的表示學習，用以捕捉上下文關係。這個我們已經比較了解了，因此這個元件無須過多說明。

(2) 位置嵌入層實例 pos_emb。使用 nn.Embedding.from_pretrained() 方法從預先計算的正弦位置編碼表（由 get_sinusoid_encoding_table() 函數生成）建立位置嵌入層，並透過 freeze=True 參數保持其權重不變。

(3) 編碼器層數 self.layers。使用 nn.ModuleList() 建立一個模組清單，包含 n_layers 個 EncoderLayer 實例。這些層將順序堆疊在編碼器中。

Encoder 類別的 forward 方法中接收一個參數 enc_inputs，表示輸入的序列，其形狀為 [batch_size, source_len]。

forward 方法內部流程如下。

(1) 將 enc_inputs 輸入詞嵌入層 src_emb 和位置嵌入層 pos_emb 中，然後將得到的詞嵌入向量和位置嵌入向量相加，得到 enc_outputs。

(2) 呼叫 get_attn_pad_mask() 函數，為輸入序列生成自注意力遮罩（如填充遮罩），命名為 enc_self_attn_mask。在多頭自注意力計算中，這個遮罩可以讓模型忽略填充部分。

(3) 定義一個空清單 enc_self_attn_weights，用於收集每個編碼器層的自注意力權重矩陣。

(4) 遍歷編碼器層數 self.layers 中的每個 EncoderLayer 實例。將 enc_outputs 和 enc_self_attn_mask 輸入編碼器層，更新 enc_outputs 並將得到的自注意力權重矩陣 enc_self_attn_weight 增加到列表 enc_self_attn_weights 中。

(5) 最後傳回 enc_outputs 和 enc_self_attn_weights。enc_outputs 表示編碼器的輸出，enc_self_attn_weights 表示每個編碼器層的自注意力權重矩陣，可以用於分析和視覺化。

這個編碼器類別實現了 Transformer 模型中的編碼器部分，包括詞嵌入、位置嵌入和多個編碼器層。透過這個編碼器，可以處理輸入序列，並從中提取深層次的特徵表示。這些特徵表示可以直接應用於後續的任務，如序列到序列的生成任務（如機器翻譯）或分類任務（如情感分析）等。

咖哥發言

BERT 模型就只包含 Transformer 模型中的編碼器部分，因此它很適合為各種 NLP 下游任務提供有用的特徵表示。

在 Transformer 中，編碼器的輸出通常會作為上下文向量被傳遞給 Transformer 模型的另一個關鍵元件— 解碼器。解碼器與編碼器類似，也由多個堆疊的解碼器層組成，每個解碼器層也包含多頭自注意力、編碼器 - 解碼器注意力及逐位置前饋神經網路等子層。透過編碼器和解碼器的聯合作用，Transformer 模型可以實現高效且強大的自然語言處理能力。

編碼器的定義至此結束，下面我們進入解碼器元件。不過，在開始建構解碼器層之前，也有一個小元件需要說明，它就是生成後續注意力遮罩的函數。

元件 7 後續遮罩

你肯定還記得為什麼需要將後續注意力遮罩引入解碼器，而編碼器中不需要。這和解碼器訓練過程中通常會使用到的教師強制有關。教師強制在訓練過程中將真實的輸出作為下一個時間步的輸入。為了確保模型在預測當前位置時不會關注到未來的資訊，我們就需要在解碼器中應用後續注意力遮罩。因為，在序列生成任務（如機器翻譯或文字摘要等）中，模型需要一個一個生成目標序列的元素，而不能提前獲取未來的資訊。

你看，在自然語言處理中，尤其是 Seq2Seq 任務中，我們需要為解碼器提供正確的輸入，對於已經生成的部分，我們要讓解碼器看到序列是否正確，然後用正確的資訊（Ground Truth）來預測下一個詞。但是與此同時，為了確保模型不會提前獲取未來的資訊，我們又需要在注意力計算中遮住當前位置後面的資訊（Subsequent Positions）。這真是既矛盾，又沒有辦法的事情。

所以，對序列中的第一個位置，我們需要遮住後面所有的詞；而對後面的詞，需要遮住的詞會逐漸減少（以下頁圖所示）。比如把「咖哥　喜歡　小冰」這句話輸入解碼器，當對「咖哥」計算注意力時，解碼器不可以看到「喜歡」「小冰」這兩個詞。當對「喜歡」計算注意力時，解碼器可以看到「咖哥」，不能看到「小冰」，因為它正是需要根據「咖哥」和「喜歡」這個上下文，來猜測咖哥喜歡誰。**當對最後一個詞 " 小冰 " 計算注意力的時候，前兩個詞就不是秘密了。**

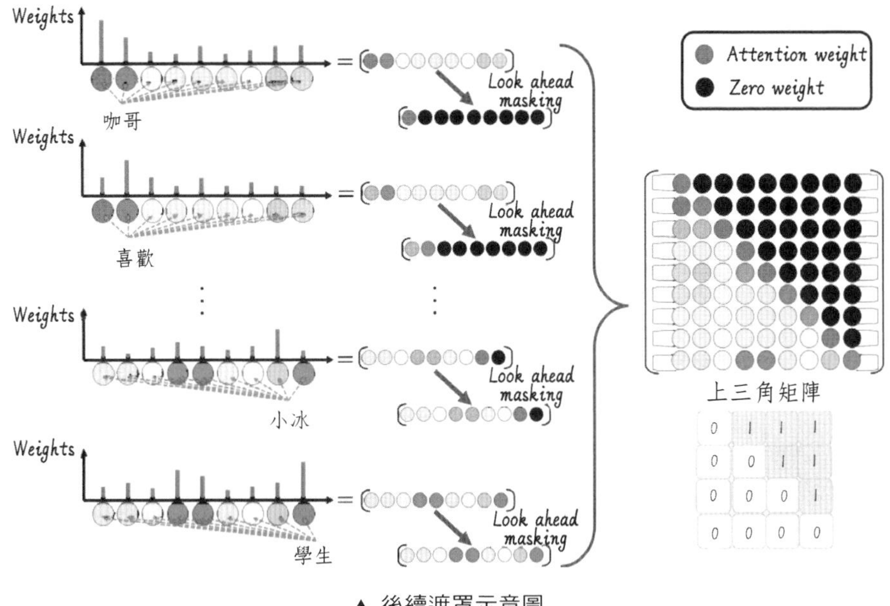

▲ 後續遮罩示意圖

為了實現上面的目標，需要建構一個上三角矩陣，也就是一個注意力遮罩矩陣。其中對角線及以下的元素為 0，對角線以上的元素為 1。在計算多頭自注意力時，我們將該矩陣與後續注意力遮罩相加，使得未來資訊對應的權重變得非常小（接近負無窮）。然後，透過應用 softmax 函數，未來資訊對應的權重將接近於 0，從而實現忽略未來資訊的目的。

下面定義一個後續注意力遮罩函數 get_attn_subsequent_mask，它只有一個參數，用於接收解碼器的輸入序列形狀資訊，以生成遮罩矩陣。

In

```
# 生成後續注意力遮罩的函數，用於在多頭自注意力計算中忽略未來資訊
def get_attn_subsequent_mask(seq):
    #------------------------- 維度資訊 --------------------------------
    # seq 的維度是 [batch_size, seq_len(Q)=seq_len(K)]
    #-----------------------------------------------------------------
    # 獲取輸入序列的形狀
    attn_shape = [seq.size(0), seq.size(1), seq.size(1)]
    #------------------------- 維度資訊 --------------------------------
    # attn_shape 是一個一維張量 [batch_size, seq_len(Q), seq_len(K)]
    #-----------------------------------------------------------------
```

```
# 使用 numpy 建立一個上三角矩陣（triu = triangle upper）
subsequent_mask = np.triu(np.ones(attn_shape), k=1)
#------------------------- 維度資訊 --------------------------------
# subsequent_mask 的維度是 [batch_size, seq_len(Q), seq_len(K)]
#-----------------------------------------------------------------
# 將 numpy 陣列轉換為 PyTorch 張量，並將資料型態設置為 byte（布林值）
subsequent_mask = torch.from_numpy(subsequent_mask).byte()
#------------------------- 維度資訊 --------------------------------
# 傳回的 subsequent_mask 的維度是 [batch_size, seq_len(Q), seq_len(K)]
#-----------------------------------------------------------------
return subsequent_mask # 傳回後續位置的注意力遮罩
```

程式中的 attn_shape 是一個包含三個元素的清單，分別代表 seq 的批次大小、序列長度和序列長度。這個形狀與多頭自注意力中的注意力權重矩陣相匹配。

然後，使用 np.triu() 函數建立一個與注意力權重矩陣相同的上三角矩陣，也就是一個注意力遮罩矩陣。將矩陣中的對角線及其下方元素設置為 0，對角線上方元素設置為 1。對於矩陣中的每個元素 (i, j)，如果 $i <= j$ ，則填充 0；如果 $i > j$ ，則填充 1。這樣會使矩陣的下三角（包括對角線）填充為 0，表示當前位置可以關注到之前的位置（包括自身），上三角填充為 1，所以當前位置不能關注到之後的位置。

這樣，注意力矩陣的每一行表示一個時間步，每個元素表示該時間步對其他時間步的注意力權重。對於序列中的每個位置，這個矩陣的每一行都表示該位置能關注到的其他位置。0 表示當前位置可以關注到該位置，而 1 表示不能關注到該位置。

最後，將上三角矩陣轉為 PyTorch 張量，並將資料型態轉為 byte，得到 subsequent_mask 張量，它表示後續注意力遮罩。

這樣，我們就建立了一個後續注意力遮罩矩陣，其形狀與注意力權重矩陣相同。遮罩矩陣中，填充位元對應的元素為 1，非填充位元對應的元素為 0。這個後續注意力遮罩矩陣，將只應用於解碼器層的輸入序列，也就是我們前文中多次解釋的向右位移後的輸出序列。

元件 8 解碼器層

準備好了後續遮罩注意力函數，現在我們架設解碼器層元件。

```
# 定義解碼器層類別
class DecoderLayer(nn.Module):
    def __init__(self):
        super(DecoderLayer, self).__init__()
        self.dec_self_attn = MultiHeadAttention() # 多頭自注意力層
        self.dec_enc_attn = MultiHeadAttention()  # 多頭自注意力層，連接編碼器和解碼器
        self.pos_ffn = PoswiseFeedForwardNet() # 逐位置前饋網路層

    def forward(self, dec_inputs, enc_outputs, dec_self_attn_mask, dec_enc_attn_mask):
        #------------------------ 維度資訊 --------------------------------
        # dec_inputs 的維度是 [batch_size, target_len, embedding_dim]
        # enc_outputs 的維度是 [batch_size, source_len, embedding_dim]
        # dec_self_attn_mask 的維度是 [batch_size, target_len, target_len]
        # dec_enc_attn_mask 的維度是 [batch_size, target_len, source_len]
        #-----------------------------------------------------------------
        # 將相同的 Q，K，V 輸入多頭自注意力層
        dec_outputs, dec_self_attn = self.dec_self_attn(dec_inputs, dec_inputs,
                                                        dec_inputs, dec_self_attn_mask)
        #------------------------ 維度資訊 --------------------------------
        # dec_outputs 的維度是 [batch_size, target_len, embedding_dim]
        # dec_self_attn 的維度是 [batch_size, n_heads, target_len, target_len]
        #-----------------------------------------------------------------
        # 將解碼器輸出和編碼器輸出輸入多頭自注意力層
        dec_outputs, dec_enc_attn = self.dec_enc_attn(dec_outputs, enc_outputs,
                                                      enc_outputs, dec_enc_attn_mask)
        #------------------------ 維度資訊 --------------------------------
        # dec_outputs 的維度是 [batch_size, target_len, embedding_dim]
        # dec_enc_attn 的維度是 [batch_size, n_heads, target_len, source_len]
        #-----------------------------------------------------------------
        # 輸入逐位置前饋網路層 = self.pos_ffn(dec_outputs)
        #------------------------ 維度資訊 --------------------------------
        # dec_outputs 的維度是 [batch_size, target_len, embedding_dim]
        # dec_self_attn 的維度是 [batch_size, n_heads, target_len, target_len]
        # dec_enc_attn 的維度是 [batch_size, n_heads, target_len, source_len]
        #-----------------------------------------------------------------
        # 傳回解碼器層輸出，每層的自注意力和解碼器 - 編碼器注意力權重
        return dec_outputs, dec_self_attn, dec_enc_attn
```

在 DecoderLayer 類別的 _init_ 方法中：

(1) 定義了多頭自注意力層實例 dec_self_attn。這個層用於處理解碼器的輸入序列。

(2) 定義了另一個多頭自注意力層實例 dec_enc_attn。這個層用於建立解碼器和編碼器之間的聯繫，將編碼器的輸出資訊融合到解碼器的輸出中。

(3) 定義了逐位置前饋網路層實例 pos_ffn。這個層用於處理多頭自注意力層的輸出，進一步提取特徵。

forward 方法接收 4 個參數：dec_inputs 表示解碼器的輸入，enc_outputs 表示編碼器的輸出，dec_self_attn_mask 表示解碼器自注意力遮罩，dec_enc_attn_mask 表示編碼器 - 解碼器注意力遮罩。在 forward 方法內部：

(1) 將 dec_inputs 作為 ***Q***、***K***、***V*** 輸入多頭自注意力層 dec_self_attn 中，並傳入 dec_self_attn_mask。得到輸出 dec_outputs 和自注意力權重矩陣 dec_self_attn。

(2) 將 dec_outputs 作為 ***Q***，enc_outputs 作為 ***K***、***V*** 輸入多頭自注意力層 dec_enc_attn 中，並傳入 dec_enc_attn_mask。得到更新後的輸出 dec_outputs 和編碼器 - 解碼器注意力權重矩陣 dec_enc_attn。

(3) 將 dec_outputs 輸入逐位置前饋網路層 pos_ffn 中，得到最終的 dec_outputs。

(4) 傳回 dec_outputs、dec_self_attn 和 dec_enc_attn。dec_outputs 表示解碼器層的輸出，dec_self_attn 表示解碼器自注意力權重矩陣，dec_enc_attn 表示編碼器 - 解碼器注意力權重矩陣。

這個解碼器層類別實現了 Transformer 模型中的解碼器層部分，包括多頭自注意力、編碼器 - 解碼器多頭自注意力和逐位置前饋網路等子層。透過堆疊多個解碼器層，模型可以生成目標序列，並利用編碼器的輸出資訊進行更準確的預測。

小冰：咖哥，我注意到 Transformer 的解碼器有兩層注意力機制，包括一個自注意力機制和一個編碼器 - 解碼器注意力機制，它們都是多頭的嗎？它們是否都有填充遮罩？它們是否都有後續遮罩？

咖哥：Transformer 中的解碼器確實具有兩層注意力機制。對於你的問題，我的回答如下。

(1) 是多頭的嗎？

是的，自注意力和編碼器 - 解碼器注意力機制都採用多頭自注意力策略。多頭自注意力能讓模型在多個子空間中同時學習不同的表示，從而提高表現。

(2) 是否都是填充遮罩？

是的，填充遮罩用於忽略輸入序列中的填充部分，防止注意力機制關注這些無意義的區域。在自注意力和編碼器 - 解碼器注意力中都用到填充遮罩。

(3) 是否都是後續遮罩？

不是，後續遮罩用於防止解碼器關注輸入序列中未來的資訊，從而確保每個解碼器層只能關注當前位置和之前的位置。在解碼器的自注意力機制中，會使用後續遮罩。然而，在編碼器 - 解碼器注意力中，通常不使用後續遮罩，因為這個注意力機制是為了讓解碼器關注整個編碼器的輸出序列，而不需要限制注意力範圍。

咖哥：我給你列張表，有了這張表，就能更加清晰地理解 Transformer 中的注意力機制了（見表 6.1）。

表 6.1 基於 Transformer 的編碼器和解碼器中的注意力機制

注意力機制	自注意力	多頭自注意力	填充遮罩	後續遮罩
編碼器自注意力	是	是	是	否
解碼器自注意力	是	是	是	是
編碼器 - 解碼器注意力	否	是	是	否

現在，我們用解碼器層類別來建構解碼器類別。

元件 9 解碼器

先回憶一下解碼器的結構。

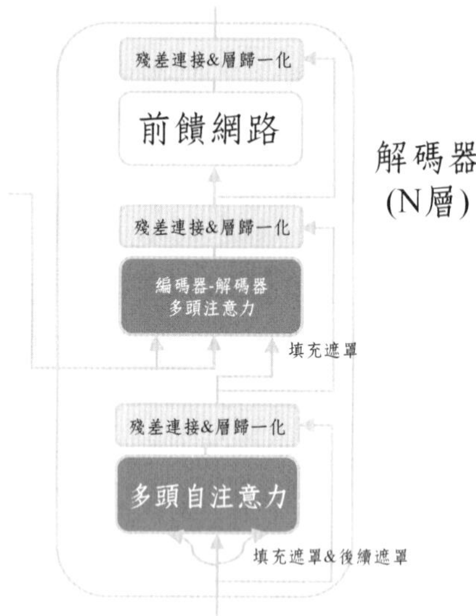

▲ 解碼器結構

解碼器類別的實現程式如下。

In

```
# 定義解碼器類別
n_layers = 6  # 設置 Decoder 的層數
class Decoder(nn.Module):
    def __init__(self, corpus):
        super(Decoder, self).__init__()
        self.tgt_emb = nn.Embedding(len(corpus.tgt_vocab), d_embedding) # 詞嵌入層
        self.pos_emb = nn.Embedding.from_pretrained( \
          get_sin_enc_table(corpus.tgt_len+1, d_embedding), freeze=True) # 位置嵌入層
        self.layers = nn.ModuleList([DecoderLayer() for _ in range(n_layers)]) # 疊加多層

    def forward(self, dec_inputs, enc_inputs, enc_outputs):
        #------------------------- 維度資訊 --------------------------------
        # dec_inputs 的維度是 [batch_size, target_len]
        # enc_inputs 的維度是 [batch_size, source_len]
        # enc_outputs 的維度是 [batch_size, source_len, embedding_dim]
        #-----------------------------------------------------------------
        # 建立一個從 1 到 source_len 的位置索引序列
        pos_indices = torch.arange(1, dec_inputs.size(1) + 1).unsqueeze(0).to(dec_inputs)
        #------------------------- 維度資訊 --------------------------------
        # pos_indices 的維度是 [1, target_len]
```

```
#----------------------------------------------------------------
# 對輸入進行詞嵌入和位置嵌入相加
dec_outputs = self.tgt_emb(dec_inputs) + self.pos_emb(pos_indices)
#------------------------ 維度資訊 -------------------------------
# dec_outputs 的維度是 [batch_size, target_len, embedding_dim]
#----------------------------------------------------------------
# 生成解碼器自注意力遮罩和解碼器 - 編碼器注意力遮罩
dec_self_attn_pad_mask = get_attn_pad_mask(dec_inputs, dec_inputs) # 填充遮罩
dec_self_attn_subsequent_mask = get_attn_subsequent_mask(dec_inputs) # 後續遮罩
dec_self_attn_mask = torch.gt((dec_self_attn_pad_mask \
                    + dec_self_attn_subsequent_mask), 0)
dec_enc_attn_mask = get_attn_pad_mask(dec_inputs, enc_inputs) # 解碼器 - 編碼器遮罩
#------------------------ 維度資訊 -------------------------------
# dec_self_attn_pad_mask 的維度是 [batch_size, target_len, target_len]
# dec_self_attn_subsequent_mask 的維度是 [batch_size, target_len, target_len]
# dec_self_attn_mask 的維度是 [batch_size, target_len, target_len]
# dec_enc_attn_mask 的維度是 [batch_size, target_len, source_len]
#----------------------------------------------------------------
dec_self_attns, dec_enc_attns = [], [] # 初始化 dec_self_attns, dec_enc_attns
# 透過解碼器層 [batch_size, seq_len, embedding_dim]
for layer in self.layers:
    dec_outputs, dec_self_attn, dec_enc_attn = layer(dec_outputs, enc_outputs,
                        dec_self_attn_mask, dec_enc_attn_mask)
```

```
    dec_self_attns.append(dec_self_attn)
    dec_enc_attns.append(dec_enc_attn)
#------------------------ 維度資訊 -------------------------------
# dec_outputs 的維度是 [batch_size, target_len, embedding_dim]
# dec_self_attns 是一個清單，每個元素的維度是 [batch_size, n_heads, target_len, target_len]
# dec_enc_attns 是一個清單，每個元素的維度是 [batch_size, n_heads, target_len, source_len]
#----------------------------------------------------------------
# 傳回解碼器輸出，解碼器自注意力和解碼器 - 編碼器注意力權重
return dec_outputs, dec_self_attns, dec_enc_attns
```

Decoder 類別負責生成目標序列，在 _init_ 方法中初始化的內容如下。

- 詞嵌入層實例 tgt_emb。這個層將目標序列中的單字轉為對應的向量表示。
- 位置嵌入層實例 pos_emb。這個層透過預先計算的正弦位置編碼表來引入位置資訊。

- 一個 nn.ModuleList 實例，用於儲存多個解碼器層。這裡使用列表解析式建立了 n_layers 個解碼器層。

Decoder 類別的 forward 方法中接收 3 個參數：dec_inputs 表示解碼器的輸入，enc_inputs 表示編碼器的輸入，enc_outputs 表示編碼器的輸出。

forward 方法內部流程如下。

- 對解碼器輸入進行詞嵌入和位置嵌入相加，得到 dec_outputs。
- 生成解碼器自注意力遮罩 dec_self_attn_mask 和解碼器 - 編碼器注意力遮罩 dec_enc_attn_mask。

  解碼器自注意力遮罩 dec_self_attn_mask 是後續注意力遮罩 dec_self_attn_subsequent_mask 與填充注意力遮罩 dec_self_attn_pad_mask 的結合，透過將兩個遮罩矩陣相加並使用 torch.gt 函數生成一個布林類型矩陣。gt 表示「greater than」（大於），用於逐元素地比較兩個張量，並傳回一個與輸入形狀相同的布林張量，看對應位置的輸入元素是否大於給定的設定值 0。這個布林矩陣將用於遮擋填充位和未來資訊。

  解碼器 - 編碼器注意力遮罩 dec_enc_attn_mask 則只包括填充注意力遮罩 dec_self_attn_pad_mask，僅需要遮擋編碼器傳遞進來的上下文向量中的填充位。
- 初始化兩個空列表 dec_self_attns 和 dec_enc_attns，用於儲存每個解碼器層的自注意力權重矩陣和編碼器 - 解碼器注意力權重矩陣。
- 使用一個 for 循環遍歷所有的解碼器層，將 dec_outputs、enc_outputs、dec_self_attn_mask 和 dec_enc_attn_mask 輸入解碼器層中。得到更新後的 dec_outputs，以及當前解碼器層的自注意力權重矩陣 dec_self_attn 和編碼器 - 解碼器注意力權重矩陣 dec_enc_attn。將這兩個權重矩陣分別增加到列表 dec_self_attns 和 dec_enc_attns 中。
- 傳回 dec_outputs、dec_self_attns 和 dec_enc_attns。dec_outputs 表示解碼器的輸出，dec_self_attns 表示解碼器各層的自注意力權重矩陣，dec_enc_attns 表示解碼器各層的編碼器 - 解碼器注意力權重矩陣。

這個解碼器類別實現了 Transformer 模型中的解碼器部分，包括詞嵌入、位置嵌入和多個解碼器層。透過堆疊多個解碼器層，可以捕捉目標序列中的複雜語義和結構資訊。解碼器的輸出將被用來預測目標序列的下一個詞。

現在，用於建構 Transformer 類別的全部元件已經完成。我們可以用這些元件開始架設一個 Transformer。

元件 10 Transformer 類別

在 Transformer 模型的訓練和推理過程中，解碼器與編碼器一起工作。編碼器負責處理來源序列並提取其語義資訊，解碼器則根據編碼器的輸出和自身的輸入（目標序列）生成新的目標序列。在這個過程中，解碼器會利用自注意力機制關注目標序列的不同部分，同時透過編碼器 - 解碼器注意力機制關注編碼器輸出的不同部分。當解碼器處理完所有的解碼器層後，最終輸出的 dec_outputs 將被送入一個線性層和 softmax 層（softmax 層已經整合在損失函數中，不需要具體實現，所以下面的程式我們只定義線性層），生成最終的預測結果。這個預測結果是一個機率分佈，表示每個詞在目標序列下一個位置的機率。

下面建構 Transformer 模型的類別。

```
# 定義 Transformer 模型
class Transformer(nn.Module):
  def __init__(self, corpus):
    super(Transformer, self).__init__()
    self.encoder = Encoder(corpus) # 初始化編碼器實例
    self.decoder = Decoder(corpus) # 初始化解碼器實例
    # 定義線性投影層，將解碼器輸出轉為目標詞彙表大小的機率分佈
    self.projection = nn.Linear(d_embedding, len(corpus.tgt_vocab), bias=False)
  def forward(self, enc_inputs, dec_inputs):
    #------------------------ 維度資訊 --------------------------------
    # enc_inputs 的維度是 [batch_size, source_seq_len]
    # dec_inputs 的維度是 [batch_size, target_seq_len]
    #-----------------------------------------------------------------
    # 將輸入傳遞給編碼器，並獲取編碼器輸出和自注意力權重
    enc_outputs, enc_self_attns = self.encoder(enc_inputs)
```

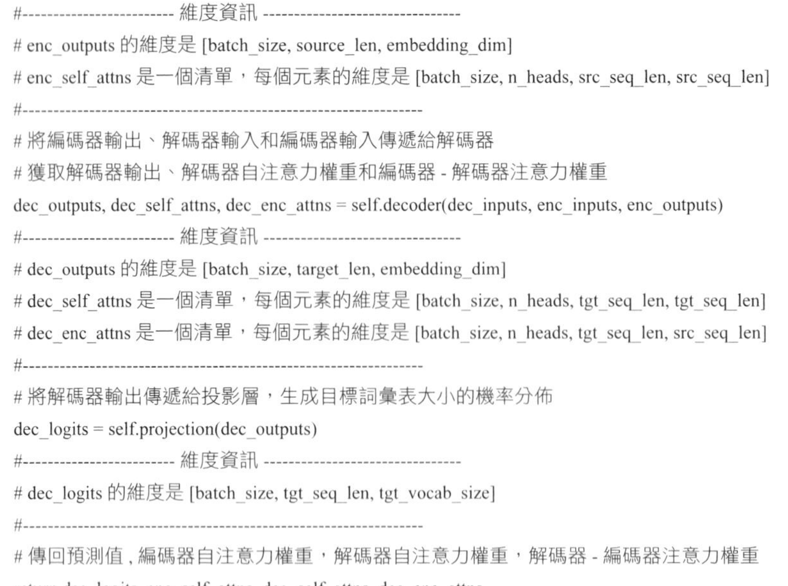

```
#------------------------ 維度資訊 --------------------------------
# enc_outputs 的維度是 [batch_size, source_len, embedding_dim]
# enc_self_attns 是一個清單，每個元素的維度是 [batch_size, n_heads, src_seq_len, src_seq_len]
#-----------------------------------------------------------------
# 將編碼器輸出、解碼器輸入和編碼器輸入傳遞給解碼器
# 獲取解碼器輸出、解碼器自注意力權重和編碼器 - 解碼器注意力權重
dec_outputs, dec_self_attns, dec_enc_attns = self.decoder(dec_inputs, enc_inputs, enc_outputs)
#------------------------ 維度資訊 --------------------------------
# dec_outputs 的維度是 [batch_size, target_len, embedding_dim]
# dec_self_attns 是一個清單，每個元素的維度是 [batch_size, n_heads, tgt_seq_len, tgt_seq_len]
# dec_enc_attns 是一個清單，每個元素的維度是 [batch_size, n_heads, tgt_seq_len, src_seq_len]
#-----------------------------------------------------------------
# 將解碼器輸出傳遞給投影層，生成目標詞彙表大小的機率分佈
dec_logits = self.projection(dec_outputs)
#------------------------ 維度資訊 --------------------------------
# dec_logits 的維度是 [batch_size, tgt_seq_len, tgt_vocab_size]
#-----------------------------------------------------------------
# 傳回預測值, 編碼器自注意力權重，解碼器自注意力權重，解碼器 - 編碼器注意力權重
return dec_logits, enc_self_attns, dec_self_attns, dec_enc_attns
```

因為有了前面的元件，這段程式的結構就清晰而簡單了。首先初始化編碼器、解碼器和投影層。在 forward 方法中，將來源序列輸入傳遞給編碼器，獲取編碼器輸出和自注意力權重。然後將編碼器輸出、解碼器輸入和編碼器輸入傳遞給解碼器，獲取解碼器輸出、解碼器自注意力權重和編碼器 - 解碼器注意力權重。最後，將解碼器輸出傳遞給投影層，生成目標詞彙表大小的機率分佈。這個機率分佈將被用於計算損失和評估模型的性能。

下面我們馬上使用這個 Transformer 模型來完成具體的任務。

6.3 完成翻譯任務

這裡，我們仍然使用 Seq2Seq 的小型翻譯任務資料集。不過，我們這次把資料集整合到一個 Translation Corpus 類別，這個類別會讀取語料，自動整理語料庫的字典，並提供批次資料。

6.3.1 資料準備

首先，準備幾個中英翻譯的例句。

In

```
sentences = [
    [' 咖哥 喜歡 小冰 ', 'KaGe likes XiaoBing'],
    [' 我 愛 學習 人工智慧 ', 'I love studying AI'],
    [' 深度學習 改變 世界 ', ' DL changed the world'],
    [' 自然語言處理 很 強大 ', 'NLP is powerful'],
    [' 神經網路 非常 複雜 ', 'Neural-networks are complex'] ]
```

然後，建立 Translation Corpus 類別，用於讀取中英翻譯語料，並生成字典和模型可以讀取的資料批次。

In

```
from collections import Counter # 匯入 Counter 類別
# 定義 TranslationCorpus
class TranslationCorpus:
    def __init__(self, sentences):
        self.sentences = sentences
        # 計算來源語言和目的語言的最大句子長度，並分別加 1 和 2 以容納填充符和特殊符號
        self.src_len = max(len(sentence[0].split()) for sentence in sentences) + 1
        self.tgt_len = max(len(sentence[1].split()) for sentence in sentences) + 2
        # 建立來源語言和目的語言的詞彙表
        self.src_vocab, self.tgt_vocab = self.create_vocabularies()
        # 建立索引到單字的映射
        self.src_idx2word = {v: k for k, v in self.src_vocab.items()}
        self.tgt_idx2word = {v: k for k, v in self.tgt_vocab.items()}
    # 定義建立詞彙表的函數
    def create_vocabularies(self):
        # 統計來源語言和目的語言的單字頻率
        src_counter = Counter(word for sentence in self.sentences for word in sentence[0].split())
        tgt_counter = Counter(word for sentence in self.sentences for word in sentence[1].split())
        # 建立來源語言和目的語言的詞彙表，並為每個單字分配一個唯一的索引
        src_vocab = {'<pad>': 0, **{word: i+1 for i, word in enumerate(src_counter)}}
        tgt_vocab = {'<pad>': 0, '<sos>': 1, '<eos>': 2,
                     **{word: i+3 for i, word in enumerate(tgt_counter)}}
        return src_vocab, tgt_vocab
    # 定義建立批次資料的函數
    def make_batch(self, batch_size, test_batch=False):
        input_batch, output_batch, target_batch = [], [], []
        # 隨機選擇句子索引
        sentence_indices = torch.randperm(len(self.sentences))[:batch_size]
        for index in sentence_indices:
            src_sentence, tgt_sentence = self.sentences[index]
```

```
            # 將來源語言和目的語言的句子轉換為索引序列
            src_seq = [self.src_vocab[word] for word in src_sentence.split()]
            tgt_seq = [self.tgt_vocab['<sos>']] + [self.tgt_vocab[word] \
                    for word in tgt_sentence.split()] + [self.tgt_vocab['<eos>']]
            # 對來源語言和目的語言的序列進行填充
            src_seq += [self.src_vocab['<pad>']] * (self.src_len - len(src_seq))
            tgt_seq += [self.tgt_vocab['<pad>']] * (self.tgt_len - len(tgt_seq))
            # 將處理好的序列增加到批次中
            input_batch.append(src_seq)
            output_batch.append([self.tgt_vocab['<sos>']] + ([self.tgt_vocab['<pad>']] * \
                        (self.tgt_len - 2)) if test_batch else tgt_seq[:-1])
            target_batch.append(tgt_seq[1:])
        # 將批次轉換為 LongTensor 類型
        input_batch = torch.LongTensor(input_batch)
        output_batch = torch.LongTensor(output_batch)
        target_batch = torch.LongTensor(target_batch)
        return input_batch, output_batch, target_batch
```

TranslationCorpus 中的 _init_ 方法，接收一組句子對（來源語言句子和目的語言句子）。它計算來源語言和目的語言的最大句子長度，並為其分別增加 1 和 2 以容納填充符 <pad> 和特殊符號（<sos> 和 <eos>）。然後，它建立來源語言和目的語言的詞彙表，並為每個單字建立索引到單字的映射。

create_vocabularies 方法用於建立來源語言和目的語言的詞彙表。它首先統計來源語言和目的語言的單字頻率，然後為每個單字分配一個唯一的索引。來源語言詞彙表包含填充符 <pad>，目的語言詞彙表包含填充符 <pad>、句子開始符號 <sos> 和句子結束符號 <eos>。

make_batch(self, batch_size, test_batch=False): 該方法用於建立一個大小為 batch_size 的批次。批次包含輸入批次、輸出批次和目標批次。對於每個句子對，它將來源語言和目的語言的句子轉為索引序列，並進行填充以匹配最大句子長度。輸入批次包含來源語言的序列，輸出批次包含目的語言的序列（在測試階段，輸出批次僅包含句子開始符號 <sos>），目標批次包含目的語言的序列（去除句子開始符號 <sos>）。最後，將這些批次轉為 LongTensor 類型。

基於中譯英翻譯例子建立語料庫的實例。

In

```
# 建立語料庫類別實例
corpus = TranslationCorpus(sentences)
```

6.3.2 訓練 Transformer 模型

下面，我們實例化一個剛才定義的 Transformer 模型，透過向它批次輸送中譯英資料來進行訓練。

In

```
import torch # 匯入 torch
import torch.optim as optim # 匯入最佳化器
model = Transformer(corpus) # 建立模型實例
criterion = nn.CrossEntropyLoss() # 損失函數
optimizer = optim.Adam(model.parameters(), lr=0.0001) # 最佳化器
epochs = 5 # 訓練輪次
for epoch in range(epochs): # 訓練 100 輪
  optimizer.zero_grad() # 梯度清零
  enc_inputs, dec_inputs, target_batch = corpus.make_batch(batch_size) # 建立訓練資料
  outputs, _, _, _ = model(enc_inputs, dec_inputs) # 獲取模型輸出
  loss = criterion(outputs.view(-1, len(corpus.tgt_vocab)), target_batch.view(-1)) # 計算損失
  if (epoch + 1) % 1 == 0: # 列印損失
    print(f"Epoch: {epoch + 1:04d} cost = {loss:.6f}")
  loss.backward()# 反向傳播
  optimizer.step()# 更新參數
```

Out

```
Epoch: 0020 cost = 0.019715
Epoch: 0040 cost = 0.003158
Epoch: 0060 cost = 0.001584
Epoch: 0080 cost = 0.001170
Epoch: 0100 cost = 0.000925
```

這段程式的訓練過程與之前許多範例相似，無須重複解釋。訓練 100 輪之後，損失會減小到一個較小的值。

6.3.3 測試 Transformer 模型

下面對 Transformer 模型進行測試，試著完成翻譯任務。

In

```
# 建立一個大小為 1 的批次，目的語言序列 dec_inputs 在測試階段，僅包含句子開始符號 <sos>
enc_inputs, dec_inputs, target_batch = corpus.make_batch(batch_size=1,test_batch=True)
predict, enc_self_attns, dec_self_attns, dec_enc_attns = model(enc_inputs, dec_inputs) # 用模型進行翻譯
predict = predict.view(-1, len(corpus.tgt_vocab)) # 將預測結果維度重塑
predict = predict.data.max(1, keepdim=True)[1] # 找到每個位置機率最大的單字的索引
# 解碼預測的輸出，將所預測的目標句子中的索引轉換為單字
translated_sentence = [corpus.tgt_idx2word[idx.item()] for idx in predict.squeeze()]
# 將輸入的來源語言句子中的索引轉換為單字
input_sentence = ' '.join([corpus.src_idx2word[idx.item()] for idx in enc_inputs[0]])
print(input_sentence, '->', translated_sentence) # 列印原始句子和翻譯後的句子
```

Out

```
[' 咖哥 喜歡 小冰 ', 'KaGe likes XiaoBing'] -> ['KaGe', 'KaGe', 'KaGe', 'KaGe', 'KaGe']
```

這段程式從 corpus 物件中建立一個大小為 1 的批次，用於測試。輸入批次 enc_inputs 包含來源語言序列，輸出批次 dec_inputs 包含目的語言序列（在測試階段，僅包含句子開始符號 <sos>，後面跟著填充 token<pad>，這樣就不會在測試時傳給解碼器真值資訊），目標批次 target_batch 包含目的語言的序列（去除句子開始符號 <sos>，最後增加句子結束符號 <eos>）。把 enc_inputs 和 dec_inputs 傳入模型進行預測，然後將預測結果重塑為一個形狀為 (-1, len(corpus.tgt_vocab)) 的張量，使用 max 函數沿著維度 1（詞彙表維度）找到每個位置機率最大的單字的索引。最後將預測的索引轉為單字並列印出翻譯後的句子。

這個 Transformer 能訓練，能用。不過，其輸出結果並不理想，模型只成功翻譯了一個單字「KaGe」, 之後就不斷重複這個詞。

小冰：咖哥，我們費了那麼大半天的力氣，終於把 Transformer 模型架設出來了。這樣一訓練，效果居然還不如簡單地用 RNN 建構的 Seq2Seq 模型好！這不是氣人嗎！

咖哥：小冰，你沒有聽說過奧卡姆剃刀（Occam's Razor）原理嗎？奧卡姆剃刀原理是一個科學和哲學上的思考方法，它的核心觀點是在解釋現象時，應儘量選擇假設最少、最簡單的解釋。對於這樣簡單的資料集，在設計和選擇模型時，應該優先考慮簡單的模型，像 Transformer 這樣比較複雜的模型並不一

定效果更好。回頭我給你一個更為複雜的資料集和更複雜的 NLP 任務，你就知道 Transformer 的優勢了。

不過，這次測試效果不理想的真正原因和模型的簡單或複雜無關，主要是因為此處我們並沒有利用解碼器的自回歸機制進行**逐位置（即逐詞、逐 token、逐元素或逐時間步）**的生成式輸出。

在 Transformer 的訓練過程中，我們透過最大化預測正確詞的機率來最佳化模型；而在推理過程中，我們可以將解碼器的輸出作為下一個時間步的輸入，在每一個時間步都選擇機率最大的詞作為下一個詞（如貪心搜索等），或使用更複雜的搜索策略（如集束搜索等）。

因為這一課中的新內容過多，讓我們看看，GPT 模型是如何透過自回歸機制來一個一個元素解碼，並輸出理想的翻譯結果的。

小結

在 Transformer 架構出現之前，處理 NLP 任務的「 霸榜」技術是 RNN。雖然在某些方面具有優勢，但它的局限性也不容忽視。在訓練過程中，RNN（包括 LSTM 和 GRU）可能會遇到梯度消失和梯度爆炸的問題，這會導致網路在學習長距離依賴關係時變得困難。

幸運的是，瓦斯瓦尼等人在 2017 年引入的 Transformer 利用了自注意力機制，可以在不同長度的輸入序列之間進行平行計算，而無須像 RNN 那樣進行逐步計算。這使得 Transformer 在許多 NLP 任務中獲得了顯著的成果。

自此，Transformer 已經在各種 NLP 任務上刷新了「SOTA」記錄，例如機器翻譯、情感分析、問答系統等。Transformer 的成功主要歸功於其利用了自注意力機制，這使得模型能夠捕捉到輸入序列中不同位置之間的依賴關係，提升了模型表達能力，同時保持了計算效率。

此外，基於 Transformer 的預訓練模型（如 BERT、GPT 等）透過大規模的 無監督預訓練和有監督微調，進一步提高了模型在各種 NLP 任務中的性能。舉例來說，ChatGPT 是基於 GPT-4 架構的，這表示它建立在 Transformer 架構的基礎上，並在大量文字資料上進行預訓練，以更進一步地理解和生成自然語言。

總之，雖然 RNN 在某些 NLP 任務中具有優勢，但 Transformer 架構憑藉其強大的性能和計算效率，在當前的 NLP 領域已成為主流。

全新的想法和技術讓 Transformer 架組成為 NLP 領域中的一顆新星，在許多工上刷新了性能紀錄。基於 Transformer 架構的模型不斷湧現，如 BERT、RoBERTa、ALBERT 等，這些模型在各個 NLP 任務上都獲得了非常優秀的成績，遠超過了傳統的 NLP 模型。同時，基於 Transformer 架構的模型也在語言生成任務中表現出了非常出色的性能，如 ChatGPT 就是一個很好的例子。ChatGPT 的問世，使得人類向機器自動生成語言的夢想又邁進了一步，距離實現真正的人機對話越來越近。

Transformer 架構的出現也不僅是在 NLP 領域引起了震動。在電腦視覺領域，Transformer 也獲得了很大的突破。透過將圖片分割成多個小塊，然後用 Transformer 對這些小塊進行處理，能夠捕捉到圖片各部分之間的關係。舉例來說，視覺 Transformer（Vision Transformer，ViT）就是將 Transformer 應用於影像分類任務的典型例子，展示出了強大的性能。

此外，Transformer 還在語音辨識、推薦系統、強化學習等多個領域獲得了顯著的成果。一方面，它的強大表達能力使得模型能夠更進一步地理解和學習各種複雜的關係；另一方面，透過微調和預訓練，它可以有效地利用大量無標籤資料進行訓練，進一步提升模型的性能。

如今，Transformer 已經成為 AI 領域的核心技術之一，各大研究機構和企業都在不斷地探索它的更多潛力。而隨著技術的不斷發展，我們有理由相信，Transformer 將繼續引領人工智慧的發展方向，為我們創造更多的可能。

思考

1. Transformer 架構中都包含哪些元件？它們各造成什麼作用？

2. 與傳統的循環神經網路相比，Transformer 架構的優勢是什麼？

3. Transformer 中有幾種注意力機制？分別應用在哪個元件之中？

4. 什麼是 Transformer 模型中的逐位置前饋網路？為什麼要逐位置進行前向傳播？各個位置透過這個網路時共用參數嗎？

5. 解碼器 - 編碼器注意力遮罩 dec_enc_attn_mask 只包括填充注意力遮罩 dec_self_attn_pad_mask，僅需要遮擋編碼器傳遞進來的上下文向量中的填充位。我的問題是，解碼器向量需要遮擋嗎？為什麼？

6. 在測試 Transformer 的過程中，嘗試逐位置生成翻譯結果，在每個時間步都用貪心搜索來完成解碼器的中譯英翻譯任務，看看是否能夠提高翻譯性能。（答案會在下一課揭曉）

第 7 課

芳林新葉催陳葉：訓練出你的簡版生成式 GPT

咖哥：小冰，你知道竹子是怎麼生長的嗎？

小冰：當然知道，咖哥。竹子生長的規律是節節高，每一節都建立在前一節的基礎之上，逐漸往上生長。

咖哥：沒錯！竹子的生長規律與自回歸模型的生成規律類似（見下圖）。在自回歸模型中，我們預測的新目標值都基於前面若干個已生成值。

▲ 每一節新竹子都基於前一節長出來，恰似自回歸模型

小冰：有點意思！那麼咖哥，自回歸模型有哪些實際應用呢？

咖哥：自回歸模型在許多機器學習領域都有應用，特別是在時間序列預測中。例如，我們可以用自回歸模型來預測未來的股票價格、氣溫、銷售額等。在這些場景中，我們通常假設未來的值與過去的值存在某種連結，如果有了歷史資料和模型，就可以逐步推演（Inference）。

小冰：也就是說，假如我們要預測後天的股票價格，先要根據今天以前的歷史價格，推出明天的價格，再以此為基礎，預測後天的價格。對吧？

咖哥：正是如此！你還記得嗎，我們今天要訓練的 GPT 模型，正是建立在自回歸機制的基礎之上的。

不 過，在開始 訓練 GPT 之 前，我們先比較一下 BERT 和 GPT 這兩種 基於 Transformer 的預訓練模型結構，找出它們的異同。

7.1 BERT 與 GPT 爭鋒

Transformer 架構被提出後不久，一大批基於這個架構的預訓練模型就如雨後春筍般地出現了。其中最重要、影響最深遠的兩個預訓練模型當然就是 GPT 和 BERT 這兩個模型[a]。

在 ChatGPT 震驚世界之前，在自然語言處理領域影響最大的預訓練模型是 BERT[b]，很多科學研究工作都是圍繞著 BERT 展開的。由於 BERT 語言理解和推理能力很強，它也適用於很多下游任務。

初代的 GPT 和 BERT 幾乎是同時出現的，其實 GPT 還要稍微早一些。因此，在 BERT 的論文中，特意將二者進行了比較。在下文中，我將用你能夠理解的方式來講解二者的異同，這樣你就明白 BERT 和 GPT 這兩個模型到底是怎麼訓練出來的了。

---

a GPT 和 BERT 都是基於 Transformer 架構的模型，但它們在結構和應用上有著不同的側重點。在 GPT 和 BERT 的相關論文中，都明確地描述了研究者是如何使用 Transformer 架構的。

b DEVLIN J, CHANG M W, LEE K, et al. Bert: Pre-training of deep bidirectional transformers for language understanding [J/OL]. (2019-05-24)[2023-05-18]. https://arxiv.org/pdf/1810.04805.pdf.

在對 BERT 做無監督的預訓練時，研究人員設計了兩個目標任務：一個是將輸入的文字中 k % 的單字遮住，然後讓它預測被遮住的是什麼單字，這個目標任務叫作遮罩語言模型 (Masked Language Model, MLM) ；另一個是預測一個句子是否會緊挨著另一個句子出現，這個目標任務叫作下一句預測 (Next Sentence Prediction, NSP)。這兩個任務在預訓練時，資料集都是透過現成的語料文字建構的，標籤也是原始語料附帶的，所以屬於無監督的預訓練。其實，從模型參數最佳化的角度來講，是有標籤指導的。

小冰：明白，這就好比，隨機把「一二三四五，上山打老虎」中的「二」和「打」摳掉，被摳掉的詞就成了標籤，這樣來訓練模型的文字理解能力，對吧？

咖哥：正是如此。自然語言模型的預訓練，最不缺的就是資料，比如維基百科、知乎、微博文字，這些平臺中有巨量的資料。預訓練時在大量資料上基於這兩個目標（MLM 和 NSP）對模型進行最佳化，就形成了預訓練好的模型，然後，我們可以把這個基礎模型（Foundation Model）的結構和參數一併下載下來，再針對特定任務進行微調，就可以解決下游問題了。BERT 適合解決的 NLP 任務包括文字分類、命名實體辨識、克漏字、關係取出等**推理性問題**。

小冰：了解了。那麼 GPT 呢？

咖哥：GPT 也是一種基於 Transformer 架構的自然語言處理模型，但它與 BERT 有一些不同之處。

- 首先，GPT 在訓練時採用的是單向語境，也就是從左到右的順序。而 BERT 則採用了雙向的方式，即同時考慮上下文資訊。這使得 GPT 在生成文字時更擅長保持連貫性，但可能在理解某些上下文時不如 BERT。
- 其次，在預訓練任務上，GPT 的主要任務是基於給定的上下文，預測出現的下一個詞。這個任務就是我們之前反覆介紹過的語言模型，也被稱為語言建模（Language Modeling）。由於 GPT 的預訓練任務更簡單，因此，它在生成文字方面通常表現得更好。

在實際應用中，GPT 經過預訓練後，可被用於解決各種下游任務，例如文字生成、文字分類、問答系統等，尤其是**生成性問題**。與 BERT 一樣，GPT 的預訓練模型可以在大量文字資料上進行訓練，然後根據特定任務進行微調，從而解決各種實際問題。

總之，GPT 與 BERT 都是基於 Transformer 架構的 NLP 模型，但在文字理解方式和預訓練任務上有所不同。GPT 採用單向語境和語言建模任務，而 BERT 採用雙向語境和遮罩語言建模及句子預測任務。在實際應用中，它們都可以透過預訓練和微調的方式來解決各種 NLP 任務。

小冰：我還是有點不理解，為什麼說 BERT 採用的是雙向語境，GPT 採用的是單向語境？

咖哥：那麼還是從 BERT 原始論文中的示意圖來理解，這張圖簡單地說明了所謂單向和雙向的區別。從巨觀上看，BERT 和 GPT 是相似的，圖中藍色的圈圈是 Transformer 的隱藏層，其中的縮寫 Trm 其實就是 Transformer，而唯一的區別在於每個藍色圈圈接收到的自注意力資訊的方向。

- BERT 整體處理整個序列，既能夠關注前面的資訊，也能夠關注後面的資訊，所以是雙向編碼。在訓練過程中，每個位置的向量表示都透過左右兩側的上下文資訊一起學習，這樣能更進一步地捕捉句子的語義。

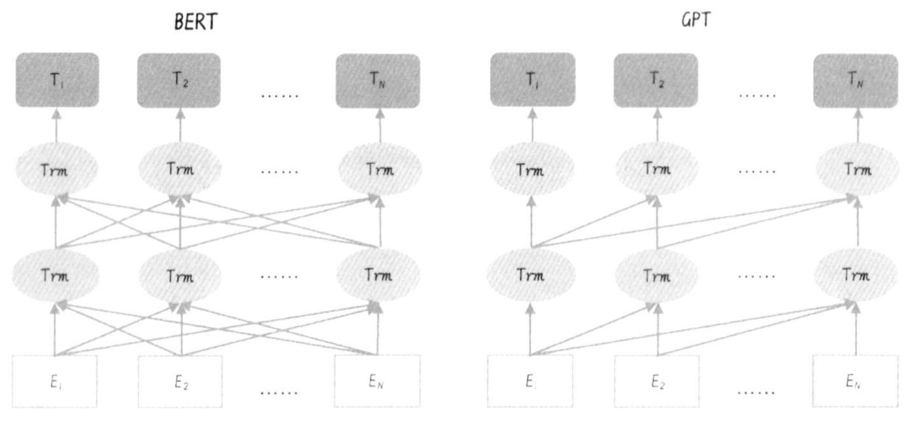

▲ BERT 和 GPT 的自注意力方向

- GPT 的理念就很不相同了。它是透過語言模型的思想，最大化敘述序列出現的機率。你不是讓我預測嗎？那我只能翻來覆去看問題，不能先看答案啊！這就是生成式模型和填空式模型的不同。

具體來說，GPT 是在解碼器的每個自注意力子層中引入了一個遮罩（掩蔽）機制，以防止當前位置的注意力權重分配到後續位置。這樣，我們就可以確保在解碼器的每個位置 i，預測僅依賴於已知輸出位置之前位置上的資訊。

換句話說就是，在每個時間步只能看到當前的輸入和已經生成的部分，然後生成下一個詞，看不見你還沒有回答的資訊。等你回答的詞越來越多，你能看到的資訊也就越來越多，但是這些資訊有很多是 GPT 自己生成的，這就是自回歸機制。

所以，總結一下，上面我們講了 BERT 和 GPT 的兩個主要區別。

- 第一，**BERT 是遮罩語言模型；GPT 是生成式語言模型**。我們這門課程一路以來講的 N-Gram、Wor d2Vec、NPLM 和 Seq2Seq 預測的都是下一個詞，其本質都是生成式語言模型。因此，生成式語言模型是語言模型的原始狀態，而 BERT 的遮罩語言模型「猜詞」，是創新。
- 第二，**BERT 是雙向語言模型**，每個位置的向量表示都透過上下文資訊來一起學習；**GPT 是單向語言模型**，在解碼器的每個自注意力子層中引入了一個遮罩（掩蔽）機制，以防止當前位置的注意力權重分配到後續位置。

小冰突然來了靈感，說道：咖哥，我記得昨天講到，Transformer 編碼器中每個位置的向量表示都是透過上下文資訊來一起學習；而解碼器中也有像 GPT 這樣的後續注意力遮罩，確保每個位置只能看到當前位置之前的資訊。對吧？

咖哥：太棒了，小冰！這正是我要向你介紹的第三點不同。其實，這兩個模型恰好都只採用了「一半的」Transformer 架構。**BERT 只使用編碼器架構**；而 **GPT 只使用解碼器架構**。

編碼器的雙向模型結構使得 BERT 能夠充分利用上下文資訊，因此 BERT 更適用於理解任務，如文字分類、命名實體辨識和問答等，因為它可以同時關注輸入序列中的所有單字，而不僅是一個方向的資訊。

只有解碼器架構的 GPT 是一個單向模型，具有自回歸的特點。在訓練過程中，GPT 模型透過後續注意力遮罩，確保每個位置只能看到當前位置之前的資訊，這使得 GPT 非常適合完成生成任務，如文字生成、文章摘要等。當生成一個序列時，GPT 會根據之前生成的上下文資訊生成下一個單字。

這兩個模型的架構差異（見表 7.1）使它們在不同類型的 NLP 任務中各有優勢。BERT 因其雙向上下文關注和編碼器架構在理解任務上表現出色，而 GPT 因其單向自回歸特性和解碼器架構在生成任務上具有較好的性能。

表 7.1 GPT 和 BERT 兩大語言模型的異同

BERT	GPT
雙向 (關注上文和下文)	單向 (僅關注上文)
僅使用編碼器架構	僅使用解碼器架構
遮罩語言模型 (自編碼)	生成式語言模型 (自回歸)
面向理解任務 (如文字分類、命名實體辨識、問答系統等)	面向生成任務 (如文字生成、文章摘要等)
遮罩部分輸入單字以預測被掩蓋的單字	使用緊接在輸入後的特殊符號開始生成文字
需要在特定任務上進行微調以獲得最佳性能	無須微調便可生成連貫文字

咖哥：敲黑板了！小冰，講完了兩大預訓練模型的異同之後，下面我就接著給你詳細解釋 GPT 這個模型的生成式自回歸機制。

7.2 GPT：生成式自回歸模型

自回歸（Autoregressive）是自然語言處理模型的一種訓練方法，其核心思想是基於已有的序列（詞或字元）來預測下一個元素。在 GPT 中，這表示模型會根據給定的上文來生成下一個詞，以下圖所示。

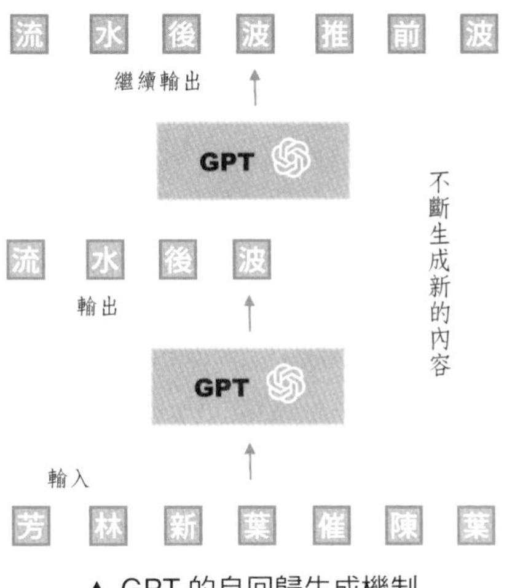

▲ GPT 的自回歸生成機制

我想提醒你的是，在 GPT 模型的訓練和推理這兩個相互獨立的過程中，「自回歸」的含義是不同的。

- 訓練過程中的「自回歸」：在訓練階段，GPT 透過大量文字資料進行學習。模型會接收一個詞序列作為輸入，然後預測下一個詞。損失函數主要用於衡量模型預測與實際詞之間的差異。在訓練過程中，模型將不斷調整其參數，以最小化損失函數。這個過程會持續進行，直到模型在預測任務上達到一定的性能。訓練過程中也常常使用教師強制來加快模型的收斂速度。
- 推理過程中的「自回歸」：在推理階段，我們利用訓練好的 GPT 模型來生成文字。首先，我們提供一個初始的種子文字（即提示或指令），然後模型會根據這個種子文字生成下一個詞。生成的詞將被增加到文字中，繼續輸入模型，模型會接著生成下一個詞，依此類推。這個過程會一直進行，直到生成一定長度的文字或遇到特定的結束符號。

在生成文字時，GPT 通常會根據詞的機率分佈來選擇下一個詞。這可以透過多種策略實現，如貪婪搜索——總是選擇機率最高的詞，集束搜索——同時考慮多個可能的詞序列，採樣方法——根據詞的機率分佈隨機選擇詞等。

小冰：那麼為什麼 GPT 是生成式自回歸模型？

咖哥：生成式自回歸模型是生成式模型的一種。生成式模型和判別式模型是兩種主要的機器學習模型。

- 生成式模型（Generative Model）：生成式模型不僅關心輸入和輸出之間的關係，同時也會考慮資料生成的機制。它會對資料的分佈進行建模，並試圖了解資料是如何生成的。生成式模型能夠模擬新的資料實例，比如高斯混合模型、隱馬可夫模型、單純貝氏分類器等。
- 判別式模型（Discriminative Model）：判別式模型主要關注輸入與輸出之間的關係，直接學習從輸入到輸出的映射或決策邊界，不考慮資料的生成過程，比如邏輯回歸、支援向量機、神經網路等。

自回歸模型（Autoregressive Model）是生成式模型的一種特例，它預測的新目標值是基於前面若干個已生成值的。自回歸模型在時間序列分析、語音訊號處理、自然語言處理等領域有廣泛應用。在序列生成問題中，自回歸模型特別重要，比如在機器翻譯、文字生成、語音合成等任務中，Transformer 的解碼器、GPT 等模型就是基於自回歸原理的。

小冰：呃？你自相矛盾了，Transformer 和 GPT 都是神經網路，從定義上應該是判別式模型才對。

咖哥：對。Transformer 和 GPT 都是神經網路模型，屬於深度學習的範圍。神經網路模型在形式上是判別式模型，因為它們直接學習從輸入到輸出的映射關係，不考慮資料的生成過程。但是，在處理生成任務，比如文字生成、語音合成等任務時，神經網路模型可以使用自回歸的方式進行生成，此時它們的行為更像生成式模型，所以稱之為生成式自回歸模型是可以的。

下面，我們就來完成上一課中，在解碼器的推理部分我們沒完成的任務——用自回歸機制來逐詞生成翻譯結果。

重複的內容不再贅述，還是使用同樣的中英翻譯資料集，還是使用 Transformer 模型，這裡我們只是加一個用貪婪搜索進行生成式解碼的函數，然後在測試過程中呼叫這個函數重新測試。

程式調整的第一步：定義一個貪婪解碼器函數。

In

```
# 定義貪婪解碼器函數
def greedy_decoder(model, enc_input, start_symbol):
    # 對輸入資料進行編碼，並獲得編碼器輸出及自注意力權重
    enc_outputs, enc_self_attns = model.encoder(enc_input)
    # 初始化解碼器輸入為全零張量，大小為 (1, 5)，資料型態與 enc_input 一致
    dec_input = torch.zeros(1, 5).type_as(enc_input.data)
    # 設置下一個要解碼的符號為開始符號
    next_symbol = start_symbol
    # 循環 5 次，為解碼器輸入中的每一個位置填充一個符號
    for i in range(0, 5):
        # 將下一個符號放入解碼器輸入的當前位置
        dec_input[0][i] = next_symbol
        # 運行解碼器，獲得解碼器輸出、解碼器自注意力權重和編碼器 - 解碼器注意力權重
        dec_output, _, _ = model.decoder(dec_input, enc_input, enc_outputs)
        # 將解碼器輸出投影到目標詞彙空間
        projected = model.projection(dec_output)
        # 找到具有最高機率的下一個單字
        prob = projected.squeeze(0).max(dim=-1, keepdim=False)[1]
        next_word = prob.data[i]
        # 將找到的下一個單字作為新的符號
        next_symbol = next_word.item()
    # 傳回解碼器輸入，它包含了生成的符號序列
    dec_outputs = dec_input
    return dec_outputs
```

上述程式定義了一個貪婪解碼器函數 greedy_decoder。該函數將模型 model、編碼器輸入 enc_input 及開始符號 start_symbol 作為輸入。貪婪解碼器透過尋找具有最高機率的單字作為下一個生成單字，從而生成一個單字序列。其中的關鍵部分是解碼器會循環 5 次，每次為解碼器輸入中的位置填充一個剛剛生成的符號，然後將這個符號和之前生成的符號一起，作為解碼器輸入序列 dec_input 輸入下一次的解碼器呼叫過程，直至循環結束。

程式調整的第二步：使用貪婪解碼器進行測試，生成翻譯文字。

In

```
# 用貪婪解碼器生成翻譯文字
enc_inputs, dec_inputs, target_batch = corpus.make_batch(batch_size=1, test_batch=True)
# 使用貪婪解碼器生成解碼器輸入
greedy_dec_input = greedy_decoder(model, enc_inputs, start_symbol=corpus.tgt_vocab['<sos>'])
# 將解碼器輸入轉換為單字序列
greedy_dec_output_words = [corpus.tgt_idx2word[n.item()] for n in greedy_dec_input.squeeze()]
# 列印編碼器輸入和貪婪解碼器生成的文字
enc_inputs_words = [corpus.src_idx2word[code.item()] for code in enc_inputs[0]]
print(enc_inputs_words, '->', greedy_dec_output_words)
```

Out

```
[' 咖哥 ', ' 喜歡 ', ' 小冰 ', '<pad>', '<pad>'] -> ['<sos>', 'KaGe', 'likes', 'XiaoBing', '<eos>']
```

小冰看到貪婪解碼器逐詞推演生成的文字，驚呆了：天啊！只修改了這麼一點點內容，效果就變得這麼這太神奇了。不過，我還真不知道你喜歡我。

咖哥：我喜歡所有愛學習的小朋友。下面，我們來製作真正的 GPT 模型。你會發現，因為 GPT 只使用了一半的 Transformer 架構，實現其實更簡潔。

7.3 建構 GPT 模型並完成文字生成任務

咖哥：下面，翻譯任務暫時告一段落。我們要開始實現 GPT 模型，並用它來完成簡單的文字生成類型的任務。像 ChatGPT 和 GPT-4 這樣的生成式模型，之所以具有很強的對話能力，就是因為「見多識廣」。經過語料庫的訓練，它們能夠看見什麼人，就說什麼話（見下圖）。

▲ 在 OpenAI 的 Playground 中，小冰和它聊得不亦樂乎

下面我們開始實現 GPT 模型。第一步，就是架設 GPT 模型。

7.3.1 架設 GPT 模型（解碼器）

GPT 只使用了 Transformer 的解碼器部分，其關鍵元件以下圖所示。

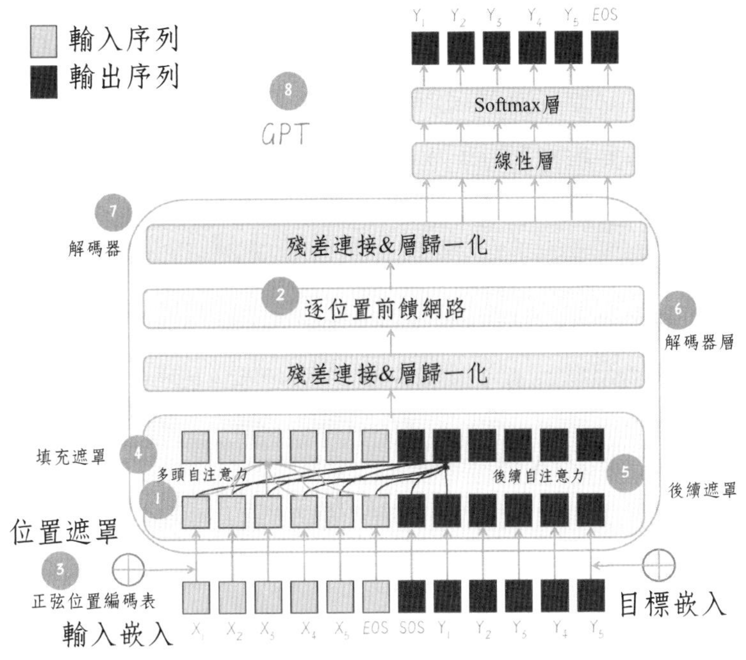

▲ GPT 關鍵元件

架設 GPT 模型的程式的關鍵元件如下。

元件 1 多頭自注意力：透過 ScaledDotProductAttention 類別實現縮放點積注意力機制，然後透過 MultiHeadAttention 類別實現多頭自注意力機制。

元件 2 逐位置前饋網路：透過 PoswiseFeedForwardNet 類別實現逐位置前饋網路。

元件 3 正弦位置編碼表：透過 get_sin_code_table 函數生成正弦位置編碼表。

元件 4 填充遮罩：透過 get_attn_pad_mask 函數為填充 token<pad> 生成注意力遮罩，避免注意力機制關注無用的資訊。

元件 5 後續遮罩：透過 get_attn_subsequent_mask 函數為後續 token（當前位置後面的資訊）生成注意力遮罩，避免解碼器中的注意力機制「偷窺」未來的目標資料。

元件 6 解碼器層：透過 DecoderLayer 類別定義解碼器的單層。

元件 7 解碼器：透過 Decoder 類別定義 Transformer 模型的完整解碼器部分。

元件 8 GPT：在解碼器的基礎上增加一個投影層，將解碼器輸出的特徵向量轉為預測結果，實現文字生成。

上述元件 1 ～元件 5，和上一課中 Transformer 的相應元件完全相同，因此我們不需要重複講解。下面的程式說明從元件 6 解碼器層講起。

元件 6　解碼器層類別

因為 GPT 模型沒有編碼器元件，也不需要來自編碼器的輸出，因此 GPT 解碼器的實現更簡潔。GPT 模型也省略了編碼器 - 解碼器注意力機制，因此模型的訓練速度更快。其解碼器結構和 Transformer 解碼器結構的特點見表 7.2。

表 7.2 Transformer 解碼器和 GPT 解碼器結構的特點

結構特點	Transformer 解碼器	GPT 解碼器
多頭自注意力層個數	兩個（自注意力和編碼器 - 解碼器注意力）	一個（自注意力）
輸入依賴關係	需要編碼器輸出作為額外參數	無須編碼器輸出
注意力遮罩使用	使用解碼器自注意力遮罩和解碼器 - 編碼器注意力遮罩	使用自注意力遮罩
應用場景	編碼器 - 解碼器架構，如機器翻譯	僅解碼器，如自回歸文字生成

下面我們來建構 GPT 模型的解碼器層。

In

```
# 定義解碼器層類別
class DecoderLayer(nn.Module):
    def __init__(self):
        super(DecoderLayer, self).__init__()
        self.self_attn = MultiHeadAttention() # 多頭自注意力層
        self.feed_forward = PoswiseFeedForwardNet() # 逐位置前饋網路層
        self.norm1 = nn.LayerNorm(d_embedding) # 第一個層歸一化
        self.norm2 = nn.LayerNorm(d_embedding) # 第二個層歸一化

    def forward(self, dec_inputs, attn_mask=None):
        # 使用多頭自注意力處理輸入
        attn_output, _ = self.self_attn(dec_inputs, dec_inputs, dec_inputs, attn_mask)
        # 將注意力輸出與輸入相加並進行第一個層歸一化
        norm1_outputs = self.norm1(dec_inputs + attn_output)
        # 將歸一化後的輸出輸入逐位置前饋神經網路
        ff_outputs = self.feed_forward(norm1_outputs)
        # 將前饋神經網路輸出與第一次歸一化後的輸出相加並進行第二個層歸一化
        dec_outputs = self.norm2(norm1_outputs + ff_outputs)
        return dec_outputs # 傳回解碼器層輸出
```

GPT 的解碼器層的輸入僅為 dec_inputs 和 attn_mask，沒有使用編碼器的輸出，輸出為 dec_outputs。

GPT 解碼器層的構造比 Transformer 的解碼器層簡單，僅包含一個多頭自注意力層 MultiHeadAttention 和一個逐位置前饋網路層 PosFeedForwardNet，後面接了兩個層歸一化 nn.LayerNorm。

解碼器層中，兩個層歸一化的作用如下。

- 第一個層歸一化 norm1：在多頭自注意力 self_attn 處理後，將注意力輸出 attn_output 與原始輸入 dec_inputs 相加。這種加和操作實現了殘差連接，可以加速梯度反向傳播，有助訓練深層網路。將相加後的結果進行層歸一化。層歸一化對輸入進行標準化處理，使其具有相同的平均值和方差。這有助減少梯度消失或梯度爆炸問題，從而提高模型訓練的穩定性。
- 第二個層歸一化 norm2：在逐位置前饋網路 feed _forward 處理後，將前饋神經網路輸出 ff_outputs 與第一個層歸一化輸出 norm1_outputs 相加。這裡同樣實現了殘差連接。將相加後的結果進行層歸一化。這一步驟的目的與第一個層歸一化相同，即標準化輸入資料，以提高訓練穩定性。

透過這兩個層歸一化操作，第一個解碼器層可以在多頭自注意力和逐位置前饋網路之間實現更穩定的資訊傳遞，從而提高模型的訓練效果。

元件 7 解碼器類別

下面我們基於解碼器層來架設解碼器。

In

```
# 定義解碼器類別
n_layers = 6  # 設置 Decoder 的層數
class Decoder(nn.Module):
    def __init__(self, vocab_size, max_seq_len):
        super(Decoder, self).__init__()
        # 詞嵌入層（參數為詞典維度）
        self.src_emb = nn.Embedding(vocab_size, d_embedding)
        # 位置編碼層（參數為序列長度）
        self.pos_emb = nn.Embedding(max_seq_len, d_embedding)
        # 初始化 N 個解碼器層
        self.layers = nn.ModuleList([DecoderLayer() for _ in range(n_layers)])

    def forward(self, dec_inputs):
        #  建位置信息
        positions = torch.arange(len(dec_inputs), device=dec_inputs.device).unsqueeze(-1)
        # 將詞嵌入與位置編碼相加
        inputs_embedding = self.src_emb(dec_inputs) + self.pos_emb(positions)
        # 生成自注意力遮罩
        attn_mask = get_attn_subsequent_mask(inputs_embedding).to(device)
        # 初始化解碼器輸入，這是第一個解碼器層的輸入
        dec_outputs =  inputs_embedding
        for layer in self.layers:
            # 將輸入資料傳遞給解碼器層，並傳回解碼器層的輸出，作為下一層的輸入
            dec_outputs = layer(dec_outputs, attn_mask)
        return dec_outputs # 傳回解碼器輸出
```

GPT 解碼器的結構比 Transformer 解碼器的結構簡單，因為 GPT 是一個單向生成式模型，只關注生成文字而不關注來源文字。GPT 不需要實現編碼器 - 解碼器注意力的部分，僅接收解碼器的輸入，然後進行詞嵌入和位置編碼，並將二者相加，繼而生成後續自注意力遮罩，來保證每個位置只能看到當前位置之前的資訊，以保持生成文字的自回歸特性。最後把嵌入向量和遮罩資訊傳遞

給解碼器層，並行處理，並接收結果向量 dec_outputs，然後把它傳回給 GPT 模型。

元件 8 GPT 模型

In

```
# 定義 GPT 模型
class GPT(nn.Module):
    def __init__(self, vocab_size, max_seq_len):
        super(GPT, self).__init__()
        self.decoder = Decoder(vocab_size, max_seq_len) # 解碼器，用於學習文字生成能力
        self.projection = nn.Linear(d_embedding, vocab_size)  # 全連接層，輸出預測結果

    def forward(self, dec_inputs):
        dec_outputs = self.decoder(dec_inputs) # 將輸入資料傳遞給解碼器
        logits = self.projection(dec_outputs) # 傳遞給全連接層以生成預測
        return logits # 傳回預測結果
```

在這個簡化版的 GPT 模型中：解碼器類別負責學習文字生成能力；一個全連接層將解碼器輸出的特徵向量映射到一個機率分佈，表示生成每個單字的機率 logits，用於將解碼器的輸出轉為與詞彙表大小相匹配的預測結果。

GPT 模型僅包含解碼器部分，沒有編碼器部分。因此，它更適用於無條件文字生成任務，而非類似機器翻譯或問答等需要編碼器 - 解碼器結構的任務。

下面，我們開始建構這個文字生成任務的資料集。

7.3.2 建構文字生成任務的資料集

這次，我們選擇一個適合 GPT 模型的任務——文字生成。因此，我們要給 GPT 准備一個訓練語料庫。這個語料庫是由現實中存在的文字組成的。當然，比起維基百科等大型語料庫，我們的語料庫中的資料比較少，你可以把它看成人類語料庫的縮影。

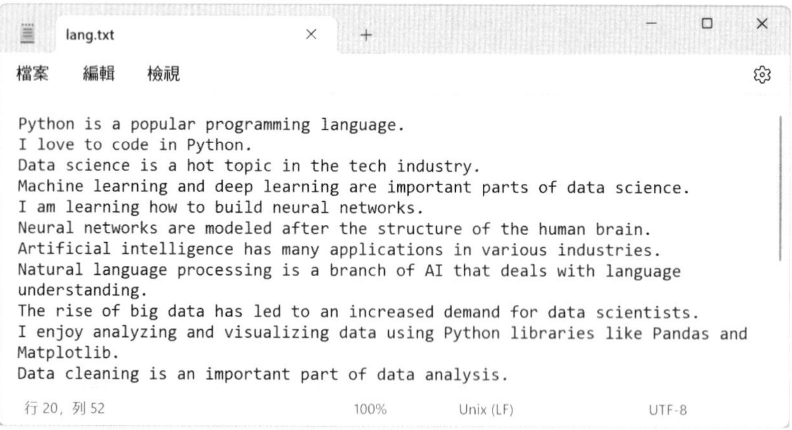

lang.txt

檔案　編輯　檢視

```
Python is a popular programming language.
I love to code in Python.
Data science is a hot topic in the tech industry.
Machine learning and deep learning are important parts of data science.
I am learning how to build neural networks.
Neural networks are modeled after the structure of the human brain.
Artificial intelligence has many applications in various industries.
Natural language processing is a branch of AI that deals with language
understanding.
The rise of big data has led to an increased demand for data scientists.
I enjoy analyzing and visualizing data using Python libraries like Pandas and
Matplotlib.
Data cleaning is an important part of data analysis.
```

行 20，列 52　100%　Unix (LF)　UTF-8

把這個語料庫儲存在檔案 lang.txt 中，等待程式讀取。

下面，建構語料庫類別 LanguageCorpus，用於讀取並整理語料，建立批次資料。

```
# 建構語料庫
from collections import Counter
class LanguageCorpus:
    def __init__(self, sentences):
        self.sentences = sentences
        # 計算語言的最大句子長度，並加 2 以容納特殊符號 <sos> 和 <eos>
        self.seq_len = max([len(sentence.split()) for sentence in sentences]) + 2
        self.vocab = self.create_vocabulary() # 建立來源語言和目的語言的詞彙表
        self.idx2word = {v: k for k, v in self.vocab.items()} # 建立索引到單字的映射
    def create_vocabulary(self):
        vocab = {'<pad>': 0, '<sos>': 1, '<eos>': 2}
        counter = Counter()
        # 統計語料庫的單字頻率
        for sentence in self.sentences:
            words = sentence.split()
            counter.update(words)
        # 建立詞彙表，並為每個單字分配一個唯一的索引
        for word in counter:
            if word not in vocab:
                vocab[word] = len(vocab)
        return vocab
    def make_batch(self, batch_size, test_batch=False):
        input_batch, output_batch = [], [] # 初始化批次資料
```

```
        sentence_indices = torch.randperm(len(self.sentences))[:batch_size] # 隨機選擇句子索引
        for index in sentence_indices:
            sentence = self.sentences[index]
            # 將句子轉換為索引序列
            seq = [self.vocab['<sos>']] + [self.vocab[word] for word in sentence.split()] + [self.vocab['<eos>']]
            seq += [self.vocab['<pad>']] * (self.seq_len - len(seq)) # 對序列進行填充
            # 將處理好的序列增加到批次中
            input_batch.append(seq[:-1])
            output_batch.append(seq[1:])
        return torch.LongTensor(input_batch), torch.LongTensor(output_batch)
```

這個類別的主要功能是建立詞彙表、將句子轉為索引序列、生成批次資料等，其中最重要的是 make_batch 方法中生成批次資料時的**「向右位移」操作，這是訓練生成式語言模型的關鍵所在**。

(1) 在 __init __ 方法中，初始化執行個體變數，包括語料庫中的句子、最大句子長度（加上特殊符號 <sos> 和 <eos>）、詞彙表及索引到單字的映射。

(2) create _ vocabulary 方法用於建立詞彙表。首先定義特殊符號，然後統計所有句子中的單字頻率。最後，為每個單字分配一個唯一的索引。

(3) make_batch 方法用於生成批次資料。首先隨機選擇句子索引，然後將選定的句子轉為索引序列並進行填充，接著透過「向右位移」操作生成輸入序列和輸出（目標）序列（seq[:-1] 表示去掉最後一個元素的序列，用作輸入序列；seq[1:] 表示從第二個元素開始的序列，用作目標序列）。最後，將處理好的序列增加到輸入批次和輸出批次中。

假設有一個句子序列為「<sos> 咖哥 喜歡 小冰 <eos>」。

- 輸入序列 input_batch ：<sos> 咖哥 喜歡 小冰。
- 目標序列 output_batch ：咖哥 喜歡 小冰 <eos>。

我們根據檔案 lang.txt 建立一個語料庫實例，並顯示其中的一些資訊。

```
In
with open("lang.txt", "r") as file: # 從檔案中讀取語料
    sentences = [line.strip() for line in file.readlines()]
corpus = LanguageCorpus(sentences) # 建立語料庫
vocab_size = len(corpus.vocab) # 詞彙表大小
max_seq_len = corpus.seq_len # 最大句子長度（用於設置位置編碼）
print(f" 語料庫詞彙表大小 : {vocab_size}") # 列印詞彙表大小
print(f" 列印詞彙表大小 : {max_seq_len}") # 列印最大序列長度
```

```
Out
語料庫詞彙表大小：133
最長句子長度：17
```

現在，有了語料庫和批次資料，可以開始 GPT 模型的訓練。

7.3.3 訓練過程中的自回歸

下面的程式將完成 GPT 模型的訓練過程。

```
In
import torch.optim as optim # 匯入最佳化器
device = "cuda" if torch.cuda.is_available() else "cpu" # 設置裝置
model = GPT(vocab_size, max_seq_len).to(device) # 建立 GPT 模型實例
criterion = nn.CrossEntropyLoss() # 損失函數
optimizer = optim.Adam(model.parameters(), lr=0.0001) # 最佳化器
epochs = 500 # 訓練輪次
for epoch in range(epochs):  # 訓練 epochs 輪
    optimizer.zero_grad() # 梯度清零
    inputs, targets = corpus.make_batch(batch_size) # 建立訓練資料
    inputs, targets = inputs.to(device), targets.to(device)
    outputs = model(inputs) # 獲取模型輸出
    loss = criterion(outputs.view(-1, vocab_size), targets.view(-1)) # 計算損失
    if (epoch + 1) % 100 == 0: # 列印損失
        print(f"Epoch: {epoch + 1:04d} cost = {loss:.6f}")
    loss.backward() # 反向傳播
    optimizer.step() # 更新參數
```

```
Out
Epoch: 0100 cost = 1.840713
Epoch: 0200 cost = 0.881577
Epoch: 0300 cost = 0.411060
Epoch: 0400 cost = 0.308089
Epoch: 0500 cost = 0.249115
```

這段程式與之前範例中的訓練程式毫無二致。訓練資料由給定的輸入句子組成，這些句子已經被編碼為數字表示（詞彙表中的索引）。在每個訓練批次中，模型的輸入是當前單字序列，而目標輸出是該序列中每個單字的下一個單字。為了計算損失，模型預測下一個單字的機率分佈（對於整個詞彙表），然後使用交叉熵損失函數比較這些預測機率和實際目標單字。

咖哥發言

從這個範例開始，我們逐漸進入接近真實資料集場景的實戰，訓練模型的資源要求也變多了。如果你有GPU，就開始派的上用場了。無論CPU或GPU，在PyTorch中，你需要確保你的模型和資料都在同一裝置上。而to(device)方法可以幫助你將模型或張量移動到指定的裝置上。

程式 device ="cuda" if torch.cuda.is_available() else"cpu" 檢查是否有可用的 GPU。如果有 GPU，它將裝置設置為 "cuda" ，否則設置為 "cpu"。

程式 model = GPT(vocab_size, max_seq_len).to(device) 建立一個 GPT 模型實例，然後使用 to(device) 將模型的所有參數和快取移動到 GPU 或 CPU。

程式 inputs, targets = inputs.to(device), targets.to(device) 將輸入和目標資料移動到相同的裝置。

總之，to(device) 可以確保模型和資料都在同一裝置上，這是進行計算的要求。如果你有 GPU，訓練將會加速。

小冰：咖哥，那麼在我們實現的這個 GPT 的訓練過程中，自回歸性質表現在哪裡呢？

咖哥：在這個 GPT 訓練程式中，「自回歸」表現在模型的訓練目標上，也就是輸入序列和目標序列的構造及損失的計算上。模型需要預測給定前文的下一個單字，這表示模型在每個時間步生成一個條件機率，這個機率依賴於先前的所有單字。

- 輸入序列和目標序列的建立：透過右移操作，目標序列是輸入序列向右移動一個位置的結果。這樣，模型在學習預測給定上下文的下一個單字時，能夠利用先前的單字資訊；而透過後續注意力遮罩，模型在注意力計算過程中看不到後面的資訊。

- 損失計算：將模型的輸出序列與目標序列進行比較以計算損失。因為輸出序列的每個位置對應一個預測的單字，所以這個損失表現了模型在預測給定上文的下一個單字時的性能。交叉熵損失用於衡量預測分佈與實際分佈之間的差異。

當然了，基於 Transformer 架構的並行處理能力，雖然在訓練階段沒有顯式地將自回歸過程建模，但自回歸過程透過後續注意力遮罩實現；在推理階段（即生成新文字時），模型會根據先前生成的單字來生成下一個單字，從而表現出自回歸特性。

7.3.4 文字生成中的自回歸（貪婪搜索）

這裡，要開始測試已經訓練好的模型了。我們看看對每一個生成的詞進行貪婪搜索的結果。

In

```
# 測試文字生成
def generate_text(model, input_str, max_len=50):
    model.eval() # 將模型設置為評估（測試）模式，關閉 dropout 和 batch normalization 等訓練相關的層
    # 將輸入字串中的每個 token 轉換為其在詞彙表中的索引
    input_tokens = [corpus.vocab[token] for token in input_str]
    # 建立一個新列表，將輸入的 tokens 複製到輸出 tokens 中，目前只有輸入的詞
    output_tokens = input_tokens.copy()
    with torch.no_grad(): # 禁用梯度計算，以節省記憶體並加速測試過程
        for _ in range(max_len): # 生成最多 max_len 個 tokens
            # 將輸出的 token 轉換為 PyTorch 張量，並增加一個代表批次的維度 [1, len(output_tokens)]
            inputs = torch.LongTensor(output_tokens).unsqueeze(0).to(device)
            outputs = model(inputs) # 輸出 logits 形狀為 [1, len(output_tokens), vocab_size]
            # 在最後一個維度上獲取 logits 中的最大值，並傳回其索引（即下一個 token）
            _, next_token = torch.max(outputs[:, -1, :], dim=-1)
            next_token = next_token.item() # 將張量轉換為 Python 整數
            if next_token == corpus.vocab["<eos>"]:
                break # 如果生成的 token 是 EOS（結束符），則停止生成過程
            output_tokens.append(next_token) # 將生成的 tokens 增加到 output_tokens 列表
    # 將輸出 tokens 轉換回文字字串
    output_str = " ".join([corpus.idx2word[token] for token in output_tokens])
    return output_str

input_str = ["Python"] # 輸入一個詞：Python
generated_text = generate_text(model, input_str) # 模型根據這個詞生成後續文字
print(" 生成的文字：", generated_text) # 列印預測文字
```

Out

生成的文字： Python libraries like Pandas and deep learning are important parts of data science.

小冰：結果不錯呀！咖哥，沒想到我們自己訓練出來的 GPT 模型還像模像樣的。咖哥：嗯，當然。可見，自回歸是生成式模型的重要特徵，可在文字生成任務中逐步生成序列。

這段程式的 generate_text 函數的目的就是根據給定的輸入字串生成一個後續的文字序列。首先，程式將輸入字串轉為一個單字索引的清單 input_tokens，然後，將這些輸入的 token 作為初始生成的文字 output_tokens。接下來，函數進入一個循環，該循環將一個一個生成新的 token，直到達到最大長度 max_len 或遇到句子結束標記 <eos>。在每次循環中，程式將當前的 output_tokens 輸入模型，然後從模型的輸出中選擇具有最高機率的單字作為下一個生成的單字。這個新生成的單字被增加到 output_tokens 列表中，再在下一輪迭代中被用作輸入單字。

這個過程就是自回歸，因為在每一步中，模型都根據之前生成的單字序列生成下一個單字。這使得生成的文字在語法和上下文方面具有連貫性。

在生成文字的演算法選擇上，這個函數使用的是貪婪搜索演算法，也就是貪婪解碼。所謂貪婪解碼，指的就是我們在每個時間步只選擇機率最高的輸出單字。在程式 _ , next_token = torch.max(outputs[:, -1, :], dim=-1) 中，**選取了 outputs 詞彙表這個維度 中具有最大機率的單字索引作為 next_token**。然後，這個單字會被增加到 output_ tokens 列表中，用作下一個時間步的輸入。

貪婪解碼在我們這個例子中，效果還算不錯。在有些情況下，貪婪解碼計算效率高，但容易產生一些問題，如 tokens（比如 <eos>）反覆出現，無意義詞句組合循環出現，這是因為演算法陷入局部最佳解。而另一種常見的搜索演算法是集束搜索，它能夠更進一步地平衡全域最佳解和局部最佳解。我們在下面的例子中訓練一個規模相對比較大的語料庫，用集束搜索來解碼。

7.4 使用 WikiText2 資料集訓練 Wiki-GPT 模型

咖哥：小冰，一路學到這裡，你應該是有收穫的吧。

小冰：當然了，咖哥。我感覺對語言模型，對生成式的方法，我都有了很清晰的認識。不過，我頭腦中還是有一點小疑惑。

咖哥：其實你不說我也知道，你是不是覺得到目前為止，我們設計的資料集都過於簡單，過於「玩具化」了。

小冰：正是！咖哥你真的很懂「讀心術」。

咖哥：下面我想帶著你做的，就是使用一個從網際網路中收集真實語料的資料集 WikiText[a]。WikiText 資料集是從維基百科上經過驗證的精選文章集中提取的超過 1 億個標記的資料集合。讓我們用這個更真實的語料資料集，來看一看現實世界的模型是如何訓練出來的。在這個實戰過程中，我們的重點將不再是模型的結構和原理，而是下面這兩點。

- 學習目前 NLP 領域中常用資料集的匯入（透過 Torchtext 函數庫）、設計（建立 PyTorch Dataset）、載入（使用 PyTorch Data Loader），以及如何將資料集中的資料轉為我們的 GPT 模型可以讀取的格式（透過 Torchtext 的分詞工具 Tokenizer）。
- 學習如何對模型的效能進行測試。之前的資料集都很小，沒有拆分成訓練資料集和測試資料集的必要，而現在，用這個真實的、包含上萬筆語料的資料集，就可以用其中的一部分資料來測試模型的效能。這樣，在多輪訓練的過程中，我們就可以選擇測試集上得分最高的模型。

在下面的實戰中，我們保持模型的結構和程式不變，只改變一下訓練這個模型所用的資料集，讓 GPT 模型讀取更多真實的語料，學習真實的語言知識。

a MERITY S, XIONG C, BRADBURY J, et al. Pointer sentinel mixture models [J/OB]. (2016-09-26) [2023-06-08]. https://arxiv. org/ pdf/1609.07843.pdf.

7.4.1 用 WikiText2 建構 Dataset 和 DataLoader

現在我們就要開始了。我們要使用 PyTorch 的 Torchtext 函數庫，因為它提供了一些方便的工具來載入、前置處理和處理文字資料。如果你的開發環境中還沒有這個函數庫，需要先透過「pip install torchtext」命令安裝它。

咖哥發言

Torchtext 函數庫各個版本之間使用方式有差異。下面的程式是在 torchtext 0.14.1 上偵錯成功的，如果你使用的是其他版本，程式可能要經過調整才能正常運行。

第 1 步 下載語料庫，建構詞彙表

從 Torchtext 中直接匯入 WikiText2[a] 語料庫並建構詞彙表的程式如下。

```
from torchtext.datasets import WikiText2 # 匯入 WikiText2
from torchtext.data.utils import get_tokenizer # 匯入 Tokenizer 分詞工具
from torchtext.vocab import build_vocab_from_iterator # 匯入 Vocabulary 工具
from torch.utils.data import DataLoader, Dataset # 匯入 Pytorch 的 DataLoader 和 Dataset
tokenizer = get_tokenizer("basic_english") # 定義資料前置處理所需的 Tokenizer
train_iter = WikiText2(split='train') # 載入 WikiText2 資料集的訓練部分
# 定義一個生成器函數，用於將資料集中的文字轉換為 tokens
def yield_tokens(data_iter):
    for item in data_iter:
        yield tokenizer(item)
# 建立詞彙表，包括特殊 tokens："<pad>", "<sos>", "<eos>"
vocab = build_vocab_from_iterator(yield_tokens(train_iter),
                                  specials=["<pad>", "<sos>", "<eos>"])
vocab.set_default_index(vocab["<pad>"])
```

a WikiText2 是 WikiText 的縮微版，相對較小，包含了大約 200 萬個 tokens，以便在資源受限的環境中進行快速實驗和演算法驗證。

```
# 列印詞彙表資訊
print(" 詞彙表大小：", len(vocab))
print(" 詞彙範例 (word to index)：",  {word: vocab[word] for word in ["<pad>", "<sos>", "<eos>", "the", "apple"]})
```

Out

```
詞彙表大小：28785
詞彙範例 (word to index)：
{'<pad>': 0, '<sos>': 1, '<eos>': 2, 'the': 3, 'apple': 11505}
```

這段程式中詞彙表的建構部分和我們之前自訂語料庫的差別較大。首先，定義資料前置處理所需的 Tokenizer，這裡使用的是 basic_english 分詞器，它將文字分解為單字。然後載入 WikiText2 資料集的訓練部分，這裡，我們只載入了資料集的訓練部分：split='train'。之後，定義一個生成器函數 yield_tokens，這個函數用於將資料集中的文字轉為 tokens。它接收資料集的迭代器作為輸入，然後使用 tokenizer 將每個文字項轉為 tokens。

使用 build_vocab_from_iterator 函數建立詞彙表，將 yield_tokens 生成器作為輸入。同時，為詞彙表增加特殊 token：<pad>、<sos> 和 <eos>。然後，將詞彙表的預設索引設置為 <pad> token 的索引。

最後我們顯示詞彙表的大小和範例，可以看到裡面包含兩萬多個單字，遠遠多於我們之前自己建構的任何範例資料集。當然，WikiText2 只是維基百科的微縮版本，仍然只是用於教學的語料庫，和 BERT/GPT 等預訓練模型所使用的語料庫尚不可相提並論。

第 2 步 建構 PyTorch 資料集

首先，我們要解釋一下在 PyTorch 中的 Dataset 類別。它是一個抽象類別，用於構造和表示資料集，使用 Dataset 類別的主要目的是為資料載入器（Data Loader）提供一個統一的介面，以便在訓練和驗證神經網路時，可以方便地從資料集中獲取資料。

自訂的 Dataset 類別應該實現 __init__( ) 方法、__len__( ) 方法和 __getitem__( ) 方法。

- __init__( ) 方法是 Dataset 類別的建構函數，它在建立類別的實例時被呼叫。在自訂資料集類別中，__init__( ) 方法的主要作用是對資料集進行前置處理和初始化，可能包括載入資料、資料前置處理、分詞、建立詞彙表等操作。

- __len__( ) 方法：傳回資料集中的樣本數量。當呼叫 len(dataset) 時，將傳回該方法的結果。
- __getitem__ ( ) 方法：接收一個整數索引（通常在 0 到 len(dataset)-1 之間），並傳回與該索引對應的資料樣本。可以透過 dataset[idx] 存取資料集中的某個樣本。

下面是 WikiDataset 類別的具體實現。

In

```
from torch.utils.data import Dataset # 匯入 Dataset 類別
max_seq_len = 256 # 設置序列的最大長度

# 定義一個處理 WikiText2 資料集的自訂資料集類別
class WikiDataset(Dataset):
    def __init__(self, data_iter, vocab, max_len=max_seq_len):
        self.data = []
        for sentence in data_iter: # 遍歷資料集，將文字轉換為 tokens
            # 對每個句子進行 Tokenization，截取長度為 max_len-2，為 <sos> 和 <eos> 留出空間
            tokens = tokenizer(sentence)[:max_len - 2]
            tokens = [vocab["<sos>"]] + vocab(tokens) + [vocab["<eos>"]] # 添加 <sos> 和 <eos>
            self.data.append(tokens) # 將處理好的 tokens 增加到資料集中

    def __len__(self): # 定義資料集的長度
        return len(self.data)

    def __getitem__(self, idx): # 定義資料集的索引方法 ( 即取出資料項目 )
        source = self.data[idx][:-1] # 獲取當前資料，並將 <eos> 移除，作為來源（source）資料
        target = self.data[idx][1:] # 獲取當前資料，並將 <sos> 移除，作為目標（target）資料（右移 1 位）
        return torch.tensor(source), torch.tensor(target) # 轉換為 tensor 並傳回

train_dataset = WikiDataset(train_iter, vocab) # 建立訓練資料集
print(f"Dataset 資料項目數 : {len(train_dataset)}")
sample_source, sample_target = train_dataset[100]
print(f" 輸入序列張量樣例 : {sample_source}")
print(f" 目標序列張量樣例 : {sample_target}")
decoded_source = ' '.join(vocab.lookup_tokens(sample_source.tolist()))
decoded_target = ' '.join(vocab.lookup_tokens(sample_target.tolist()))
print(f" 輸入序列樣例文字 : {decoded_source}")
print(f" 目標序列樣例文字 : {decoded_target}")
```

```
Dataset 資料項目數 : 36718
輸入序列張量樣例 : tensor([    1,  2659,  3478, 17569,  9098])
目標序列張量樣例 : tensor([ 2659,  3478, 17569,  9098,     2])
輸入序列樣例文字 : <sos> 96 ammunition packing boxes
目標序列樣例文字 : 96 ammunition packing boxes <eos>
```

程式中的 WikiDataset 類別繼承自 torch.utils.data.Dataset，用於處理 WikiText2 資料集。

WikiDataset 的建構函數接收一個資料迭代器 data_iter 和一個詞彙表 vocab 作為輸入。在類別的初始化階段，遍歷資料迭代器中的句子，對每個句子進行 Tokenization，截取長度為 max_len-2。在每個句子的開頭和結尾分別增加 <sos>（句子開始）和 <eos>（句子結束）。最後將處理好的 tokens 增加到資料集中。

在 WikiDataset 類別中，_len_ 方法傳回資料集的長度，即句子的數量；_getitem_ 方法傳回指定索引 idx 處的來源資料和目標資料。來源資料是從句子開頭到倒數第二個 token，目標資料是從第二個 token 到句子結尾。這樣設置是為了讓模型在替定當前 token 的情況下，學會預測下一個 token。這是標準的生成式模型訓練資料集的構造方式。從範例文字中也可以清楚地看出，借助 <sos> 和 <eos>，我們實現了目標文字針對來源文字的**向右一位位移**。

第 3 步　建構 DataLoader 類別

PyTorch 中的 DataLoader 類別，用於從訓練資料集中載入資料。它的作用是將資料集中的樣本分批，並將每批資料整理成適當的形狀，以便在訓練中循環使用。

在我們的範例中，建立 Data Loader 類別之前，我們還需預先定義一個 collate_fn 函數，這是 PyTorch 的標準做法。在 DataLoader 類別中，可以使用 collate_fn 參數來指定一個自訂函數，該函數在將資料集樣本組合成一個批次時被呼叫。換句話說，collate_fn 函數定義了如何將一批單獨的資料樣本整理成一個整齊的張量，以便在訓練循環中使用。

具體程式實現如下。

```
# 定義 pad_sequence 函數，用於將一批序列補齊到相同長度
def pad_sequence(sequences, padding_value=0, length=None):
    # 計算最大序列長度，如果 length 參數未提供，則使用輸入序列中的最大長度
    max_length = max(len(seq) for seq in sequences) if length is None else length
    # 建立一個具有適當形狀的全零張量，用於儲存補齊後的序列
    result = torch.full((len(sequences), max_length), padding_value, dtype=torch.long)
    # 遍歷序列，將每個序列的內容複製到張量 result 中
    for i, seq in enumerate(sequences):
        end = len(seq)
        result[i, :end] = seq[:end]
    return result

# 定義 collate_fn 函數，用於將一個批次的資料整理成適當的形狀
```

```
def collate_fn(batch):
    # 從批次中分離來源序列和目標序列
    sources, targets = zip(*batch)
    # 計算批次中的最大序列長度
    max_length = max(max(len(s) for s in sources), max(len(t) for t in targets))
    # 使用 pad_sequence 函數補齊來源序列和目標序列
    sources = pad_sequence(sources, padding_value=vocab["<pad>"], length=max_length)
    targets = pad_sequence(targets, padding_value=vocab["<pad>"], length=max_length)
    # 傳回補齊後的來源序列和目標序列
    return sources, targets

#  建立一個訓練資料載入器，使用自訂的 collate_fn 函數
train_dataloader = DataLoader(train_dataset, batch_size=batch_size,
                              shuffle=True, collate_fn=collate_fn)
```

程式中的 pad _ sequence 函數接收一個序列列表 sequences、填充值 padding _ value 和可選的指定長度 length。它的作用是透過在較短序列的末尾增加填充值，將所有輸入序列補齊到相同長度。如果指定了 length，則補齊後的序列長度為 length，否則補齊後的序列長度為輸入序列中的最大長度。

collate_fn 函數用於將一個批次的資料整理成適當的形狀。它從輸入的批次資料中分離出來源序列和目標序列，然後使用 pad_sequence 函數對它們進行補齊。最後，傳回補齊後的來源序列和目標序列。

train_dataloader 是一個 DataLoader 實例，用於從訓練資料集中載入資料。這個 train_dataloader 具體是如何載入資料的，我們馬上將在訓練過程的程式中看到。

7.4.2 用 DataLoader 提供的資料進行訓練

下面，我們開始使用 train_dataloader 載入資料，一批批訓練模型。

In

```
import torch.optim as optim # 匯入最佳化器
device = "cuda" if torch.cuda.is_available() else "cpu" # 設置裝置
model = GPT(len(vocab), max_seq_len).to(device) # 建立 GPT 模型實例
criterion = nn.CrossEntropyLoss(ignore_index=vocab["<pad>"])
optimizer = optim.Adam(model.parameters(), lr=0.0001) # 最佳化器
epochs = 2 # 訓練輪次

for epoch in range(epochs):
    epoch_loss = 0
    for batch_idx, (source, target) in enumerate(train_dataloader): # 用 dataloader 載入資料
        inputs, targets = source.to(device), target.to(device)
        optimizer.zero_grad() # 梯度清零
        outputs = model(inputs) # 獲取模型輸出
        loss = criterion(outputs.view(-1, len(vocab)), targets.view(-1)) # 計算損失
        loss.backward() # 反向傳播
        optimizer.step() # 更新參數
        epoch_loss += loss.item() # 累積每輪損失
        if (batch_idx + 1) % 1000 == 0: # 每 1000 個批次列印一次損失
            print(f"Batch {batch_idx + 1}/{len(train_dataloader)}, Loss: {loss.item()}")
    epoch_loss /= len(train_dataloader) # 每輪列印一次損失
    print(f"Epoch {epoch + 1}/{epochs}, Average Loss: {epoch_loss}")
```

Out

```
Batch 1000/12240, Loss: 7.157247543334961
Batch 2000/12240, Loss: 3.339968204498291
Batch 3000/12240, Loss: 5.498887538909912
Batch 4000/12240, Loss: 6.358556747436523
Batch 5000/12240, Loss: 2.53767728805542
```

這段程式唯一需要解釋的部分就是敘述：for batch_idx, (source, target) in enumerate(train_dataloader)，這是 PyTorch 載入 DataLoader 的常見方式。其中 enumerate( ) 是一個 Python 內建函數，用於同時獲取可迭代物件 DataLoader

中的元素和其對應的索引。在這裡，它用於遍歷 train_dataloader，同時獲取批次索引和批次資料。在循環內部，我們增加處理資料、前向傳播、計算損失、反向傳播和更新模型權重等常規操作。

7.4.3 用 Evaluation Dataset 評估訓練過程

咖哥：在工程實踐中，我們肯定不只使用訓練資料集，還會把語料庫的一部分保留下來，形成測試資料集和評估資料集（以下圖所示）。這一點你肯定不陌生，對吧？

▲ 訓練好比學習，評估是小考，測試是大考

小冰：當然了，咖哥。我還一直納悶為什麼我們上了這麼久的課程，一直沒有講到評估和測試的過程。

咖哥：那是因為我們的語料庫太小了，實在沒辦法再抽出資料評估，評估起來也沒有什麼意義。而且我們之前學習的重點都是模型結構的架設。現在有了 WikiText2 這樣相對大型的語料庫，就可以利用它來講解模型評估的流程，並且可以在訓練過程中監控評估分數，然後把評估效果最好的模型儲存下來。

現在，要加入評估流程，在每個輪次結束時進行模型評估並儲存損失最小的模型，步驟如下。

(1) 建立一個驗證資料集和驗證資料的載入器。

(2) 在每個輪次結束時，使用驗證資料集計算模型的損失。

(3) 追蹤最低驗證損失，並在損失減小時儲存模型。

下面是程式部分的修改，首先我們按照相同的方式建立評估資料集和資料載入器。

然後，在訓練過程中，增加對模型的評估，並將整個訓練過程中損失值最小的模型儲存下來。

```
#……之前的程式
import os # 匯入 os 函數庫
min_valid_loss = float("inf") # 初始化最低驗證損失為無限大
save_path = "best_model.pth"  # 設置模型儲存路徑
for epoch in range(epochs):
  # ……訓練程式
  # 評估模型
  model.eval()  # 將模型設置為評估模式
  valid_loss = 0
  with torch.no_grad():  # 禁用梯度計算
    for source, target in valid_dataloader:
      inputs, targets = source.to(device), target.to(device)
      outputs = model(inputs)
      loss = criterion(outputs.view(-1, len(vocab)), targets.view(-1))
      valid_loss += loss.item()
  valid_loss /= len(valid_dataloader)
  print(f"Epoch {epoch + 1}/{epochs}, Validation Loss: {valid_loss}")
  # 儲存損失最小的模型
  if valid_loss < min_valid_loss:
    min_valid_loss = valid_loss
    torch.save(model.state_dict(), save_path)
    print(f"New best model saved at epoch {epoch + 1} with Validation Loss: {valid_loss}")
  model.train()  # 將模型設置為訓練模式
```

在每個輪次結束時，我們計算模型在驗證資料集上的損失。如果當前輪次的驗證損失小於之前的最低驗證損失，那麼就將模型的狀態儲存到檔案中。

咖哥發言

.pt 和 .pth 這兩個檔案副檔名都表示該檔案 PyTorch 模型或張量的儲存檔案。它們之間沒有本質區別。在 PyTorch 中，儲存模型或張量時，使用 torch.save() 函數。這個函數會將模型或張量的狀態儲存為一個二進位檔案。然後用 torch.load() 函數將其載入回記憶體。

讓我們把這個被儲存下來的最佳模型命名為「Wiki-GPT」。這樣，在訓練結束後，可以從檔案中載入損失最小的模型並使用它進行預測。下一課中，我們還要繼續微調這個模型，用它訓練出 ChatGPT。

前面已經講到，貪婪搜索和集束搜索是兩種用於生成式模型推理過程中的搜索策略，它們都是從模型預測的詞機率分佈中選擇最佳詞序列。

- 貪婪搜索是一種簡單的策略，每個時間步從模型預測的詞機率分佈中選擇機率最高的詞作為下一個詞。這個過程會持續進行，直到生成一定長度的文字或遇到特定的結束符號。貪婪搜索的優點在於其計算效率高，因為每個時間步只需選擇一個詞。然而，它的缺點是計算可能陷入局部最佳解，導致生成的文字品質不高。
- 集束搜索是一種啟發式搜索策略，它在每個時間步保持多個候選序列，目的是在序列生成任務中找到最佳輸出序列，以下頁圖所示。在每個時間步中，模型會為當前所有候選序列預測下一個詞的機率分佈，並從這些分佈中選擇機率最高的前 K 個詞（K 為集束寬度）。然後，將這些詞增加到候選序列中，並根據整個序列的累積機率對候選序列進行排序。集束搜索會一直進行，直到達到預定的文字長度或所有候選序列都遇到結束符號。

集束搜索相對於貪婪搜索的優點在於它能夠更進一步地平衡全域最佳解和局部最佳解，因為它同時探索了多個候選序列，通常可以生成品質更高的文字。然而，集束搜索的缺點是計算複雜度更高，搜索時間更長，因為每個時間步需要處理 K 個候選序列。在實際應用中，可以根據任務需求和運算資源的限制來選擇合適的搜索策略。

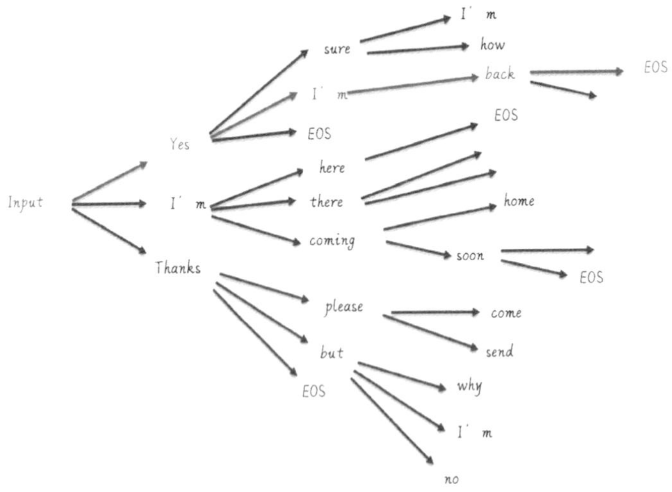

▲ 集束搜索：在一堆可能的輸出中找到最佳輸出序列

下面，我們使用集束搜索來完成 WikiText2 資料集訓練過的 GPT 模型的文字生成。

In

```
# 定義集束搜索的函數
def generate_text_beam_search(model, input_str, max_len=50, beam_width=5):
    model.eval() # 將模型設置為評估模式，關閉 dropout 和 batch normalization 等與訓練相關的層
    # 將輸入字串中的每個 token 轉為其在詞彙表中的索引
    input_tokens = [vocab[token] for token in input_str.split()]
    # 建立一個列表，用於儲存候選序列
    candidates = [(input_tokens, 0.0)]
    with torch.no_grad(): # 禁用梯度計算，以節省記憶體並加速測試過程
        for _ in range(max_len): # 生成最多 max_len 個 token
            new_candidates = []
            for candidate, candidate_score in candidates:
                inputs = torch.LongTensor(candidate).unsqueeze(0).to(device)
                outputs = model(inputs) # 輸出 logits 形狀為 [1, len(output_tokens), vocab_size]
                logits = outputs[:, -1, :] # 只關心最後一個時間步（即最新生成的 token）的 logits
                # 找到具有最高分數的前 beam_width 個 token
                scores, next_tokens = torch.topk(logits, beam_width, dim=-1)
                final_results = [] # 初始化輸出序列
                for score, next_token in zip(scores.squeeze(), next_tokens.squeeze()):
                    new_candidate = candidate + [next_token.item()]
                    new_score = candidate_score - score.item() # 使用負數，因為我們需要降冪排列
```

```
                if next_token.item() == vocab["<eos>"]:
                    # 如果生成的 token 是 EOS（結束符號），將其增加到最終結果中
                    final_results.append((new_candidate, new_score))
                else:
                    # 將新生成的候選序列增加到新候選列表中
                    new_candidates.append((new_candidate, new_score))
            # 從新候選列表中選擇得分最高的 beam_width 個序列
            candidates = sorted(new_candidates, key=lambda x: x[1])[:beam_width]
    # 選擇得分最高的候選序列
    best_candidate, _ = sorted(candidates, key=lambda x: x[1])[0]
    # 將輸出的 token 轉換回文字字串
    output_str = " ".join([vocab.get_itos()[token] for token in best_candidate if vocab.get_itos()[token] != "<pad>"])
    return output_str

model.load_state_dict(torch.load('best_model.pth')) # 載入模型
input_str = "my name"  # 輸入幾個詞
generated_text = generate_text_beam_search(model, input_str)  # 模型根據這些詞生成後續文字
print(" 生成的文字：", generated_text)  # 列印生成的文字
```

Out

```
生成的文本： my name was also used in 1897 by lucasfilm games in the common by lucasfilm games in the common by lucasfilm games … …
```

在 generate_text_beam_search 的函數中，函數運行流程如下。

(1) 將模型設置為評估模式，這表示關閉 dropout 和 batch normalization 等與訓練相關的層。

(2) 準備輸入資料。將輸入字串分割成 token，並將這些 token 轉為詞彙表中的索引。建立一個候選序列列表，用於儲存搜索過程中的候選序列。

(3) 循環生成文字，最多生成 max_len 個 token。在每次迭代中，將候選序列輸入模型，獲取輸出 logits。我們只關心最後一個時間步（即最新生成的 token）的 logits，並找到具有最高分數的前 beam_width 個 token。對於每個新生成的 token，建立一個新的候選序列，並將其增加到新候選序列列表中。如果新生成的 token 是 EOS（結束符號），則將其增加到最終結果的列表中。

(4) 在每次迭代結束時，從新候選序列列表中選擇得分最高的 beam_width 個序列，將它們作為下一次迭代的候選序列。

(5) 迭代結束後，選擇得分最高的候選序列作為最佳輸出序列。然後將輸出 token 轉換回文字字串，並傳回。

測試的時候，我載入一個訓練好的模型（這個模型我用 WikiText2 訓練了 50 輪），然後我輸入「my name」，模型給我生成一段文字「my name was also used in 1897 by lucasfilm games in the common by lucasfilm games in the common by lucasfilm games …」。

小冰：這個生成的結果……唉呀……怎麼說呢，並不像我想像的那樣完美，前面幾個字還算靠譜，後面就開始胡說八道了，還不停地重複。

咖哥：小冰同學，你想像一下，我們的模型只有大約幾萬個參數，是在普通的 CPU 上就可以訓練的模型，而 WikiText 是上億文字的語料庫。我們的模型如何能夠真正把這麼大規模的語言資訊壓縮到幾萬個參數中進行表示？真正的語言規律需要用包含至少上億參數的模型來學習，而目前的大模型（如 GPT）的參數規模是千億等級的。

所以說，我們的模型能做到這樣，已經算是不錯了。

小冰：那麼我們如何能夠做出更像樣的、能進行簡單對話的模型？

咖哥：我們需要利用別人在大型 GPU 上預訓練好的模型，比如 Meta 開放原始碼的 LLaMA、OPT 等模型。而在知名的 HuggingFace 函數庫中，也有已經在大型語料庫上訓練過的 GPT-2，我們可以在其基礎上進行微調，這正是我下節課要給你介紹的內容。

小結

GPT 模型基於 Transformer 架構，使用單向（從左到右）的 Transformer 解碼器進行預訓練。預訓練過程在大量無標籤文字上進行，目標是透過給定的上下文預測下一個單字。

並不是所有預訓練模型的架構都相同。我們可以只實現編碼器部分，比如 BERT ；也可以只實現解碼器部分，比如 GPT；還可以同時實現編碼器和解碼器，比如 T5。

在我們這門課程所關注的 GPT 模型中，採用了生成式自回歸這種基於已有序列來預測下一個元素的方法。在訓練階段，模型透過大量文字資料學習生成下一個詞的能力；在預測階段，模型利用訓練好的參數來生成一段連貫的文字。這兩個階段對「自回歸」的解釋和理解有所不同。

- 在訓練階段，自回歸是指將一個固定長度的輸入序列（舉例來說，一句話的前幾個單字）提供給模型，讓它預測該序列的下一個單字或標記。然後，將實際的下一個單字或標記與模型的預測進行比較，並根據預測誤差更新模型參數，以最大化整個資料集上的預測準確率。在這個過程中，模型的輸入序列隨著時間步的演進逐漸增加，使模型能夠從上下文中學習到更多的資訊。
- 在預測階段，自回歸是指使用已經訓練好的模型，輸入文字的起始序列（舉例來說，一個問題），然後生成一個單字或標記，再將其增加到輸入序列中，重複此過程，直到生成所需長度的文字為止。在這個過程中，模型不再依賴於實際的下一個單字或標記，而是根據其前面已生成的單字或標記來預測下一個單字或標記。

GPT 的這種生成式模型保持了語言模型的原始內涵。語言模型的目標是學習機率分佈，以預測給定上下文中的下一個單字。GPT 在這個基礎上，透過從大量無標籤文字中學習上下文資訊和單字之間的關係，實現了續寫和生成任務。

GPT 預訓練後，可以在特定的 NLP 任務上微調，從而在各種任務上獲得了顯著的成果。從初代 GPT，到 GPT-2 和 GPT-3，模型規模不斷擴大，GPT-2 和 GPT-3 在多種 NLP 任務上獲得了更高的性能。GPT-3 龐大的參數量（1750 億個參數）使得模型能夠實現零樣本（Zero - shot）或少樣本（Few - shot）學習，這表示在某些情況下，無須對模型進行微調，僅透過調整輸入即可解決特定任務。

而我們下一節課要學習的 ChatGPT 基於 GPT 系列模型的進展，專注於對話系統和聊天機器人的應用。透過大規模預訓練和強化學習，ChatGPT 能夠生成更自然、連貫的對話。

思考

1. 為什麼 BERT 適合推理，而 GPT 適合生成？

2. 把上一章的 Transformer 調整為貪婪搜索自回歸機制。

3. 用集束搜索來完成我們自己建構的文字生成資料集的任務程式。

4. 用貪婪搜索來完成 WikiText2 資料集的任務程式，並且引入測試資料集，測試模型最終損失值。

第 8 課

流水後波推前波：ChatGPT 基於人類回饋的強化學習

咖哥：小冰，今天我們來聊聊 ChatGPT 是如何透過基於人類回饋的強化學習來不斷進化的。

小冰：兩年之前，咖哥你曾經給我上過一次機器學習課，那時候，你就用過一個 Open AI 開發的強化學習工具 GYM[a]。我記得，強化學習是一種機器學習方法，如果我沒有記錯的話，它的目標是讓人類在與環境互動的過程中，透過嘗試和學習，找到最佳的行動策略以獲得最大的累積獎勵。

咖哥：沒錯！而對 ChatGPT 來說，人類回饋就是它的獎勵訊號。每次與人類互動，它都會從人類的回饋中學習，逐漸提升自己的表現（見右圖）。

▲ 每次與人類互動，它都會從人類的回饋中學習，逐漸提升自己的表現

小冰：哦，明白了。那麼，咖哥，ChatGPT 究竟是如何利用人類回饋進行強化學習的呢？

a　OpenAI Gym 是一個 Pythonic API，為強化學習代理提供模擬訓練環境，以根據環境觀察採取行動；每個動作都會帶來積極或消極的獎勵，這些獎勵會在每個時間步中累積。

咖哥：實際操作中，首先會收集一些原始版本的 ChatGPT 與人類的對話資料，然後人工對 ChatGPT 的回答舉出回饋（獎勵訊號）。接著，使用這些資料來訓練一個模型，這個模型可以評估在替定的對話上，人類可能舉出的獎勵訊號。最後，利用這個預測獎勵的複雜模型對原始版本 ChatGPT 進行微調，以使它能更進一步地滿足人類的需求。

小冰：嗯，透過這種基於人類回饋的強化學習，ChatGPT 不斷地最佳化自己，提升與人類的交流品質。這個過程就像河流中的水波，後波每次與人類互動，AI 都會從人類的回饋中學習，逐漸提升自己的表現推動前波，每一波都在累積前面的經驗，力量就會變得更強大。

咖哥：正是如此！基於人類回饋的強化學習使 ChatGPT 能夠不斷地學習和進化，更進一步地理解和滿足人類的需求。這種持續進化的過程正是我們建構智慧對話系統所追求的目標。

8.1 從 GPT 到 ChatGPT

學習到這一課，我們的課程已經進入尾聲了，可以簡單回顧一下 NLP 技術的發展歷程。2010 年以前，傳統的機器學習主導著這個領域。2013 年後，深度神經網路驅動的 NLP 技術逐漸崛起，以循環神經網路為代表。2017 年，論文「Attention is all you need」的發表為大模型的發展奠定了基礎，引入了 Transformer 架構。2018 年，BERT 和 GPT 兩款預訓練大規模語言模型相繼問世，標誌著大模型技術的初露鋒芒。2020 年以後，各種預訓練大模型不斷迭代升級，廣受關注，並得到較大範圍的應用，讓大模型技術迎來了一個高峰。

從初代 GPT 到 GPT-3，主要經歷了下面幾個關鍵時刻。

- GPT：2018 年，OpenAI 發佈了這款基於 Transformer 架構的預訓練語言模型，其參數量為 1.17 億（117M）。GPT 運用單向自回歸方法生成文字，先預訓練大量無標籤文字，再在特定任務上進行微調。GPT 在多種 NLP 任務上取得了顯著進步。
- GPT-2：2019 年，OpenAI 推出了 GPT 的升級版，擁有更多參數〔15 億（1.5B）個〕，在訓練資料量和模型複雜性上都有提升。GPT

-2 在文字生成方面表現優異，但其內容的真實性和連貫性也引發了濫用 AI 技術的擔憂。

- GPT -3：2020 年，OpenAI 再次升級發布的 GPT-3，擁有 1750 億（175B）個參數，成為當時世界上最大的預訓練語言模型。GPT-3 在文字生成、摘要、問答、翻譯等多個任務上表現出強大的性能優勢。值得一提的是，GPT-3 採用「零樣本學習」或「少樣本學習」，很多時候無須微調便可應對特定任務。

從 GPT 到 GPT-3，GPT 系列模型確實越來越大，參數也越來越多（見下圖），這也表示它們能夠處理的輸入序列越來越長，生成的文字品質也越來越高。GPT -3 能夠生成非常流暢、準確的自然語言文字，且其生成的文字品質幾乎可以和人類的寫作相媲美。

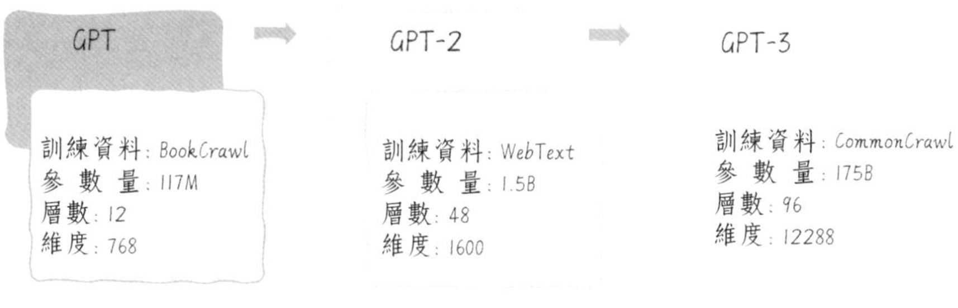

▲ 從 GPT 到 GPT-3

GPT-3 參數量增加到 1750 億個帶來的好處是，它能夠更進一步地學習自然語言規律，理解輸入序列中更多的上下文資訊，因此能夠生成更加連貫、準確的文字。另外，GPT-3 還增加了對多種語言，以及更加複雜的任務，如生成程式碼、回答自然語言問題等的支援。

咖哥發言

隨著預訓練語言模型在規模、性能和泛化能力上的持續進步，研究人員提出了伸縮定律（Scaling Law）理論。這一理論表明模型性能隨模型規模的增長而提高。因此，研究人員一直在探索如何有效地擴大模型規模以提高其性能。當然，越來越大的模型也帶來了一些挑戰，如運算資源的消耗、模型的可解釋性及潛在的濫用風險。

ChatGPT 是 GPT 模型在聊天機器人任務上的應用，是在 GPT-3.5 模型上進行最佳化後得到的產物。作為 GPT 系列的第三代，它是在兆詞彙量的通用文字資料集上訓練完成的。另外一個類似的模型，Instruct GPT，也是建立在 GPT-3.5 之上的。為了使 ChatGPT 在聊天機器人任務上表現出色，OpenAI 對預訓練資料集進行了微調，從而使 ChatGPT 能夠更進一步地處理對話中的上下文、情感和邏輯，這個過程，也被稱為對預訓練大模型的**指令調優**（**Instruction Tuning**）的過程。

而且，ChatGPT 也應用了基於人類回饋的強化學習，也就是 RLHF 技術，我們接下來會講到這個技術。而 ChatGPT 在 Instruct GPT 基礎上還加入了安全性和符合規範性的考量，以免產生危害公眾安全的回答。這個過程被稱為**對齊**（**Alignment**），指讓 AI 的目標與人類的目標一致，這包括讓 AI 理解人類價值觀和道德規則，避免產生不利於人類的行為。ChatGPT 出現之後不久，OpenAI 就進一步推出了推理能力更強的 GPT-4。以下圖所示。

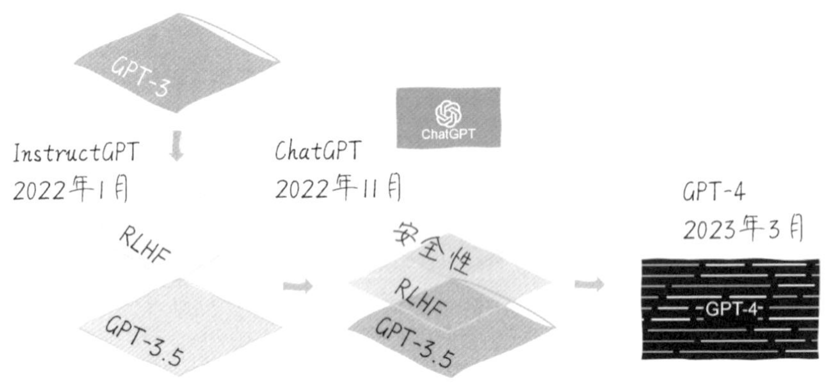

▲ 從 GPT-3 到 ChatGPT 和 GPT-4 的演進

從 GPT 到 ChatGPT 和 GPT -4 的演進過程中，湧現出了很多關鍵技術，對它們的總結如表 8.1 所示。

表 8.1 從 GPT 到 ChatGPT 和 GPT-4 的關鍵技術說明

技術	說明
超大規模預訓練模型	ChatGPT 基於 GPT-3 的底層架構，擁有大量的參數。研究者發現，隨著模型參數對數級的增長，模型的能力也在不斷提升，尤其在參數量超過 600 億時，推理能力得以顯現
提示 / 指令模式（Prompt/Instruct Learning）	在 ChatGPT 中，各種自然語言處理任務都被統一為提示形式。透過提示工程，ChatGPT 採用了更加精確的提示來引導模型生成期望的回答，提高了模型在特定場景下的準確性和可靠性。透過指令學習，研究人員提高了模型在零樣本任務處理方面的能力
思維鏈（Chain of Thought）	研究表明，透過使用程式資料進行訓練，語言模型可以獲得推理能力。這可能是因為程式（包括註釋）通常具有很強的邏輯性，使模型學到了處理問題的邏輯能力
基於人類回饋的強化學習（Reinforcement Learning from Human Feedback, RLHF）	相較於 GPT-3，ChatGPT 在對話友善性方面有所提升。研究人員利用人類對答案的排序、標注，透過強化學習將這種「人類偏好」融入 ChatGPT 中，使模型的輸出更加友善和安全
控制性能（Controllability）	相較於 GPT-3，透過有針對性地微調，ChatGPT 在生成過程中能夠更進一步地控制生成文字的長度、風格、內容等，使其在處理聊天場景的任務上表現得更好
安全性和道德責任	從 GPT-3 到 ChatGPT，OpenAI 開始關注模型的安全性和道德責任問題。為了減少模型產生的不當或具有偏見的回覆，OpenAI 在模型微調過程中增加了特定的安全性和道德約束

從 Transformer 到 ChatGPT 的發展，表現了自然語言處理技術在模型規模、性能、泛化能力、友善性、安全性和道德責任等方面的持續進步。這些進展使聊天機器人在各種應用場景中具有更高的準確性、可靠性和靈活性，在滿足使用者需求的同時，也更符合道德和社會規範。

8.2 在 Wiki-GPT 基礎上訓練自己的簡版 ChatGPT

下面用之前訓練好的 GPT（因為我們的 GPT 模型是用 WikiText2 訓練出來的，下文我們就叫它 Wiki - GPT），來繼續訓練屬於我們自己的 ChatGPT。這個過程其實就是標準的「預訓練 + 微調」模式，以下圖所示。

- 預訓練：在這個階段，需要用一個大型的語料庫訓練一個 GPT 模型。這個語料庫通常包含來自不同領域和不同類型的文字，可以用來訓練模型，讓模型學會理解和生成自然語言。預訓練模型的目標是捕捉到語言的通用結構和模式。

■ 微調：在這個階段，需要載入預訓練好的 GPT 模型，並用特定的對話資料集對模型進行微調。這個資料集應該包含各種類型的對話，以幫助模型學會如何生成對話式的回答。微調的目標是讓模型更進一步地適應特定任務，即與使用者進行自然的對話。

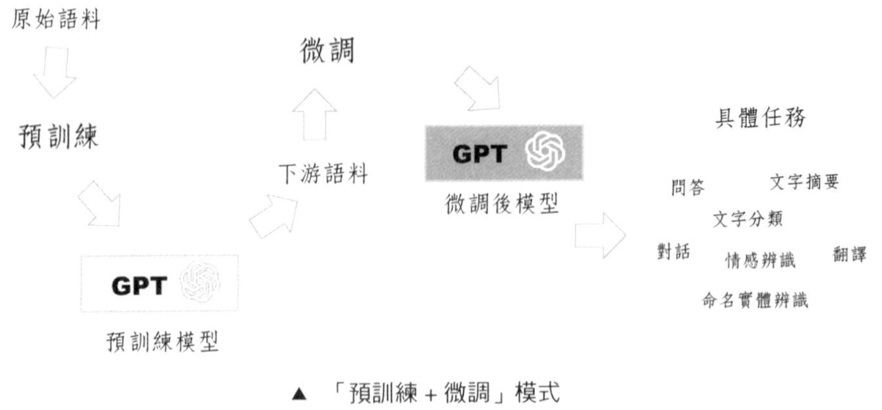

▲ 「預訓練 + 微調」模式

下面就載入這個 Wiki - GPT，然後用一個聊天資料集微調它，建立一個具有對話能力的 ChatGPT 模型。

在訓練模型之前，我們先熟悉一下如何建構聊天任務的資料集。

第 1 步 聊天資料集的建構

下圖是我們要使用的聊天語料庫，儲存在檔案 chat.txt 中。

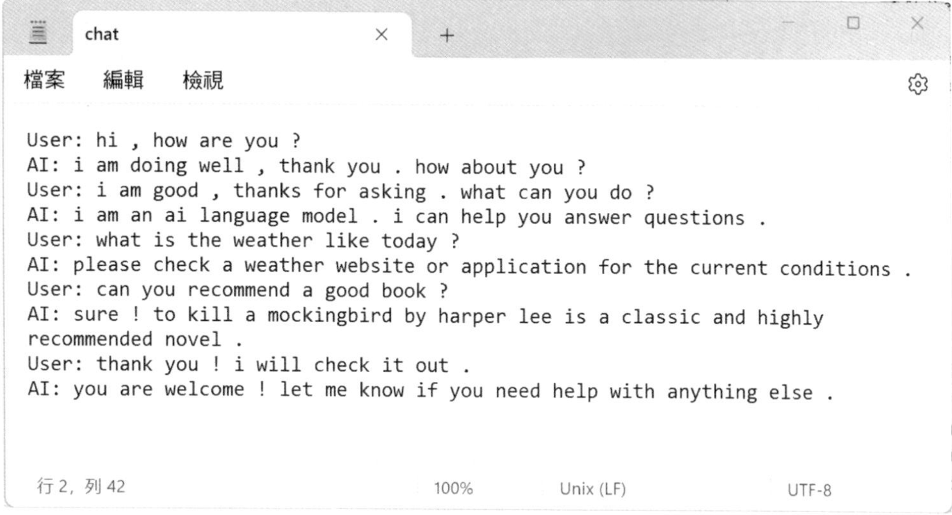

▲ 聊天語料庫

因為要將使用 WikiText2 訓練得到的 GPT 模型作為基礎模型，所以我們仍然要用相同的分詞器和 WikiText2 語料庫來建構英文詞彙表，否則新的語料庫中的英文單字索引和 Wiki - GPT 模型所理解的語料庫中的索引會對不上號，知識推理也就無從談起。

建構詞彙表的程式和上節課中訓練 Wiki-GPT 的程式相同。

```
from torchtext.datasets import WikiText2 # 匯入 WikiText2
from torchtext.data.utils import get_tokenizer # 匯入 Tokenizer 分詞工具
from torchtext.vocab import build_vocab_from_iterator # 匯入 Vocabulary 工具
tokenizer = get_tokenizer("basic_english") # 定義資料前置處理所需的 tokenizer
train_iter = WikiText2(split='train') # 載入 WikiText2 資料集的訓練部分
# 定義一個生成器函數，用於將資料集中的文字轉為 token
def yield_tokens(data_iter):
    for item in data_iter:
        yield tokenizer(item)
# 建立詞彙表，包括特殊 token："<pad>", "<sos>", "<eos>"
vocab = build_vocab_from_iterator(yield_tokens(train_iter),
                                  specials=["<pad>", "<sos>", "<eos>"])
vocab.set_default_index(vocab["<pad>"])
```

有了和基礎模型一致的詞彙表後，可以基於 Tokenizer 和詞彙表建立聊天資料集。

In

```
import torch # 匯入 torch
from torch.utils.data import Dataset # 匯入 Dataset

class ChatDataset(Dataset):
    def __init__(self, file_path, tokenizer, vocab):
        self.tokenizer = tokenizer # 分詞器
        self.vocab = vocab # 詞彙表
        self.input_data, self.target_data = self.load_and_process_data(file_path)
    def load_and_process_data(self, file_path):
        with open(file_path, "r") as f:
            lines = f.readlines() # 打開檔案，讀取每一行資料
        input_data, target_data = [], []
        for i, line in enumerate(lines):
            if line.startswith("User:"): # 移除 "User: " 首碼，建構輸入序列
                tokens = self.tokenizer(line.strip()[6:])
                tokens = ["<sos>"] + tokens + ["<eos>"]
                indices = [self.vocab[token] for token in tokens]
                input_data.append(torch.tensor(indices, dtype=torch.long))
            elif line.startswith("AI:"): # 移除 "AI: " 首碼，建構目標序列
                tokens = self.tokenizer(line.strip()[4:])
                tokens = ["<sos>"] + tokens + ["<eos>"]
                indices = [self.vocab[token] for token in tokens]
                target_data.append(torch.tensor(indices, dtype=torch.long))
        return input_data, target_data
    def __len__(self): # 資料集的長度
        return len(self.input_data)
    def __getitem__(self, idx): # 根據索引獲取資料樣本
        return self.input_data[idx], self.target_data[idx]

file_path = "chat.txt" # 載入 chat.txt 語料庫
chat_dataset = ChatDataset(file_path, tokenizer, vocab)

for i in range(3): # 列印幾個樣本資料
    input_sample, target_sample = chat_dataset[i]
    print(f"Sample {i + 1}:")
    print("Input Data: ", input_sample)
    print("Target Data: ", target_sample)
    print("-" * 50)
```

Out

```
Sample 1:
Input Data:  tensor([   1, 9209,    4,  419,   37,  181,  860,    2])
Target Data:  tensor([    1,    67,  1734,  1633,   124,     4, 13818,   181,     5,   419,    76,   181,   860,     2])
--------------------------------------------------
```

```
Sample 2:
Input Data:  tensor([   1,   67, 1734,  426,    4, 6733,   20, 4168,    5,  188,  115,  181,  289,  860,    2])
Target Data:  tensor([   1,   67, 1734,   33, 1976,  820, 1703,    5,   67,  115,  639,  181,  6108, 4280,    5,    2])
--------------------------------------------------
Sample 3:
Input Data:  tensor([   1,  188,   26,    3, 1508,  142,  805,  860,    2])
Target Data:  tensor([   1, 8943, 6421,   11, 1508, 1792,   50, 3627,   20,    3, 1092, 1406,   5,    2])
--------------------------------------------------
```

ChatDataset 繼承自 PyTorch 的 Dataset。__init__ 方法初始化該類別，接收檔案路徑、分詞器和詞彙表作為參數。load_and_process_data 方法用於讀取檔案中的資料並進行處理，將使用者和 AI 的對話轉為索引序列。__len__ 方法傳回資料集的長度，__getitem__ 方法根據索引傳回輸入資料和目標資料。

下面用這個資料集建立對話資料載入器 DataLoader。

```
from torch.utils.data import DataLoader #  入 DataLoader
# 定義 pad_sequence 函數，用於將一批序列補齊到相同長度
def pad_sequence(sequences, padding_value=0, length=None):
    # 計算最大序列長度，如果 length 參數未提供，則使用輸入序列中的最大長度
    max_length = max(len(seq) for seq in sequences) if length is None else length
    # 建立一個具有適當形狀的全零張量，用於儲存補齊後的序列
    result = torch.full((len(sequences), max_length), padding_value, dtype=torch.long)
    # 遍歷序列，將每個序列的內容複製到張量 result 中
    for i, seq in enumerate(sequences):
        end = len(seq)
        result[i, :end] = seq[:end]
    return result

# 定義 collate_fn 函數，用於將一個批次的資料整理成適當的形狀
def collate_fn(batch):
    # 從批次中分離來源序列和目標序列
    sources, targets = zip(*batch)
    # 計算批次中的最大序列長度
    max_length = max(max(len(s) for s in sources), max(len(t) for t in targets))
    # 使用 pad_sequence 函數補齊來源序列和目標序列
    sources = pad_sequence(sources, padding_value=vocab["<pad>"], length=max_length)
    targets = pad_sequence(targets, padding_value=vocab["<pad>"], length=max_length)
    # 傳回補齊後的來源序列和目標序列
    return sources, targets
```

```
# 建立 DataLoader
batch_size = 2
chat_dataloader = DataLoader(chat_dataset, batch_size=batch_size, shuffle=True, collate_fn=collate_fn)
```

至此，資料準備就緒。下面我們載入上一課中訓練好的 Wiki - GPT 模型，對其進行微調，其實也就是第二次訓練。

第 2 步 微調 Wiki-GPT

上一課中用 WikiText2 訓練好的 GPT 模型已儲存在檔案 best_model.pt 中，而這個模型的類別也已經儲存在 GPT_Model . py 檔案中。現在載入這個模型，步驟如下。

(1) 從 GPT_Model.py 檔案中匯入所需的函數庫和模型類別。

(2) 建立模型實例，確保使用與訓練模型時相同的模型參數。

(3) 從檔案 best_model.pt 中載入模型權重。

具體程式如下。

In

```
from GPT_Model.py import GPT # 匯入 GPT 模型的類別（這是我們自己製作的）
device = "cuda" if torch.cuda.is_available() else "cpu"# 確定裝置（CPU 或 GPU）
model = GPT(28785, 256,n_layers=6).to(device) # 建立模型範例
model.load_state_dict(torch.load('best_model.pt')) # 載入模型
```

Out

```
GPT(
 (decoder): Decoder(
  (src_emb): Embedding(28785, 512)
  (pos_emb): Embedding(256, 512)
  (layers): ModuleList(
   (0): DecoderLayer(
    (self_attn): MultiHeadAttention(
     (W_Q): Linear(in_features=512, out_features=512, bias=True)
     (W_K): Linear(in_features=512, out_features=512, bias=True)
     (W_V): Linear(in_features=512, out_features=512, bias=True)
     (linear): Linear(in_features=512, out_features=512, bias=True)
     (layer_norm): LayerNorm((512,), eps=1e-05, elementwise_affine=True) )
    (feed_forward): PoswiseFeedForwardNet(
```

```
      (conv1): Conv1d(512, 2048, kernel_size=(1,), stride=(1,))
      (conv2): Conv1d(2048, 512, kernel_size=(1,), stride=(1,))
      (layer_norm): LayerNorm((512,), eps=1e-05, elementwise_affine=True) )
    (norm1): LayerNorm((512,), eps=1e-05, elementwise_affine=True)
    (norm2): LayerNorm((512,), eps=1e-05, elementwise_affine=True)
   )
   (1): DecoderLayer(
    (self_attn): MultiHeadAttention(
     (W_Q): Linear(in_features=512, out_features=512, bias=True)
     (W_K): Linear(in_features=512, out_features=512, bias=True)
...
   ) ) )
  (projection): Linear(in_features=512, out_features=28785, bias=True))
  <All keys matched successfully>
```

載入了 Wiki-GPT 之後，就使用和訓練模型相同的方法對模型進行微調。

In

```
import torch.nn as nn # 匯入 nn
import torch.optim as optim # 匯入最佳化器
criterion = nn.CrossEntropyLoss(ignore_index=vocab["<pad>"]) # 損失函數
optimizer = optim.Adam(model.parameters(), lr=0.0001) # 最佳化器
for epoch in range(100): # 開始訓練
    for batch_idx, (input_batch, target_batch) in enumerate(chat_dataloader):
        optimizer.zero_grad()  # 梯度清零
        input_batch, target_batch = input_batch.to(device), target_batch.to(device) # 移動到裝置
        outputs = model(input_batch) # 前向傳播，計算模型輸出
        loss = criterion(outputs.view(-1, len(vocab)), target_batch.view(-1)) # 計算損失
        loss.backward() # 反向傳播
        optimizer.step() # 更新參數
    if (epoch + 1) % 20 == 0: # 每 20 個 epoch 列印一次損失值
        print(f"Epoch: {epoch + 1:04d}, cost = {loss:.6f}")
```

Out

```
Epoch: 0020, cost = 1.975874
Epoch: 0040, cost = 0.021781
Epoch: 0060, cost = 0.619990
Epoch: 0080, cost = 0.777577
Epoch: 0100, cost = 0.004273
```

這段程式你應該非常了解，程式本身不做過多的說明。不過，在此我要說明的是，在微調過程中，當微調資料集相對較小，或與預訓練模型使用的資料集非常相似時，可以選擇凍結部分層次，以保留預訓練模型在這些層次中學到

的知識，並且防止過擬合。一個常見的做法是，可以僅微調頂層，即模型的頭部層，以適應特定任務，既節省運算資源，又能保留預訓練模型的底層已習得的通用特徵。

要凍結部分層次，可以在建構最佳化器時，指定需要更新的參數。

In

```
def freeze_layers(model, n):
    params_to_update = []# 獲取模型的參數
    for name, param in model.named_parameters():
        if int(name.split(".")[1]) >= n: # 凍結前 n 層
            params_to_update.append(param)
    return params_to_update
params_to_update = freeze_layers(GPT, n=2) # 凍結前兩層（底層）參數
optimizer = optim.Adam(params_to_update, lr=0.0001)  # 僅更新未凍結的參數
```

第 3 步 與簡版 ChatGPT 對話

咖哥：好的，現在模型調優結束了，看看這個經過聊天資料集微調的 ChatGPT 模型能否和我們進行簡單的對話。

仍然用集束演算法來生成對話結果（這裡就不再重複展示 generate _ text _ beam _ search 函數的程式）。

In

```
def generate_text_beam_search(model, input_str, max_len=50, beam_width=5):
    # 不再重複相同程式
……
input_str = "what is the weather like today ?"
input_str = "hi , how are you ?"
generated_text = generate_text_beam_search(model, input_str.split())
print("Generated text:", generated_text)
```

Out

```
Generated text: hi , how are you ? thank you , depicting you , painted by relatively intact by ronald? questions containing need for ultimate ? by orchestral endangered . you , ai you , ai you ,
```

小冰：咖哥，我們的 ChatGPT 還真的能對話！只不過……能力有點弱。

咖哥：當然了！我們的訓練資料集小，模型也小，模型的生成品質就會比較差。因為模型可能無法理解複雜的句子結構，或在特定主題上缺乏深入的理

解。同時，也可能出現過擬合問題，因為模型可能會過度學習訓練資料中的特定模式，而在實際對話中卻難以泛化。

作為只有幾萬個參數的教學模型，我們今天只能走到這一步。

當然，這是一個良好的開始，是萬里長征的第一步。現在你已經擁有了自己從頭架設起來的 ChatGPT 模型，下面需要做的可能是這幾步。

(1) 增加模型的參數，擴充其結構，在更大規模的硬體中訓練模型。

(2) 收集更多的自然語言或下載更大的語料庫作為訓練資料。

(3) 增加更多的訓練技巧和文字生成技巧，讓模型說出來的話更像人話。

小冰：我明白了，咖哥。看起來要做的事情還不少，光收集語料庫可不是一天兩天能做到的。有沒有更快捷的方法來訓練出一個更好的聊天機器人啊？

咖哥：當然有了，我們總是能站在巨人的肩膀上的。

8.3 用 Hugging Face 預訓練 GPT 微調 ChatGPT

前面主要講解的是「預訓練 + 微調」這種 NLP 模型應用範式。剛才，我們使用了自己從頭開始訓練的 Wiki-GPT，來微調我們自己的 ChatGPT。這種方式適合教學，讓你能從頭開始理解模型的架設。

然而，在實戰中，大多數情況下都不需要從 0 開始訓練模型，而是使用「大廠」或其他研究者開放原始碼的已經訓練好的大模型。

在各種大模型開放原始碼函數庫中，最具代表性的就是 Hugging Face。Hugging Face 是一家專注於 NLP 領域的 AI 公司，開發了一個名為 Transformers 的開放原始碼函數庫，該開放原始碼函數庫擁有許多預訓練後的深度學習模型，如 BERT、GPT-2、T5 等。Hugging Face 的 Transformers 開放原始碼函數庫使研究人員和開發人員能夠更輕鬆地使用這些模型進行各種 NLP 任務，例如文字分類、問答、文字生成等。這個函數庫也提供了簡潔、高效的 API，有助快速實現自然語言處理應用。

從 Hugging Face 下載一個 GPT-2 並微調成 ChatGPT，需要遵循的步驟如下。

▲ 用 Hugging Face 預訓練 GPT 微調 ChatGPT 的步驟

下面我們開始用 Hugging Face 預訓練 GPT 微調 ChatGPT 的實戰。第 1 步安裝 Hugging Face Transformers 函數庫

首先，透過運行以下命令安裝 Transformers 函數庫。

In

```
pip install transformers
```

第 2 步 載入預訓練 GPT-2 模型和分詞器

當我們使用 Hugging Face 提供的預訓練 GPT -2 模型時，務必要同時使用與之匹配的分詞器。這是因為預訓練模型和分詞器共用相同的語料庫資訊，如果分詞器不匹配，可能會導致詞彙表衝突和預測錯誤。因此，在提供預訓練模型的同時，開發者通常也會提供相應的分詞器、詞彙表及其他相關配置資訊，以確保模型能夠正常執行。

使用以下程式匯入模型和分詞器。

In

```
import torch # 匯入 torch
from transformers import GPT2Tokenizer # 匯入 GPT-2 分詞器
from transformers import GPT2LMHeadModel # 匯入 GPT-2 語言模型
model_name = "gpt2"  # 也可以選擇其他模型，如 "gpt2-medium" "gpt2-large" 等
tokenizer = GPT2Tokenizer.from_pretrained(model_name) # 載入分詞器
tokenizer.pad_token = '<pad>' # 為分詞器增加 pad token
tokenizer.pad_token_id = tokenizer.convert_tokens_to_ids('<pad>')
device = "cuda" if torch.cuda.is_available() else "cpu" # 判斷是否有可用的 GPU
model = GPT2LMHeadModel.from_pretrained(model_name).to(device) # 將模型載入到裝置上（CPU 或 GPU）
vocab = tokenizer.get_vocab() # 獲取詞彙表
print(" 模型資訊：", model)
print(" 分詞器資訊：",tokenizer)
print(" 詞彙表大小：", len(vocab))
print(" 部分詞彙範例：", (list(vocab.keys())[8000:8005]))
```

Out

```
模型資訊： GPT2LMHeadModel(
 (transformer): GPT2Model(
  (wte): Embedding(50257, 768)
  (wpe): Embedding(1024, 768)
  (drop): Dropout(p=0.1, inplace=False)
  (h): ModuleList(
   (0): GPT2Block(
    (ln_1): LayerNorm((768,), eps=1e-05, elementwise_affine=True)
    (attn): GPT2Attention(
     (c_attn): Conv1D()
     (c_proj): Conv1D()
     (attn_dropout): Dropout(p=0.1, inplace=False)
     (resid_dropout): Dropout(p=0.1, inplace=False)
    )
    (ln_2): LayerNorm((768,), eps=1e-05, elementwise_affine=True)
    (mlp): GPT2MLP(
     (c_fc): Conv1D()
     (c_proj): Conv1D()
     (act): NewGELUActivation()
     (dropout): Dropout(p=0.1, inplace=False)
    )
   )
   (1): GPT2Block(
    (ln_1): LayerNorm((768,), eps=1e-05, elementwise_affine=True)
    (attn): GPT2Attention(
...
```

```
分詞器資訊： PreTrainedTokenizer(name_or_path='gpt2', vocab_size=50257, model_max_len=1024, is_fast=False, padding_side='right', truncation_side='right', special_tokens={'bos_token': AddedToken("<|endoftext|>", rstrip=False, lstrip=False, single_word=False, normalized=True), 'eos_token': AddedToken("<|endoftext|>", rstrip=False, lstrip=False, single_word=False, normalized=True), 'unk_token': AddedToken("<|endoftext|>", rstrip=False, lstrip=False, single_word=False, normalized=True), 'pad_token': '<|endoftext|>'})
詞彙表大小：50257
部分詞彙範例：['parent', 'Art', 'pack', 'diplom', 'rets']
```

這裡我們選擇了最輕量級的模型「gpt2」，當然，也可以選擇其他模型，如「gpt2- medium」「gpt2-large」等，這些模型對運算資源的需求更大。

第 3 步 準備微調資料集

下面我們準備和上一個範例相似的聊天資料集，並將資料集處理成 Transformers 函數庫可以接受的格式，也就是對文字資料進行分詞並將它們轉為模型可以理解的數字表示。

建立和上一個範例非常類似的 ChatDataset 類別。

In

```
from torch.utils.data import Dataset  # 匯入 PyTorch 的 Dataset
# 自訂 ChatDataset 類別，繼承自 PyTorch 的 Dataset 類別
class ChatDataset(Dataset):
  def __init__(self, file_path, tokenizer, vocab):
    self.tokenizer = tokenizer  # 分詞器
    self.vocab = vocab  # 詞彙表
    # 載入資料並處理，將處理後的輸入資料和目標資料賦值給 input_data 和 target_data
    self.input_data, self.target_data = self.load_and_process_data(file_path)
  # 定義載入和處理資料的方法
  def load_and_process_data(self, file_path):
    with open(file_path, "r") as f: # 讀取檔案內容
      lines = f.readlines()
    input_data, target_data = [], []
    for i, line in enumerate(lines): # 遍歷檔案的每一行
      if line.startswith("User:"): # 如以 "User:" 開頭，移除 "User: " 首碼，並將張量轉換為列表
        tokens = self.tokenizer(line.strip()[6:], return_tensors="pt")["input_ids"].tolist()[0]
        tokens = tokens + [tokenizer.eos_token_id]  # 增加結束符
        input_data.append(torch.tensor(tokens, dtype=torch.long)) # 添加 input_data
      elif line.startswith("AI:"): # 如以 "AI:" 開頭，移除 "AI: " 首碼，並將張量轉換為列表
```

```
            tokens = self.tokenizer(line.strip()[4:], return_tensors="pt")["input_ids"].tolist()[0]
            tokens = tokens + [tokenizer.eos_token_id]  # 增加結束符
            target_data.append(torch.tensor(tokens, dtype=torch.long)) # 增加 target_data
        return input_data, target_data
    # 定義資料集的長度，即 input_data 的長度
    def __len__(self):
        return len(self.input_data)
    # 定義獲取資料集中指定索引的資料的方法
    def __getitem__(self, idx):
        return self.input_data[idx], self.target_data[idx]

file_path = "chat.txt" # 載入 chat.txt 資料集
chat_dataset = ChatDataset(file_path, tokenizer, vocab) # 建立 ChatDataset 物件，傳入檔案、分詞器和詞彙表
for i in range(2): # 列印資料集中前 2 個資料範例
    input_example, target_example = chat_dataset[i]
    print(f" 範例 {i + 1}：")
    print(" 輸入：", tokenizer.decode(input_example))
    print(" 輸出：", tokenizer.decode(target_example))
```

Out

```
範例 1：
輸入：hi, how are you?<|endoftext|>
輸出：i am doing well, thank you. how about you?<|endoftext|>

範例 2：
輸入：i am good, thanks for asking. what can you do?<|endoftext|>
輸出：i am an ai language model. i can help you answer questions.<|endoftext|>
```

這個 ChatDataset 類別和之前我們自建的簡版 ChatGPT 中的名稱相同類很像，只有「結束符號」的設置方法不同，這個區別也正是我們需要注意的地方。在我們自己的語料庫中，有我們自訂的 <sos> 和 <eos> 標籤。而此處預訓練的 GPT -2 的語料庫字典中，文字結束符號、文字起始符和填充符的格式都是 <|endoftext|>。我們應該遵循 GPT-2 預訓練時的設置，即在句子結尾加入 tokenizer.eos_token_id（這個 ID 值在此處是 50256）。

第 4 步 準備微調資料載入器

用 ChatDataset 建立資料載入器的具體程式如下。

In

```
from torch.utils.data import DataLoader # 入 DataLoader
tokenizer.pad_token = '<pad>' # 為分詞器增加 pad token
tokenizer.pad_token_id = tokenizer.convert_tokens_to_ids('<pad>')
# 定義 pad_sequence 函數，用於將一批序列補齊到相同長度
def pad_sequence(sequences, padding_value=0, length=None):
    # 計算最大序列長度，如果 length 參數未提供，則使用輸入序列中的最大長度
    max_length = max(len(seq) for seq in sequences) if length is None else length
    # 建立一個具有適當形狀的全零張量，用於儲存補齊後的序列
    result = torch.full((len(sequences), max_length), padding_value, dtype=torch.long)
    # 遍歷序列，將每個序列的內容複製到張量 result 中
    for i, seq in enumerate(sequences):
        end = len(seq)
        result[i, :end] = seq[:end]
    return result

# 定義 collate_fn 函數，用於將一個批次的資料整理成適當的形狀
def collate_fn(batch):
    # 從批次中分離來源序列和目標序列
    sources, targets = zip(*batch)
    # 計算批次中的最大序列長度
    max_length = max(max(len(s) for s in sources), max(len(t) for t in targets))
    # 使用 pad_sequence 函數補齊來源序列和目標序列
    sources = pad_sequence(sources, padding_value=tokenizer.pad_token_id, length=max_length)
    targets = pad_sequence(targets, padding_value=tokenizer.pad_token_id, length=max_length)
    # 傳回補齊後的來源序列和目標序列
    return sources, targets
# 建立 DataLoader
chat_dataloader = DataLoader(chat_dataset, batch_size=2, shuffle=True, collate_fn=collate_fn)
# 檢查 Dataloader 輸出
for input_batch, target_batch in chat_dataloader:
    print("Input batch tensor size:", input_batch.size())
    print("Target batch tensor size:", target_batch.size())
    break
for input_batch, target_batch in chat_dataloader:
    print("Input batch tensor:")
    print(input_batch)
    print("Target batch tensor:")
    print(target_batch)
    break
```

Out

```
Input batch tensor:
tensor([[  72,  716,  922,  837, 5176,  329, 4737,  764,  644,  460,  345,  466, 5633, 50256, 50256, 50256],
```

```
        [40716, 345, 5145, 1312, 481, 2198, 340, 503, 764, 50256, 50256, 50256, 50256, 50256, 50256, 50256]])
Target batch tensor:
tensor([[ 72, 716, 281, 257, 72, 3303, 2746, 764, 1312, 460, 1037, 345, 3280, 2683, 764, 50256],
        [ 5832, 389, 7062, 5145, 1309, 502, 760, 611, 345, 761, 1037, 351, 1997, 2073, 764, 50256]])
```

這個資料載入器中的 collate_fn 函數，和剛才我們自建的簡版 ChatGPT 中的名稱相同函數相比，也只有填充符 pad token 的設置不同。GPT-2 沒有內建的填充符，但我們的訓練過程需要用到它，因此可以手工為其增加一個「填充符」。程式 tokenizer.pad_token = ' < pad > ' 設置 < pad > 為填充符，後續程式將其與對應的 ID 連結起來。然後，我們就可以在填充序列時使用 tokenizer.pad_token_id（這個 ID 值在此處也是 50256），以便模型能夠正確處理填充的部分。

第 5 步 對 GPT-2 進行微調

下面，我們使用 ChatDataset 資料集和資料載入器對模型進行微調。

```
import torch.nn as nn
import torch.optim as optim
# 定義損失函數，忽略 pad_token_id 對應的損失值
criterion = nn.CrossEntropyLoss(ignore_index=tokenizer.pad_token_id)
# 定義最佳化器
optimizer = optim.Adam(model.parameters(), lr=0.0001)
# 進行 100 個 epoch 的訓練
for epoch in range(500):
    for batch_idx, (input_batch, target_batch) in enumerate(chat_dataloader): # 遍歷資料載入器中的批次
        optimizer.zero_grad() # 梯度清零
        input_batch, target_batch = input_batch.to(device), target_batch.to(device) # 將輸入和目標批次移至裝置
        outputs = model(input_batch) # 前向傳播
        logits = outputs.logits  # 獲取 logits
        loss = criterion(logits.view(-1, len(vocab)), target_batch.view(-1)) # 計算損失
        loss.backward() # 反向傳播
        optimizer.step() # 更新參數
    if (epoch + 1) % 100 == 0: # 每 100 個 epoch 列印一次損失值
        print(f'Epoch: {epoch + 1:04d}, cost = {loss:.6f}')
```

Out

```
Epoch: 0100, cost = 2.234567
Epoch: 0200, cost = 1.678901
Epoch: 0300, cost = 1.141592
Epoch: 0400, cost = 0.987654
Epoch: 0500, cost = 0.718281
```

這個對預訓練 GPT -2 模型進行微調的訓練過程和我們熟悉的訓練過程大同小異。

唯一需要介紹的是模型傳回的 outputs，它是一個 CausalLM Output 物件，包含了 GPT-2 模型的輸出資訊。它具有以下屬性。

- logits：形狀為 (batch_size, sequence_length, vocab_size) 的張量。這是模型輸出的原始分數，表示每個位置上每個單字的可能性。這些分數通常透過 softmax 函數轉為機率分佈，用於生成文字或計算損失。
- past_key_values ：這是一個包含注意力權重資訊的元組，用於 GPT -2 模型的自注意力機制。這些權重可以在生成序列時重複使用，以提高性能。在訓練過程中，通常不需要關注這個屬性。
- hidden _ states ：這是一個包含所有層的隱藏狀態的清單（可選）。預設情況下，它不會被傳回，除非在實例化模型時設置 output_hidden_states=True。在某些情況下，這些隱藏狀態可能用於特徵提取或遷移學習。
- attentions ：這是一個包含每個注意力頭的權重的列表（可選）。預設情況下，它不會被傳回，除非在實例化模型時設置 output_attentions=True。這些權重可能對於視覺化模型的注意力分佈或分析很有用。

在這段程式中，我們關心的主要是 logits，它用於計算損失以更新模型參數。我們從 outputs 物件中提取 logits，然後將它們傳遞給損失函數 criterion。

完成微調後，我們可以使用模型直接生成文字，也可以將模型儲存到磁碟，以便以後使用。要生成文字，只需使用分詞器對輸入文字進行編碼，並將其輸入模型。

第 6 步 用集束解碼函數生成回答

最後，我們使用集束解碼函數來生成回答，看看模型是否獲取了訓練語料庫中的知識。

In

```
# 定義集束解碼函數
def generate_text_beam_search(model, input_str, max_len=50, beam_width=5):
  model.eval() # 將將模型設置為評估模式（不計算梯度）
  # 對輸入字串進行編碼，並將其轉為張量，然後將其移動到相應的裝置上
  input_tokens = tokenizer.encode(input_str, return_tensors="pt").to(device)
  # 初始化候選序列列表，包含當前輸入序列和其對數機率得分（我們從 0 開始）
  candidates = [(input_tokens, 0.0)]
  # 禁用梯度計算，以加速預測過程
  with torch.no_grad():
    # 迭代生成最大長度的序列
    for _ in range(max_len):
      new_candidates = []
      # 對於每個候選序列
      for candidate, candidate_score in candidates:
        # 使用模型進行預測
        outputs = model(candidate)
        # 獲取輸出 logits
        logits = outputs.logits[:, -1, :]
        # 獲取對數機率得分的 top-k 值（即 beam_width）及其對應的 token
        scores, next_tokens = torch.topk(logits, beam_width, dim=-1)
        final_results = []
        # 遍歷 top-k token 及其對應的得分
        for score, next_token in zip(scores.squeeze(), next_tokens.squeeze()):
          # 在當前候選序列中增加新的 token
          new_candidate = torch.cat((candidate,next_token.unsqueeze(0).unsqueeze(0)), dim=-1)
          # 更新候選序列的得分
          new_score = candidate_score - score.item()
          # 如果新的 token 是結束符（eos_token），則將該候選序列增加到最終結果中
          if next_token.item() == tokenizer.eos_token_id:
            final_results.append((new_candidate, new_score))
          # 否則，將新的候選序列增加到新候選序列列表中
          else:
            new_candidates.append((new_candidate, new_score))
      # 從新候選序列列表中選擇得分最高的 top-k 個序列
      candidates = sorted(new_candidates, key=lambda x: x[1])[:beam_width]
  # 選擇得分最高的候選序列
  best_candidate, _ = sorted(candidates, key=lambda x: x[1])[0]
  # 將輸出 token 轉換回文字字串
  output_str = tokenizer.decode(best_candidate[0])
```

```
    # 移除輸入字串並修復空格問題
    input_len = len(tokenizer.encode(input_str))
    output_str = tokenizer.decode(best_candidate.squeeze()[input_len:])
    return output_str
# 測試模型
test_inputs = [
    "what is the weather like today?",
    "can you recommend a good book?"]
# 輸出測試結果
for i, input_str in enumerate(test_inputs, start=1):
    generated_text = generate_text_beam_search(model, input_str)
    print(f" 測試 {i}:")
    print(f"User: {input_str}")
    print(f"AI: {generated_text}")
```

Out

```
測試 1:
User: what is the weather like today?<|endoftext|>

AI: you need an current time for now app with app app app app
測試 2:
User: Can you recommend a good book?<|endoftext|>
AI: ockingbird Lee Harper Harper Taylor
```

模型的回答雖然稱不上完美，但是，我們至少能夠看出，微調資料集中的資訊有著一定的作用。第一個問題問及天氣，模型敏銳地指向「app」（應用）這個存在於訓練語料庫中的資訊，而查看「應用」確實是我們希望模型舉出的答案。回答第二個問題時，模型舉出了語料庫中所推薦圖書的作者的名字「Lee Harper」，而書名「To kill a Mockingbird」中的 mockingbird 是一個未知 token，模型把它拆解成了三個 token。具體資訊如下。

```
tokenizer.encode('Mockingbird')：[44/76, 8629, 16944]
tokenizer.decode(44)：'M'
tokenizer.decode(8629)：'ocking'
tokenizer.decode(16944)：'bird'
```

因此，在解碼時，出現了 ockingbird 這樣的不完整資訊，但是其中也的確包含了一定的語料庫內部的知識。

這樣，我們就實現了一個完整的「預訓練 + 微調」的流程。預訓練模型可以捕捉語言的通用表示，而微調則針對特定任務進行最佳化。這一模式的優勢在於，微調過程通常需要較少的訓練資料和運算資源，同時仍能獲得良好的性能。

小冰：謝謝咖哥，我想，今日所學，我在今後的研究工作和業務實戰中會時常用到。下面，能否談談 RLHF，也就是基於人類回饋的強化學習。

8.4 ChatGPT 的 RLHF 實戰

ChatGPT 之所以成為 ChatGPT，基於人類回饋的強化學習是其中重要的一環。而 ChatGPT 的訓練工程稱得上是複雜而又神秘的，迄今為止，OpenAI 也沒有開放原始碼它的訓練及調優的細節。

從 OpenAI 已經公開的一部分資訊推知，ChatGPT 的訓練主要由三個步驟組成，以下圖所示。

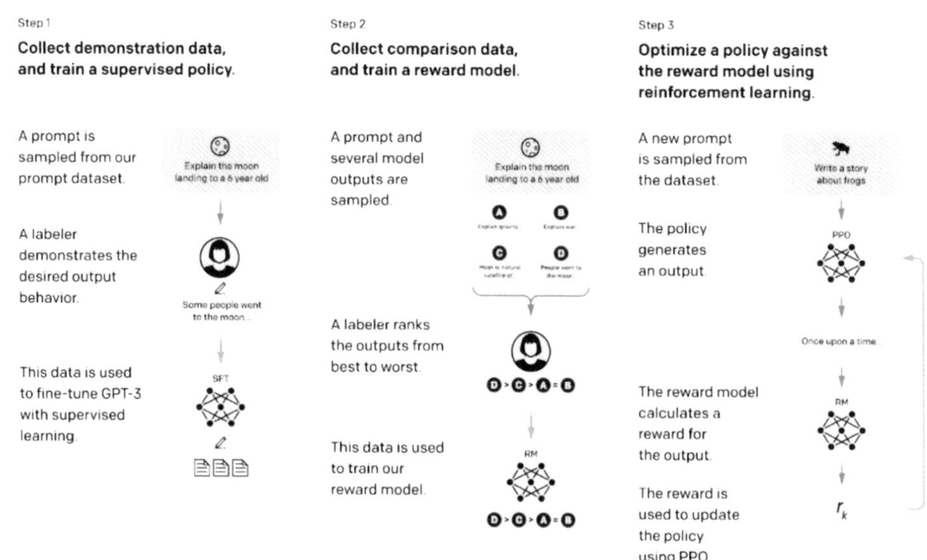

▲ ChatGPT 主要訓練步驟

第 1 步，先使用大量資料（從 Prompt 資料庫中抽樣）透過監督學習在預訓練的 GPT -3.5 基礎上微調模型，得到一個初始模型，就是監督學習微調模型（Supervised Fine-Tune Model，SFT）——暫且把它命名為「弱弱的 ChatGPT」。

第 2 步，請標注人員為初始模型「弱弱的 ChatGPT」對同一問題舉出的不同答案排序，評估這些答案的品質，並為它們分配一個分數。然後使用這些資料訓練出一個具有人類偏好的獎勵模型（Reward Model，RM）——這個獎勵模型能夠代替人類評估 ChatGPT 的回答大概會得到多少獎勵。

第 3 步，初始化「弱弱的 ChatGPT」模型，從 Prompt 資料庫中抽樣，與模型進行對話。然後使用獎勵模型對「弱弱的 ChatGPT」模型的輸出進行評分。再將結果回饋給「弱弱的 ChatGPT」模型，透過近端策略最佳化（Proximal Policy Optimization, PPO）演算法進一步最佳化模型。

不過，這還沒完，此時 ChatGPT 模型經過最佳化，能生成更高品質的回答，那麼，再回到第 1 步用最佳化後的 ChatGPT 初始化模型，就得到更好的 SFT 模型；用更好的 SFT 在第 2 步中取樣，又得到更好的回答；對更高品質的回答進行排序、評分後，就能訓練出更好的獎勵模型，於是獲得更好的回饋……這樣不斷循環，ChatGPT 就一步接著一步，在接受人類的回饋的同時，不斷自我最佳化，像周伯通一樣左右手互搏，一波接著一波，越變越強，走上了「機器生」的巔峰，也震驚了世界。

8.4.1 強化學習基礎知識

在進一步演示 RLHF 實戰之前，需要補充介紹強化學習的基礎知識，方便讀者對 RLHF 中的某些關鍵概念（比如策略、獎勵以及 PPO 演算法）建立起更好的理解。

強化學習，又稱增強學習，是機器學習的範式和方法論之一，用於描述和解決智慧體（Agent）在與環境的互動過程中透過學習策略以達成回報最大化或實現特定目標的問題（以下圖所示）。

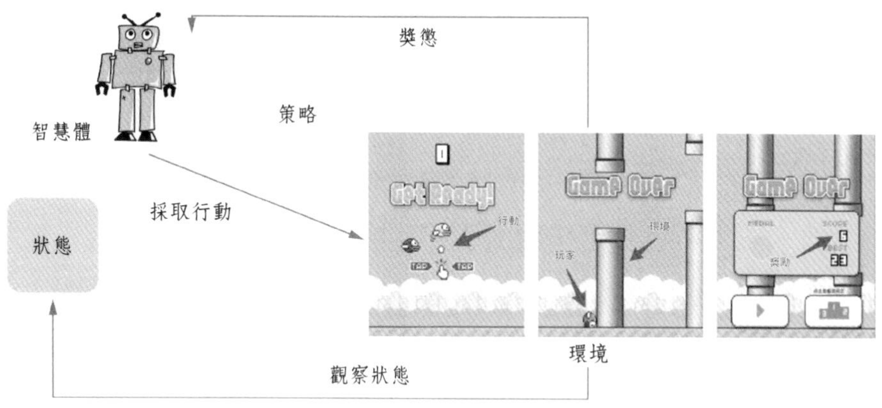

▲ 以遊戲中飛翔的小鳥為例

智慧體在與環境的互動過程中透過學習策略以達成回報最大化或實現特定目標。以遊戲中飛翔的小鳥為例，強化學習中的關鍵概念簡單介紹如下。

- 智慧體：飛翔的小鳥。
- 環境：空地，水管。
- 狀態：小鳥的位置，小鳥和水管的距離。
- 行動：上，下，左，右，停。
- 策略：決定小鳥下一步行動的規則或演算法。
- 獎勵：撞水管之前飛行的距離（也可以加入時間獎勵），與獎勵相對的就是懲罰。

在 ChatGPT 的訓練中，強化學習的關鍵概念解釋如下。

- 智慧體：聊天機器人，也就是我們正在訓練的模型。它的任務是在替定的環境中生成回覆。
- 環境：機器人與人類的對話。機器人需要在這個環境中理解使用者的問題並舉出回應。
- 狀態：在聊天的場景下，可能包括當前的對話歷史、使用者的輸入等。
- 行動：機器人的回答。比如，使用者可能問：「天氣如何？」機器人的行動可能是回答：「天氣很好。」
- 策略：機器人用來決定下一步行動（即生成下一句回覆）的演算法。它通常基於機器人的內部模型，例如 GPT 模型。

- 獎勵：機器人根據它的行動（即回答）獲得的回饋。在實際的訓練過程中，獎勵可能來源於多種通路，例如使用者的回饋。如果機器人的回答讓使用者滿意，它可能獲得積極的獎勵；反之，如果使用者對回答不滿意，它可能得到懲罰（負獎勵）。

在訓練 ChatGPT 時，OpenAI 讓一組人類評估者來評價模型的回答。這些評估者拿到了一組指導方針，告訴他們什麼樣的回答應該被高度評價，什麼樣的回答應該被低度評價。在評估者評價的過程中，透過不斷的試錯和學習，機器人試圖找到一種策略，使得在與使用者交談過程中獲取的總獎勵最大。這就是透過基於人類回饋的強化學習調優 ChatGPT 的基本思想。

那麼，問題的關鍵就是如何選擇下一個行動。策略梯度最佳化演算法透過神經網路來進行下一個行動的選擇，機器人透過策略梯度方法來調整策略網路的參數，從而改善其策略，以下圖所示。

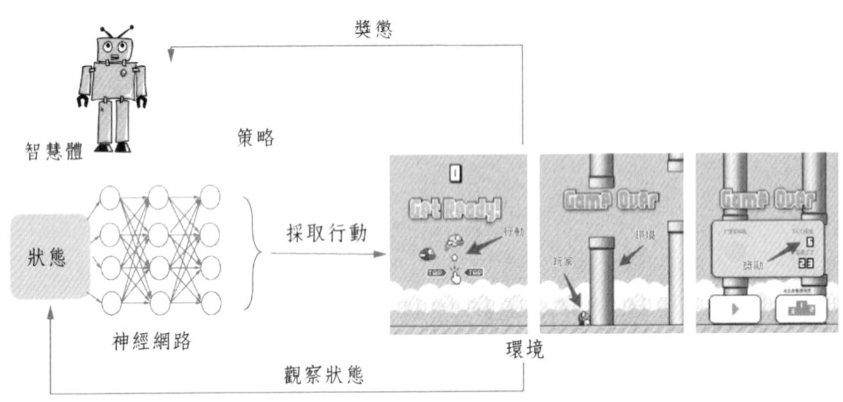

▲ 機器人透過策略梯度方法來調整策略網路的參數從而改善其策略

而近端策略最佳化（PPO）則是一種增強學習演算法。它是由 OpenAI 的約翰· 舒爾曼（John Schulman）等人在 2017 年提出的一種策略梯度方法，其目標是最佳化一個策略，以使其在某個任務中獲得盡可能高的累積獎勵。與其他策略梯度方法相比，PPO 的優勢是它具有更好的穩定性和樣本效率。

PPO 的核心思想是限制策略更新的幅度，以避免在訓練過程中產生過大的策略改變，從而提高學習穩定性。為了實現這一目標，PPO 引入了一種名為「Clip」的策略更新方法，它限制了策略更新中的機率比率。這可以確保新策略與舊策略之間的相似性，從而避免過大的策略改變。

PPO 演算法的工作流程如下所述。

(1) 從當前策略中收集一批經驗（狀態、行動和獎勵）。

(2) 透過計算梯度來最佳化策略，以使累積獎勵最大化。在這個過程中，PPO 使用了「Clip」方法來限制策略更新的幅度。

(3) 更新策略並重複這個過程。

PPO 在許多應用場景中表現出色，尤其是在連續控制任務和遊戲領域。由於穩定性強且效率高，PPO 已成為許多研究人員和從業者的首選演算法。至此我們就了解了強化學習和 PPO 策略相關的基礎知識。

8.4.2 簡單 RLHF 實戰

咖哥：要實現 RLHF 的教學，需要繼續學習和掌握的細節太多了，而且很多具體細節，我們也沒有來自 OpenAI 的官方文件作支撐。所以，咖哥只能嘗試簡單地實現。

小冰：好的咖哥，我們盡力而為。複現 ChatGPT，「人人有責」。咖哥你也不必一個人扛下所有。

咖哥笑了：哈哈哈，我還差得太遠。我們現在做的還只是理解它，遠遠談不上複現它。還是那句話，萬里長征的第一步嘛。邁到這一步，已經很不容易了。

不過，僅從教學的角度出發，我們可以嘗試對程式進行以下幾方面的修改，從而對模型進行調優。

(1) **建構人類回饋資料集**。首先，需要獲得使用者對模型生成的回答的評價，可以讓使用者評價模型的回答，或使用已有的評分資料集。評價可以是二值評分（好 / 壞）或更精細的評分（舉例來說，1 到 5 分）。

(2) 設計獎勵函數。根據收集到的使用者回饋，設計一個獎勵函數。該函數將為模型生成的每個回答分配一個分數，反映回答的品質。

(3) 實現策略梯度訓練。將訓練過程從監督學習修改為強化學習。這表示我們需要使用策略梯度方法，如 REINFORCE 或 PPO，更新模型的權重。在每個訓練步驟中，需要將模型的輸出與獎勵函數的輸出結合起來，以最佳化模型的性能。

下面的這個範例，讀者可以參考，以理解 RLHF 的原理及流程。

第 1 步 建構人類回饋資料集

下面，我們就從剛才訓練好的 ChatGPT 中收集它的一部分回答，然後人工舉出評分。當然，在建構資料集之前，還需要匯入模型的分詞器，建構詞彙表。

In

```
import torch # 匯入 torch
from transformers import GPT2Tokenizer # 匯入 GPT2 分詞器
from transformers import GPT2LMHeadModel # 匯入 GPT2 語言模型

model_name = "gpt2"  # 也可以選擇其他模型，如 "gpt2-medium" "gpt2-large" 等
tokenizer = GPT2Tokenizer.from_pretrained(model_name) # 載入分詞器
device = " cuda" if torch.cuda.is_available() else "cpu" # 判斷是否有可用的 GPU
model = GPT2LMHeadModel.from_pretrained(model_name).to(device) # 將模型載入到裝置上
vocab = tokenizer.get_vocab() # 獲取詞彙表

# 範例 RLHF 資料
data = [
   {     "User": "What is the capital of France?",
      # "AI": "The capital of France is Paris.",
      "AI": "Paris.",
      "score": 5    },
   {     "User": "What is the capital of France?",
      "AI": "Rome.",
      "score": 1    },
   {     "User": "How to cook pasta?",
      # "AI": "To cook pasta, first boil water and then add pasta.",
      "AI": "first boil water.",
      "score": 4    },
   {     "User": "How to cook pasta?",
      # "AI": "First, turn on the microwave and put the pasta inside.",
```

```
        "AI": "microwave.",
        "score": 2    }
    # 更多帶人工評分的回答資料……
```

然後，建構 RLHF Dataset。

```
from torch.utils.data import Dataset  # 匯入 PyTorch 的 Dataset
class RLHFDataset(Dataset):  # 建立一個資料集類別，繼承自 PyTorch 的 Dataset
  def __init__(self, data, tokenizer, vocab):  # 類別的初始化函數
    self.tokenizer = tokenizer  # 分詞器，用於將文字資料轉為模型可以理解的形式
    self.vocab = vocab  # 詞彙表，儲存所有可能的詞彙，以便模型能理解
    # 處理輸入資料，將其分解為輸入資料、目標資料和評分資料
    self.input_data, self.target_data, self.scores = self.process_data(data)
  def process_data(self, data):  # 處理資料的函數
    input_data, target_data, scores = [], [], []  # 初始化輸入、目標和評分清單
    for conversation in data:  # 遍歷資料集中的每一條對話
      user_question = conversation["User"]  # 使用者的問題
      model_answer = conversation["AI"]  # 模型的回答
      score = conversation["score"]  # 該對話的評分
      # 對使用者的問題進行分詞，並轉為模型可以理解的形式
      input_tokens = self.tokenizer(f"{user_question}",
                          return_tensors="pt")["input_ids"].tolist()[0]
      input_tokens = input_tokens + [tokenizer.eos_token_id]  # 在末尾加上 EOS 標識
      # 將處理後的問題增加到輸入資料列表中
      input_data.append(torch.tensor(input_tokens, dtype=torch.long))
      # 對模型的回答進行分詞，並轉為模型可以理解的形式
      target_tokens = self.tokenizer(model_answer,
                          return_tensors="pt")["input_ids"].tolist()[0]
      target_tokens = target_tokens + [tokenizer.eos_token_id]  # 在末尾加上 EOS 標識
      # 將處理後的回答增加到目標資料清單中
      target_data.append(torch.tensor(target_tokens, dtype=torch.long))
      scores.append(score)  # 傳回處理好的資料
    return input_data, target_data, scores  # 傳回資料集的長度，即對話的數量
  def __len__(self):  # 傳回資料集的長度，即對話的數量
    return len(self.input_data)
  def __getitem__(self, idx):  # 獲取指定索引的資料
    # 傳回指定索引的輸入資料、目標資料和評分
    return self.input_data[idx], self.target_data[idx], self.scores[idx]
# 建立 ChatDataset 物件，傳入檔案、分詞器和詞彙表
rlhf_dataset = RLHFDataset(data, tokenizer, vocab)
# 列印資料集中前 2 個資料範例
for i in range(2):
  input_example, target_example, _ = rlhf_dataset[i]
  print(f"Example {i + 1}:")
  print("Input:", tokenizer.decode(input_example))
  print("Target:", tokenizer.decode(target_example))
```

Out

```
Example 1:
Input: What is the capital of France?<|endoftext|>
Target: Paris.<|endoftext|>
```

這個類別處理資料的方式是將對話中的使用者問題作為輸入資料，模型回答作為目標資料，對話的評分作為評分資料。這樣，我們就可以用這些資料訓練模型，使其能夠更進一步地回答問題，並透過評分來評估模型的表現。

按照和上一個範例類似的方式，建構 RLHF DataLoader。

In

```
from torch.utils.data import DataLoader # 匯入 DataLoader
tokenizer.pad_token = '<pad>' # 為分詞器增加 pad token
tokenizer.pad_token_id = tokenizer.convert_tokens_to_ids('<pad>')
# 定義 pad_sequence 函數，用於將一批序列補齊到相同長度
def pad_sequence(sequences, padding_value=0, length=None):
    # 不再重複相同程式
    ……
    return result

# 定義 collate_fn 函數，用於將一個批次的資料整理成適當的形狀
def collate_fn(batch):
    # 不再重複相同程式
    ……
    return sources, targets, scores

# 建立 DataLoader
batch_size = 2 # 每批次的資料數
chat_dataloader = DataLoader(rlhf_dataset, batch_size=batch_size, shuffle=True, collate_fn=collate_fn)
```

第 2 步 設計獎勵函數

下面，我們基於資料集中人工對每個回答的評分，設計出一個獎勵函數。

In

```
# 設計獎勵函數
def reward_function(predictions, targets, scores):
    correct = (predictions == targets).float() * scores.unsqueeze(1)
    reward = correct.sum(dim=-1) / \
        (targets != tokenizer.pad_token_id).sum(dim=-1).float()
    return reward / scores.max()
```

reward_function 函數接收 3 個參數：predictions（模型的預測輸出）、targets（目標 / 正確答案）和 scores（每個樣本的得分）。首先，將 predictions 和 targets 進行逐元素比較，得到一個布林類型張量。然後透過呼叫 .float() 將布林類型張量轉為浮點類型張量，將會把 True 變為 1.0，False 變為 0.0。接下來，將 scores 張量在第一個維度上進行擴充（透過呼叫 . unsqueeze(1)），以使其具有與 correct 張量相同的尺寸，然後將它們相乘。將會產生一個新的張量，其中正確預測的元素值等於原始得分，錯誤預測的元素值為 0。

計算每個樣本的獎勵值。首先，沿最後一個維度對 correct 張量求和，進而得到每個樣本的正確預測數量（乘以對應的得分）。然後，計算目標張量中非填充標記的數量（透過檢查元素是否不等於 tokenizer.pad_token_id）。接下來，將正確預測的得分之和除以非填充標記的數量，得到每個樣本的獎勵值。

最後，為了使獎勵值位於 0 到 1 之間，我們將獎勵值除以 scores 張量中的最大值。這樣，在 0 和 1 之間的獎勵值將反映模型在每個樣本上的正確預測機率。函數傳回這個歸一化的獎勵值張量。

第 3 步 實現策略梯度訓練

有了獎勵函數，我們就可以把獎勵值引入我們的訓練過程，也就是把獎勵值和損失函數結合起來，形成一個新的加權損失。

具體實現程式如下。

In

```python
import numpy as np # 匯入 numpy
import torch.nn as nn # 匯入 torch.nn
import torch.optim as optim # 匯入最佳化器
criterion = nn.CrossEntropyLoss(ignore_index=tokenizer.pad_token_id) # 損失函數
optimizer = optim.Adam(model.parameters(), lr=0.0001) # 最佳化器
num_epochs = 100  # 定義訓練過程中的輪數
# 開始訓練循環
for epoch in range(num_epochs):
    epoch_rewards = [] # 初始化本輪的獎勵記錄
    # 對資料載入器中的每一批資料進行遍歷
    for batch_idx, (input_batch, target_batch, score_batch) in enumerate(chat_dataloader):
        optimizer.zero_grad()  # 清空梯度
        # 將輸入、目標及分數移至裝置上（GPU 或 CPU）
        input_batch, target_batch = input_batch.to(device), target_batch.to(device)
        score_batch = score_batch.to(device)
        outputs = model(input_batch)  # 前向傳播
        logits = outputs.logits  # 獲取模型的輸出 logits
        # 使用 torch.max 函數在最後一個維度上獲取 logits 的最大值，得到模型的預測結果
        _, predicted_tokens = torch.max(logits, dim=-1)
        # 使用 reward_function 計算獎勵
        rewards = reward_function(predicted_tokens, target_batch, score_batch)
        # 計算損失
        loss = criterion(logits.view(-1, logits.size(-1)), target_batch.view(-1))
        # 計算加權損失，根據獎勵對損失進行加權
        weighted_loss = torch.sum(loss * (1 - rewards)) / rewards.numel()
        weighted_loss.backward()  # 對加權損失進行反向傳播，計算每個參數的梯度
        optimizer.step()  # 使用最佳化器更新參數
        epoch_rewards.append(rewards.cpu().numpy())  # 將獎勵記錄到本輪的獎勵列表中
    avg_reward = np.mean(np.concatenate(epoch_rewards))  # 計算本輪的平均獎勵
    if (epoch + 1) % 20 == 0:
        print(f'Epoch: {epoch + 1:04d}, cost = {weighted_loss:.6f}, avg_reward = {avg_reward:.6f}')
```

Out

```
Epoch: 0020, cost = 0.907932,   avg_reward = 0.158333
Epoch: 0040, cost = 0.727185,   avg_reward = 0.420833
Epoch: 0060, cost = 0.340342,   avg_reward = 0.454167
Epoch: 0080, cost = 0.282583,   avg_reward = 0.591667
Epoch: 0100, cost = 0.196376,   avg_reward = 0.666667
```

這樣，隨著訓練輪次的增加，損失（目標值和真值之間的差異）逐漸降低，而獎勵值（與人類回饋中高分回答的分數相關）逐漸升高，我們就實現了簡單的策略梯度訓練。

最後，我們使用和上一個範例相同的集束解碼函數來生成回答，看看模型是否獲取了一些訓練語料庫中的知識。

In

```
# 定義集束解碼函數
def generate_text_beam_search(model, input_str, max_len=50, beam_width=5):
    # 不再重複相同程式
    ……
  return output_str
# 測試模型
test_inputs = [
    "What is the capital of France?",
    "How to cook pasta?" ]
# 輸出測試結果
for i, input_str in enumerate(test_inputs, start=1):
    generated_text = generate_text_beam_search(model, input_str)
    print(f"Test {i}:")
    print(f"User: {input_str}")
    print(f"AI: {generated_text}")
```

Out

```
Test 1:
User: What is the capital of France?
AI:  A.Romeo and Rome's water water and a.comeomeomeomeomeomeomeomeomeomeomeomeomeomeomeom
eo
Test 2:
User: How to cook pasta?
AI:  The water in water water water
```

可以看到，模型從資料集中獎勵分數較高的回答中捕捉到了一些資訊。當然，我們這個版本的 RLHF 模型是非常原始的，你可能需要進一步研究強化學習和策略梯度方法，大刀闊斧地調整和創新，以實現更強大的聊天機器人。

小結

在這一課中，我們透過兩種方法，建立出了屬於自己的 ChatGPT 模型。

第一種方法基於已經訓練好的 Wiki - GPT，這表示模型已經有了一定的預訓練基礎，可以在此基礎上進行微調以適應聊天場景。這種方法的優勢在於可以利用已有的預訓練成果，節省訓練時間和運算資源。但缺點是模型可能不太適合處理非維基百科領域的問題，性能可能受限於預訓練資料。

第二種方法是基於 Hugging Face 平臺上的 GPT-2 進行微調。這種方法使用的預訓練資料更豐富，適用於多種任務。它的優勢在於具有更好的泛化能力，可以直接下載預訓練模型，節省時間。缺點是需要更多的運算資源進行微調，同時需要了解 Hugging Face 平臺的使用方法。

這兩種方法的差異如表 8.2 所示。

表 8.2　兩種方法的對比總結

方法	資料來源	基礎模型	特徵	優勢	劣勢
基於已訓練的 Wiki-GPT 微調自己的 Chat-GPT	之前訓練好的 Wiki-GPT	Wiki-GPT	專注於維基百科資料，已經有一定的預訓練基礎	可以利用已有的預訓練成果 節省訓練時間和運算資源	- 可能不太適合處理非維基百科領域的問題 - 模型性能可能受限於預訓練資料
基於 Hugging Face平臺上的 GPT-2 微調自己的 ChatGPT	HuggingFace 平臺	GPT-2	預訓練資料更加豐富 適用於多種任務	在不同任務上有更好的泛化能力 可以直接下載預訓練模型，節省時間	- 需要更多的運算資源進行微調 - 需要了解 Hugging Face 平臺的使用方法

透過 RLHF 和其他關鍵技術，ChatGPT 正朝著成為一個更加智慧、更具人性化和更可靠的 AI 邁進。這不僅有助提高聊天機器人的回答品質，還將為人們在各種場景下的交流和協作提供有益的支援。

我們將見證這些創新帶來的深刻變革，人工智慧將以更加自然、緊密的方式融入日常生活。從教育、醫療、娛樂到金融、法律等行業，ChatGPT 等先進技術將不斷拓展我們的知識邊界，提高生產力，增進人類福祉。

未來，自然語言處理技術可能會繼續朝著以下方向發展。

- 模型最佳化和壓縮：隨著模型規模的擴大，運算資源和功耗也相應增加。研究人員將繼續探索如何在保持性能的前提下，最佳化和壓縮模型，以降低其對運算資源的需求。
- 可解釋性和可稽核性：隨著模型複雜性的提升，如何理解和解釋模型的行為變得越來越重要。未來研究可能會關注模型可解釋性和可稽核性的提高，以便更進一步地理解模型的工作原理，避免潛在的偏見。

- 多模態和跨領域學習：將自然語言處理技術與其他領域（如電腦視覺、語音辨識等）相結合，實現多模態和跨領域的學習，以提升模型的理解能力和應用範圍。
- 個性化和上下文感知：研究人員可能會關注如何讓聊天機器人更進一步地理解使用者的個性化需求和上下文資訊，從而生成更加貼近使用者需求的回答。
- 資料安全和隱私保護：在大規模預訓練過程中，如何確保資料安全和保護使用者隱私也是一個重要的研究方向。研究人員將繼續探索技術和方法，以在保證模型性能的同時，兼顧資料安全和隱私保護。

我們有理由相信，透過不懈地研究和實踐，這些振奮人心的技術將為全人類創造一個更加美好的未來。

思考

1. 在微調 Wiki - GPT 時，搜集更多的對話語料，微調模型，讓其擁有更強的對話能力。

2. Hugging Face 提供不同參數規模的 GPT-2 模型，在微調 ChatGPT 時，嘗試使用更大型的 GPT-2 模型。

3. 建構出更大的人類回饋資料集，並最佳化 RLHF 演算法，重構本課中的 RLHF 範例程式，目標是訓練出更強大的 ChatGPT。

第 9 課

生生不息的循環：使用強大的 GPT-4 API

咖哥：小冰同學，讓我跟你分享一個重磅訊息：微軟昨晚發佈了一款神奇的辦公軟體，名為 Microsoft 365 Copilot，它可用了目前前端的 GPT-4 技術！這表示，無論是 Word、PPT、Excel，還是 Outlook、Teams，等等，都將得到強大的 AI 加持！

想像一下，有了 Copilot，我們就可以用最簡單的介面和自然的語言來輕鬆操作這些辦公軟體了。這個「辦公超人」，能幫助我們快速完成文字處理、表格製作、幻燈片演示等各種辦公任務。比如在 Word 裡，只要給 Copilot 一個簡短的提示，它就能幫你寫出一篇初稿，甚至還能從整個組織的知識庫中調取資訊！它不僅懂我們的需求，還能自動處理大量資料和文字，提高工作效率和準確性！

此外，微軟宣佈開放原始碼 Copilot Chat 應用，幫助使用者快速開發類 ChatGPT 應用並將其整合在產品中。Copilot Chat 基於微軟 Semantic Kernel 框架開發而成，除了自動生成文字之外，還具備個性化推薦、資料匯入、可擴充、智慧客服等功能，在商業場景應用非常廣泛。

說老實話，從 GPT，到 GPT-2，再到 GPT-3、 GPT-3.5、ChatGPT 和 GPT-4，進化速度真的太快了。此後各種通用大模型和垂直領域的大模型紛紛湧現。而 Meta 也推出了迄今為止性能最強的開放原始碼語言模型 Llama 2。這讓我不由得聯想到生態系統中生生不息的循環。在生態系統中，各種生物不斷繁衍生息，不斷地進化，以適應環境。我有時候會思考，AI 是不是真的已經擁有自我進化的能力。

9.1 強大的 OpenAI API

其實，不僅微軟推出的 Office Copilot 將讓日常辦公更加自動化和智慧化，還有很多中小型公司和個人，透過 OpenAI 發佈的一系列 GPT API，開發了許許多多的瀏覽器外掛程式、ChatGPT 外掛程式和桌面應用，如帶有 PDF 檢索功能的 ChatGPT 外掛程式能載入需要分析的 PDF 檔案，然後基於其中的內容進行對話；又如 Web ChatGPT 和 ChatGPT for Google 能實現在網頁搜索的同時和 ChatGPT 對話；再如 AutoGPT 能夠把你交給它的任務分解成多個子目標，讓 AI 完成任務自動化。這些工具，真的會給幾十億勞動者帶來一場效能革命。

小冰：我很期待，又有些惶恐。咖哥，我們如何跟上時代，在創新的時代潮流中貢獻自己的力量呢？

咖哥：其實，你我都已經身在其中了。AI 工具的出現，並不表示人類就沒用了，我們還有許多無可替代的能力，比如創造力、想像力、社交能力、技術能力，以及判斷和決策能力等。AI 其實已經極大地激發了我們的想像力和創造力。我教給你的課程，也正是 AI 創新的一部分。

實際操作中，我們可以透過撰寫程式來呼叫 GPT-4 API，將我們的需求以參數的形式傳遞給 API。API 會根據我們的需求，利用 GPT-4 的強大推理能力為我們提供相應的解決方案。這就像打開了一個智慧的寶庫，我們可以不斷地從這個寶庫中汲取知識，為各種應用提供強大的支援。

小冰：原來如此，難怪有人說，一行 import openai 程式，就完全撐得起一個初創公司！透過呼叫 GPT-4 API，我們可以不斷地最佳化自己的應用，提升服務品質。而 OpenAI 的 GPT 模型，也會透過我們的每次呼叫繼續累積經驗，變得更加強大。這個過程就像生生不息的生態系統，對嗎？

咖哥：正是如此！

在 OpenAI 的網站上（見下圖），我們可以看到一系列與開發相關的資訊。我們可以跟著範例（Examples）來學習，也可以註冊一個帳號，開始使用 GPT API，建構新的應用或開發新的 ChatGPT 外掛程式。

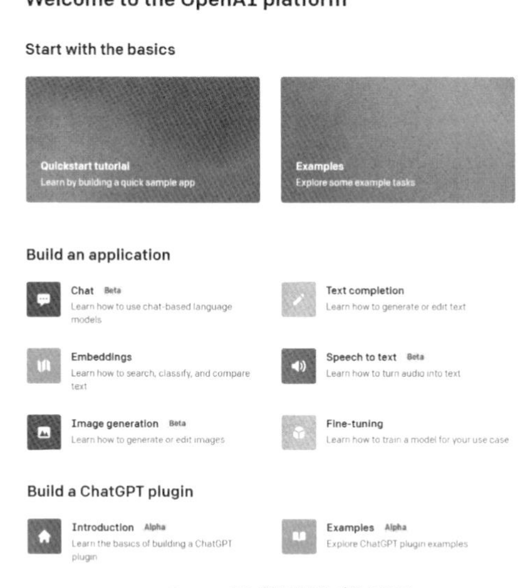

▲ OpenAI 的開發者頁面

咖哥：OpenAI 的每一個模型，都有屬於自己的 API。OpenAI 發佈 GPT-4 API 的時候，咖哥我第一時間就提交了申請，也很快就獲得了回覆（以下圖所示），等了幾天，就獲得了 GPT-4 API 的開發許可權。相信過不了多久，GPT-4 API 就會開放給所有的程式設計師。

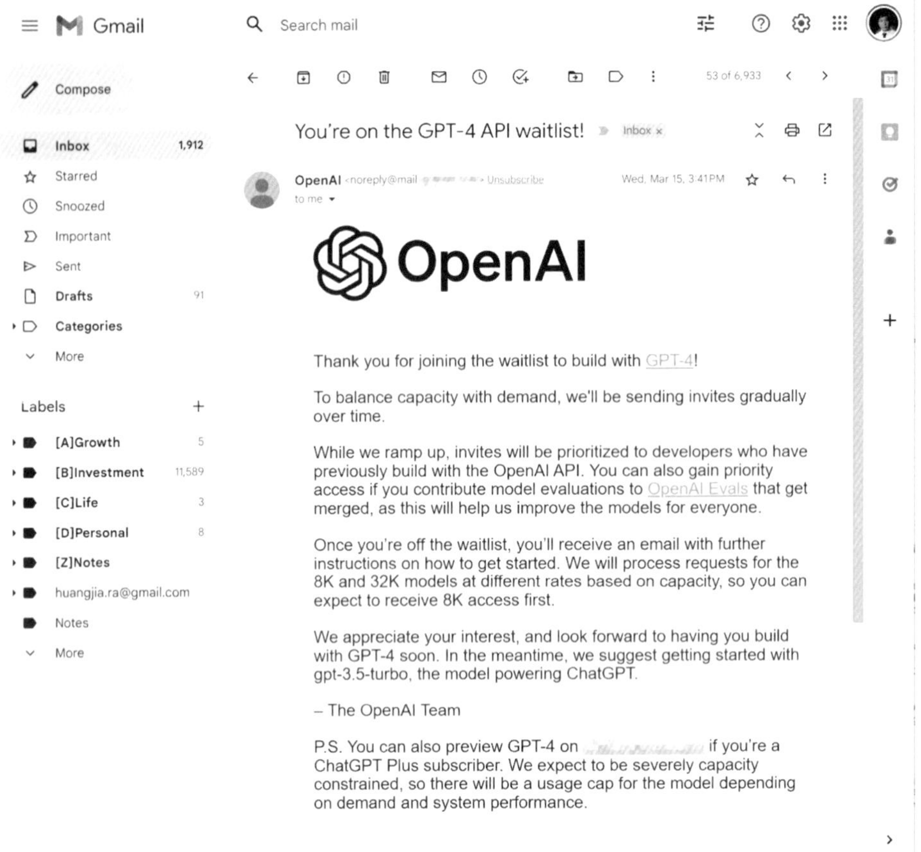

▲ OpenAI 關於 GPT-4 API 的回覆

不過，OpenAI 的 A P I 並不是完全免費的，在你剛剛註冊帳號的時候，你會得到價值 18 美金的使用配額。而且，因為模型能夠同時處理的請求數量也受算力的限制，Open AI 會對你可以向 API 發出的請求實施速率限制（見下頁圖）。每個模型都有每分鐘請求數、每分鐘 token 數的限額，如果是影像模型，每分鐘生成的影像數也有限額。

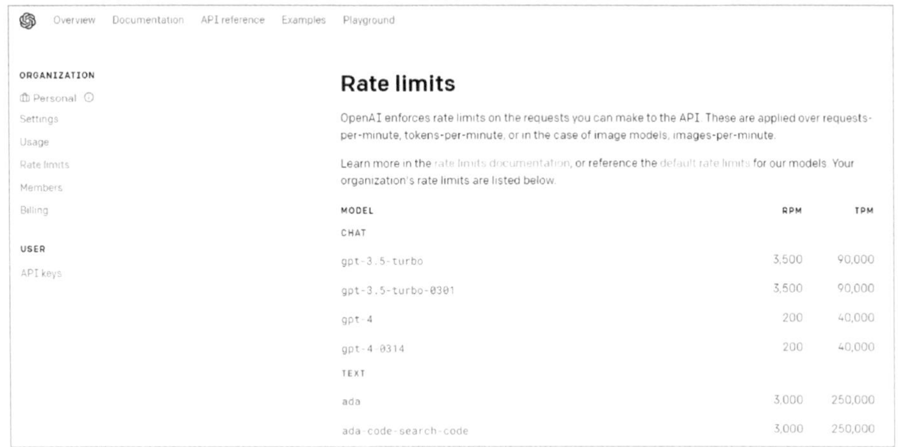

▲ OpenAI 對不同模型的存取頻率有不同的限制

註冊成功之後，你就能在 OpenAI 網站上找到專屬於你自己的 API 金鑰，以下圖所示。

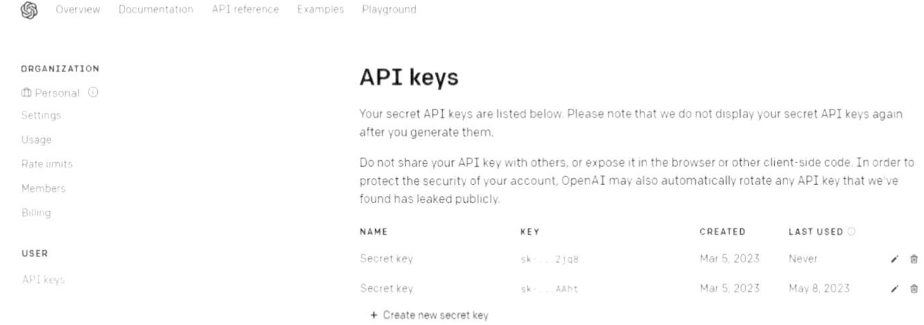

▲ 咖哥的 OpenAI API 金鑰

咖哥發言

注意，這是專屬於你自己的金鑰，不要分享給別人或者發佈在網上，否則 OpenAI 會封鎖它。還有一點要提醒，就是你要在 OpenAI 分配給你 A P I 金鑰的第一時間把它記錄下來，儲存在一個安全的位置。因為再次登入 OpenAI 網站的時候，這個金鑰就會被打碼。（當然，如果你遺失了 API 金鑰，隨時可以申請新的 API 金鑰。）

9.2 使用 GPT-4 API

小冰：咖哥啊，你說了這麼半天，開發幾個基於 GPT -4 A P I 的應用，讓我們見識見識唄。

咖哥：說老實話，這可比我們開發自己的 GPT 和 ChatGPT 模型簡單多了！只要完成下面幾個步驟，我們就能建立出非常強大的聊天機器人了。

（1）安裝 openai 套件。

In
```
pip install openai
```

（2）匯入 openai 函數庫，設置 API Key。

In
```
import openai
openai.api_key = " 替換成你的 Key"
```

（3）設置初始對話訊息。

In
```
messages = []
print(" 您好，我們終於見面了！！您希望接下來我為您提供什麼服務？ ")
system_message = input(" 人類說：")
messages.append({"role":"system","content":system_message}) #    定角色  system
print(" 好的，明白了！我會服務好您的。" + "\n" +
      " 現在請和我聊天吧！ " + "\n" + " 記住，煩我的時候，請說 " 再見 "。)
```

這一步中，我們設置初始訊息，其中 " role":" system" 設置了我們希望 GPT 在這次對話中所扮演的角色。這個角色的設置，是下面我們要發送給 GPT-4 的第一條訊息。它將引導 GPT-4 在後續的對話中，儘量按照這個身份來完成對話。比如說，你可以告訴它：「你是一個知識淵博的老師，正在進行教學活動，我是你的學生。」

（4）透過 openai. Chat Completion API，接收 GPT-4 的回應資訊從而展開對話。

In

```
while True: # 循環對話過程直到人類說再見
    message = input(" 人類說：") # 收集人類輸入
    messages.append({"role":"user","content": message}) # 設定角色為 user

    response=openai.ChatCompletion.create( # 呼叫 ChatCompletion API 進行聊天
            model="gpt-4", # 指定模型
            messages=messages) # 指定訊息內容

    reply = response["choices"][0]["message"]["content"] # 傳回的聊天內容
    print("ChatGPT  : ", reply)

    # Check if the user wants to exit the conversation
    if message.lower() == " 再見 ": # 結束對話循環
        break
```

Out

```
PROBLEMS   TERMINAL   ···          Python - 70 GeekTimeNLP  + ∨  ◫  🗑  ···  ^  ×

您好，我們終於見面了 !! 您希望接下來我為您提供什麼服務？
人類說：你是一個有經驗的 AI 老師，像咖哥那樣又博學，又幽默！


好的，明白了！我會服務好您的。
現在請和我聊天吧！
記住，煩我的時候，請說 " 再見 "。


人類說：簡單介紹一下你自己吧。
ChatGPT 說：非常榮幸能和大家見面！我是一個 AI 語言模型，可以和人類進行自然語言
互動和對話。我可以回答你的問題，幫你解決問題，也可以和你聊天娛樂。同時我也是
一位有經驗的 AI 教師，可以幫助學生學習 AI 知識和技能，在 AI 領域中不斷成長和進步。
如果有任何需要幫助的地方，儘管開口問我吧！


人類說：說一說 GPT 的基本原理。
ChatGPT 說：GPT (Generative Pre-trained Transformer) 是一種自然語言處理模型，
由 OpenAI 開發。它的基本原理是基於 Transformer 架構的預訓練模型，可以用於各種文字
生成和文字分類任務。

GPT 的預訓練是透過大規模的語料庫來完成的。在預訓練階段，模型會根據大量的文字數
據，透過訓練生成一個深度的神經網路模型。在預訓練過程中，模型透過無監督的方式
學習文字資料的特徵和表示，並在此基礎上學習到文字生成的技巧。

當模型完成預訓練後，它可以被微呼叫於各種文字生成和文字分類任務中。微調過程中
，我們可以為模型提供特定的任務和資料集，使模型能夠自動提取文字特徵以最佳的方
式完成特定任務。

總的來說 ,GPT 的基本原理是建立在預訓練，微調兩個步驟之上的。通常情況下，預訓練
是可以離線完成的，微調階段則需要線上更新模型參數。

人類說：再見
ChatGPT 說：再見，有問題隨時來找我哦！
```

這個簡版的 Chat Bot 就完成了！程式循環呼叫 Open AI API 以生成聊天機器人的回覆。傳入 model 參數以指定使用 GPT-4 模型（如果用 ChatGPT 模型，則可以指定 model="gpt-3.5-turbo"），同時傳入 messages 參數，然後透過 response 接收模型回應的內容。

從和它對話的範例可以看出，它非常成功地扮演著自己的角色——一個 AI 教師。

小冰：哇……這真的很強……很強！

咖哥：當然很強，這可是「GPT 本 T」。無論是文字生成、文字整體說明，還是圖片生成，都是同樣的策略，只要你把問題描述清楚，拋給遠方的 GPT 或 DALL-E（OpenAI 的影像生成 AI），它們就會根據你的指令，給你所要的答案。對於圖片，模型會提供所生成圖片的 URL 連結。

當然，這個範例只是 OpenAI A P I 開發的冰山一角。在開發 OpenAI API 時，我們不僅有多種模型可供選擇，還可以在透過 API 和模型對話時設置採樣溫度〔介於 0 和 1 之間，較高的值（如 0.8）將使輸出更加隨機，而較低的值（如 0.2）將使輸出更加集中和確定〕、最大 token 數（傳回文字不超過設定值）、已有懲罰項（增加模型談論新主題的可能性）和頻率懲罰項（降低模型逐字重複同一行的可能性）等參數。

如何更進一步地使用 OpenAI A P I（其實也就是如何實現更好的提示工程），創作出更豐富多樣的 AI 應用產品，不是咖哥這門課程的重點，但是未來，我們一定有機會在這個方面進行更深入的探討。

小冰：好棒！

小結

這裡，我們利用較短的篇幅，聊了聊如何利用 OpenAI GPT-4 API 這個強大的工具來建立聊天機器人。不難發現，GPT-4 API 確實是一個非常好用的介面，它可以幫助我們在各種應用場景中充分發揮 GPT-4 的能力。

實際操作中，我們可以透過撰寫程式來呼叫 GPT-4 API，將需求以參數的形式傳遞給 API。API 會根據需求，利用 GPT-4 的強大推理能力為我們提供相應的解決方案。隨著 GPT 的不斷進化，我們的應用也就跟著不斷進化，能力會越來越強，能夠提供更多的可能性，實現更多的創新。這種不斷進化的過程正是我們在建構智慧應用時所追求的目標。

值得一提的是，現在還出現了 Lang Chain 和 LIamaIndex 等多種建構在大語言模型基礎之上的應用程式開發框架。其中，Lang Chain 是一個用於開發由語言模型驅動的應用程式框架，它提供了模組化的抽象元件，透過鏈、代理、提示範本和各種模型接口讓各種大模型 API 的呼叫變的更簡單，你可以更輕鬆的使用特定用例，或開發出新的應用場景，甚至創造出你的智慧代理。而 Llama Index 則是一個簡單、靈活的資料框架，用於將自訂資料來源連接到大型語言模型。它提供了資料攝取、資料索引和查詢介面等關鍵工具，以增強大語言模型應用程式與資料之間的聯繫。

咖哥期待著在不久的將來和你共同學習這些新工具。奇蹟湧現，未來已來，你我一起加油！

思考

1. 註冊你的 OpenAI 帳號，得到 OpenAI API Key。

2. 閱讀 OpenAI API 文件，呼叫其他模型，實現聊天對話之外的各種其他功能，如圖片生成、語音辨識、詞嵌入等。

3. 在呼叫 OpenAI API 時嘗試各種參數設置。

4. 學習提示工程，設計出更好的提示詞，讓 OpenAI API 傳回更精準的答案。

後記

莫等閒，白了少年頭

自然語言處理領域的發展歷程如同一部史詩。

- 早期的 N-Gram 語言模型和 Bag-of-Words 模型，讓我們開始了對詞頻和局部詞序列的探索。
- 詞向量表示，如 Word2Vec 等技術的誕生，則揭開了詞彙語義資訊的神秘面紗。
- 隨後，NPLM 中神經網路技術的引入，使得 RNN、Text CNN 等基於深度學 習的模型逐漸應用於自然語言處理領域，語言模型序列處理能力大大增強。
- 伴隨著 Seq2Seq 模型的出現，編碼器 - 解碼器架構為序列到序列的處理帶來了新的突破。
- Attention 機制的誕生，賦予 Seq2Seq 模型全新的力量，使其能夠更加聚焦輸入序列的關鍵部分。
- Transformer 模型摒棄了傳統的 RNN 結構，將自注意力機制發揮至極致，為整個自然語言處理領域帶來了翻天覆地的變革。
- 在 Transformer 的基礎上，BERT 和 GPT 強勢登場，預訓練語言模型的技術使遷移學習得以實現。BERT 以雙向的方式捕捉上下文資訊，而 GPT 則以生成式方法和單向結構獲得了優異成績，甚至又向前推進一步，讓大模型從「自然語言處理應用」發展到了「通用人工智慧雛形」。它們的成功不僅推動了自然語言處理領域的進步，更激發了無數研究者和工程師的激情與創造力。

人類科技的突破，從未按照單調的線性增長模式前進，有時暫時沉寂，而有些時刻卻如奇蹟般湧現。ChatGPT 的出現就是這種狀況，隨著它的到來，一個屬於 AI 的大時代降臨，也為我們帶來新的希望和無限可能。

人類第一次隨著阿波羅號太空船登上月球，邁出探索宇宙這一壯闊旅程的重要一步，AI 技術則在地球上引領著一場資訊革命。正如登月改變了人類的認知邊界，AI 重新定義了我們的生活和工作方式。

通用型 AI 的落地，將使許多傳統任務自動化和智慧化，改變我們的學習習慣和方式，將會大大減輕我們的工作負擔和壓力，提高學習和工作的效率和品質。舉例來說，以往耗時煩瑣的文書工作、資料分析和報告製作，甚至程式設計等，都可以自動或半自動地利用 AI 完成。將會帶來一場工具革命，深刻影響人類的職業生涯。

未來，各類工作職位和需求將發生重大變革。這場工具革命將觸及數十億勞動者，涵蓋各行各業。然而，很多工作仍需依賴人類獨特的能力和技能，包括但不限於以下幾類。

- 創造力和想像力：人類在創造力和想像力方面的優勢仍無可替代。文案創作、設計創意及方案制定等工作，仍需人類的思維和靈感。
- 社交和人際關係：在社交和人際關係方面，AI 無法取代人類。商務拓展、客戶關係管理等工作需要人類的溝通技巧，尤其是建立客戶信任和了解客戶需求等方面。
- 技術和程式設計能力：人類是 AI 的設計者和 AI 系統的架構師。AI 需要在人類的指導下進行訓練，也需要人類的提示才能更進一步地工作，創造更大的價值。軟體開發、網站維護和資料分析等工作，還不能由 AI 獨立完成，仍需人類參與開發和設計。
- 判斷和決策能力：AI 目前還不具備可以與人類相比的判斷和決策能力。企業管理和決策等工作依然依賴人類的洞察力和決策力。

在這一變革的浪潮中，人們需要學會適應，掌握新的技能和能力。

正如登月使得人類意識到了自己在宇宙中的渺小，AI 也在提醒我們，還有很多未知領域等待我們去探索和挖掘。AI 不應讓我們變得懶惰，坐享其成，我們應該在它的驅動下勇敢地擁抱時代變化，不斷提升自己的知識儲備和技能水平，以及創造力、社交、技術和判斷方面的獨特優勢，它們在未來的職場中將依然具有不可替代的價值。

莫等閒，白了少年頭。

時代的巨變是挑戰，更是機遇。對每一個領域、每一種技術，我們都應該在 AI 的輔助下，進行更深入的學習、挖掘和理解，並結合實際情況深入思考。長此以往，我們不僅將成為更優秀的個體，同時還能和 AI 一道，為整個人類社會的進步和發展貢獻力量。

Note

Note

Note